W0261972

Teubner Skripten zur
Mathematischen Stochastik

Harten/Meyerthole/Schmitz
Prophetentheorie

Teubner Skripten zur Mathematischen Stochastik

Herausgegeben von
Prof. Dr. rer. nat. Jürgen Lehn, Technische Hochschule Darmstadt
Prof. Dr. rer. nat. Norbert Schmitz, Universität Münster
Prof. Dr. phil. nat. Wolfgang Weil, Universität Karlsruhe

Die Texte dieser Reihe wenden sich an fortgeschrittene Studenten, junge Wissenschaftler und Dozenten der Mathematischen Stochastik. Sie dienen einerseits der Orientierung über neue Teilgebiete und ermöglichen die rasche Einarbeitung in neuartige Methoden und Denkweisen; insbesondere werden Überblicke über Gebiete gegeben, für die umfassende Lehrbücher noch ausstehen. Andererseits werden auch klassische Themen unter speziellen Gesichtspunkten behandelt. Ihr Charakter als Skripten, die nicht auf Vollständigkeit bedacht sein müssen, erlaubt es, bei der Stoffauswahl und Darstellung die Lebendigkeit und Originalität von Vorlesungen und Seminaren beizubehalten und so weitergehende Studien anzuregen und zu erleichtern.

Prophetentheorie

Prophetenungleichungen,
Prophetenregionen,
Spiele gegen einen Propheten

Von Dr. rer. nat. Friedrich Harten
Dr. rer. nat. Andreas Meyerthole
und Prof. Dr. rer. nat. Norbert Schmitz
Universität Münster

B. G. Teubner Stuttgart 1997

Dr. rer. nat. Friedrich Harten

Geboren 1968 in Schapen/Emsland. Von 1988 bis 1993 Studium der Mathematik und Informatik an der Universität Münster, 1993 Diplom in Mathematik; 1996 Promotion zum Dr. rer. nat. in Münster. Seit 1997 bei dem Landeskrankenhilfe V. V. a. G. in Lüneburg.

Dr. rer. nat. Andreas Meyerthole

Geboren 1968 in Fürstenau. Von 1988 bis 1993 Studium der Mathematik und Informatik an der Universität Münster, 1993 Diplom in Mathematik; 1995 Promotion zum Dr. rer. nat. in Münster. Seit 1995 bei der Kölnischen Rückversicherung AG in Köln.

Prof. Dr. rer. nat. Norbert Schmitz

Geboren 1939 in Münster/Westf. Von 1958 bis 1964 Studium der Mathematik und Physik an den Universitäten München und Münster. 1964 Diplom in Mathematik und Staatsexamen in Mathematik und Physik; 1966 Promotion zum Dr. rer. nat. in Münster. 1970 Habilitation an der Universität Karlsruhe (TH). 1970–1972 Professor an der Freien Universität Berlin; seit 1972 o. Professor für Mathematische Statistik und Direktor des Instituts für Mathematische Statistik an der Universität Münster.

Die Deutsche Bibliothek – CIP-Einheitsaufnahme

Harten, Friedrich:
Prophetentheorie : Prophetenungleichungen, Prophetenregionen,
Spiele gegen einen Propheten / von Friedrich Harten, Andreas
Meyerthole und Norbert Schmitz. – Stuttgart : Teubner, 1997
  (Teubner Skripten zur mathematischen Stochastik)
  ISBN-13:978-3-519-02737-9   e-ISBN-13:978-3-322-84825-3
  DOI: 10.1007/978-3-322-84825-3

Das Werk einschließlich aller seiner Teile ist urheberrechtlich geschützt. Jede Verwertung außerhalb der engen Grenzen des Urheberrechtsgesetzes ist ohne Zustimmung des Verlages unzulässig und strafbar. Das gilt besonders für Vervielfältigungen, Übersetzungen, Mikroverfilmungen und die Einspeicherung und Verarbeitung in elektronischen Systemen.

© B. G. Teubner Stuttgart, 1997

Herstellung: Druckhaus Beltz, Hemsbach/Bergstraße

Vorwort

In den Arbeiten "Semiamarts and Finite Values" (1977) und "On Semiamarts, Amarts, and Processes with Finite Value" (1978) lieferten U. Krengel und L. Sucheston interessante Resultate für "Semiamarts" genannte Verallgemeinerungen von Martingalen. In diesem recht theoretischen Rahmen bewiesen sie, daß sich der Erwartungswert $E \sup X_n^+$ bei stochastisch unabhängigen Zufallsgrößen X_n bzw. bei "arithmetischen" Mitteln durch ein Vielfaches des Wertes $\sup_\tau E X_\tau$, τ Stopzeit, abschätzen läßt. Sie interpretierten dieses Resultat als Abschätzung für den Nachteil, den ein Spieler (der nur Stopregeln benutzen kann) gegenüber einem allwissenden (jedoch nicht allmächtigen) Gegner[1] hat. Kurz darauf benutzten Krengel und Sucheston für diesen Gegner, der die gesamte Zukunft kennt, die einprägsamere Bezeichnung[2] *Prophet* – und diese wurde von allen späteren Autoren übernommen. In schneller Folge konnten etliche Autoren – insbesondere R. Kertz und T. Hill – weitere *Prophetenungleichungen* beweisen und für interessante Klassen von stochastischen Prozessen die Menge aller möglichen Paare $(\sup_\tau E X_\tau, E \sup X_n)$ charakterisieren (*Prophetenregionen*); es entstand ein neues Teilgebiet der Wahrscheinlichkeitstheorie, die *Prophetentheorie* (die Publikumswirksamkeit dieser Bezeichnung mag durch die phonetische Ähnlichkeit von "prophet theory" und "profit theory" verstärkt worden sein).

Schließlich konnte auch noch der bereits von U. Krengel und L. Sucheston implizit angemerkte spieltheoretische Aspekt des Problems[3] aufgegriffen werden; es wurden *Spiele gegen einen Propheten* untersucht.

In diesem Skript soll ein Überblick über Methoden und Ergebnisse der Prophetentheorie gegeben werden. Da es inzwischen mehr als 60 Arbeiten zu diesem Thema gibt, können nicht alle Resultate dargestellt werden; wir hoffen jedoch, die wichtigsten Aspekte ange-

---

[1] "against an omniscent (but not omnipotent) opponent" [K/S 77], p. 747, [K/S 78], p. 199.

[2] "the maximal gain of a prophet: a player endowed with complete foresight." Abstract # 742-60-3 in Notices of the Amer. Math. Soc. 24(1977).

[3] "against an omniscent opponent *playing the same game*" [K/S 77], p. 747.

sprochen und den Weg zu speziellen Ergebnissen geebnet zu haben. Insbesondere werden die "klassischen" Probleme des allgemeinen, des unabhängigen und des "iid"-Falles, die allesamt bis Ende der 80'er Jahre gelöst waren, ausführlich dargestellt. Beim Literaturverzeichnis haben wir versucht, alle relevanten Arbeiten zur Prophetentheorie zusammenzutragen (für Hinweise auf fehlende Angaben sind wir dankbar).

Da die Prophetentheorie auf der Theorie des optimalen Stoppens aufbaut, sind zum Verständnis dieses Skripts gute wahrscheinlichkeitstheoretische Grundkenntnisse (etwa im Rahmen des Teubner Studienbuchs "Vorlesungen über Wahrscheinlichkeitstheorie" [Sz 96]) erforderlich. Die Darstellung selbst ist jedoch "self-contained" konzipiert – selbst um den Preis, daß etliche technische Beweise explizit ausgeführt sind.

Ganz herzlicher Dank gebührt Frau Martina Forstmann, die aus unseren unterschiedlichsten Manuskripten eine übersichtliche TEX-Druckvorlage erstellt hat.

<table>
<tr><td>Lüneburg,</td><td>F. Harten</td></tr>
<tr><td>Köln,</td><td>A. Meyerthole</td></tr>
<tr><td>Münster im März 1997</td><td>N. Schmitz</td></tr>
</table>

Inhalt

1. Einleitung/Problemstellung

Seit 1978 ist ein neues Teilgebiet der Wahrscheinlichkeitstheorie entstanden – die *Prophetentheorie*. Diese Theorie beschäftigt sich mit Situationen von der folgenden Art: Zwei Akteure – der Statistiker und der „Prophet" – beobachten eine Folge $X_1, X_2, \ldots$ von Zufallsgrößen auf dem Wahrscheinlichkeitsraum $(\Omega, \mathcal{S}, P)$. Der Statistiker kann zu jedem Zeitpunkt i entscheiden, ob er die beobachtete Zufallsgröße X_i als „Auszahlung" akzeptieren will oder nicht; auf eine einmal abgelehnte Auszahlung kann er nicht mehr zurückgreifen. Bei seiner Entscheidung über die Annahme/Ablehnung der Auszahlung X_i darf er durchaus alle bisher beobachteten $X_1, \ldots, X_i$ berücksichtigen – d.h. er kann die Informationen aus der Vergangenheit nutzen –, nicht jedoch die zukünftigen Werte. Dies bedeutet, daß er eine *Stopregel* τ zu benutzen hat, d.h. eine Abbildung

$$\tau : (\Omega, \mathcal{S}) \to (\overline{\mathbb{N}}, \mathcal{P}(\overline{\mathbb{N}}))$$

mit $\{\tau = i\} \in \mathcal{F}_i := \sigma(X_1, \ldots, X_i)$ und $P(\tau < \infty) = 1$ und existierendem Erwartungswert EX_τ. Der Statistiker wird natürlich versuchen, durch eine geeignete Stopregel τ^* seine erwartete Auszahlung zu maximieren; das Supremum über seine zu erwartenden Auszahlungen ist

$$V(X_1, X_2, \ldots) := \sup\{EX_\tau : \tau \text{ Stopregel}\}$$

bei unendlichem „Horizont" bzw.

$$V(X_1, \ldots, X_n) := \sup\{EX_\tau : \tau \text{ Stopregel } \leq n\},$$

wenn er spätestens bis zum Zeitpunkt n gestoppt haben muß („Horizont n"). Für Aussagen über die *Werte*

$$V(X_1, X_2, \ldots) \quad \text{bzw.} \quad V(X_1, \ldots, X_n)$$

sowie über die Existenz optimaler Stopregeln steht mit der Theorie des optimalen Stoppens (s. die Monographie „Great Expectations. The Theory of Optimal Stopping" von Chow/Robbins/Siegmund, [C/R/S]) eine gut entwickelte Theorie zur Verfügung.

2

Der andere Akteur (der „*Prophet*") kennt nicht nur die Vergangenheit sondern auch die Zukunft; er kann daher „bei" der maximalen Auszahlung stoppen. Somit wird er die Situation anhand von

$$M(X_1, X_2, \ldots) := E(\sup_{i \in \mathbb{N}} X_i)$$

bei unendlichem und

$$M(X_1, \ldots, X_n) := E(\max_{1 \le i \le n} X_i)$$

bei endlichem Horizont beurteilen (falls diese Erwartungswerte existieren).

Die *Prophetentheorie* vergleicht nun diese beiden Funktionale V und M[1]. Das bedeutet, daß man den Verlust quantifiziert, den ein Statistiker bei einem zufallsabhängigen Vorgang dadurch erleidet, daß er nur über unvollständige Informationen verfügt. Als mögliche Anwendungen wurden Aktienhandel und Termingeschäfte genannt (s. [Ke 87]).

Zwei wichtige *Prophetenungleichungen*, welche die Entwicklung der Theorie wesentlich beeinflußt haben, seien zitiert (s. auch Abschnitt 5a)):

(1) Es seien $X_1, X_2, \ldots$ stochastisch unabhängige, nicht-negative (beschränkte) Zufallsgrößen. Dann gilt

$$M(X_1, \ldots, X_n) \le 2 \cdot V(X_1, \ldots, X_n) \quad \forall n \ge 2$$

und 2 ist die bestmögliche Konstante (Krengel/Sucheston [K/S 78], Hill/Kertz [H/K 81a]).

(2) Es seien $X_1, X_2, \ldots$ stochastisch unabhängige Zufallsgrößen mit Werten in $[c; d]$. Dann gilt

$$M(X_1, \ldots, X_n) - V(X_1, \ldots, X_n) \le (d - c)/4 \quad \forall n \ge 2$$

und $(d - c)/4$ ist die bestmögliche Konstante (Hill/Kertz [H/K 81b]).

---

[1] T. Hill/R. Kertz [H/K 92]: „Given a class $\mathcal{C}$ of sequences of integrable random variables $\vec{X} = (X_1, X_2, \ldots)$, find universal inequalities valid for all $\vec{X}$ in $\mathcal{C}$ which compare the expected supremum of the sequence with the optimal-stopping value of the sequence."

Im folgenden wollen wir einen Überblick über Ergebnisse und Methoden dieser Prophetentheorie geben (andere derartige Übersichten stammen von Kertz [Ke 87] und Hill/Kertz [H/K 92]).

Dazu müssen wir zunächst definieren, was wir (allgemein) unter einer Prophetenungleichung verstehen wollen. Einen Hinweis auf eine zweckmäßige Begriffsbildung erhält man daraus, daß die Prophetenungleichungen (1) und (2) i.a. interpretiert werden als „Verhältnis bzw. Differenz der optimalen Auszahlungen von Spieler und „Prophet", die dasselbe Spiel spielen" (s. [Ke 87]). Dies bedeutet, daß eine spieltheoretische Beschreibung und Analyse der Situation sinnvoll sein dürfte. Tatsächlich kann man für die Resultate (1) und (2) in naheliegender Weise eine solche Beschreibung finden: Es werde für

$$(X_1, \ldots, X_n) \in \mathcal{C}^n := \left\{ (X_1, \ldots, X_n) : \begin{array}{c} X_i \text{ stoch. unabhängig} \\ \text{mit Werten in } [c; d] \end{array} \right\}$$

(wobei im Fall (1) $c = 0$ sei) und

$$\tau \in T^n := \{\tau : \tau \text{ Stopregel } \leq n\}$$

durch[2]

$$(3) \qquad a((X_1, \ldots, X_n), \tau) := M(X_1, \ldots, X_n)/EX_\tau \qquad \text{(Fall R)}$$

bzw.

$$(4) \qquad a((X_1, \ldots, X_n), \tau) := M(X_1, \ldots, X_n) - E\,X_\tau \qquad \text{(Fall D)}$$

eine *Auszahlungsfunktion* $a : \mathcal{C}^n \times T^n \to \overline{\mathrm{IR}}$ definiert und das *Zweipersonen-Nullsummenspiel* $\Gamma^n = (\mathcal{C}^n, T^n, a)$ betrachtet. Dann gilt

$$\inf_{\tau \in T^n} a((X_1, \ldots, X_n), \tau) = \begin{cases} M(X_1, \ldots, X_n)/V(X_1, \ldots, X_n) & \text{(R)} \\ M(X_1, \ldots, X_n) - V(X_1, \ldots, X_n) & \text{(D)}, \end{cases}$$

d.h. der interessierende Quotient/die Differenz von M und V ist gerade das *Bayes-Risiko* von $(X_1, \ldots, X_n)$ in Γ^n. Die (scharfen) Ungleichungen (1) und (2) liefern die *Minimax-Werte/unteren Spielwerte*

---

[2]Dabei werde $a/0 := \infty \ \forall a > 0$ und $0/0 := 1$ vereinbart.

$$\sup_{(X_1,\ldots,X_n)\in\mathcal{C}^n}\ \inf_{\tau\in T^n}\ a((X_1,\ldots,X_n),\tau) = \begin{cases} 2 & \text{(R)} \\ (d-c)/4 & \text{(D)}. \end{cases}$$

Umgekehrt bedeuten also die Prophetenungleichungen (1) und (2) die Angaben der unteren Spielwerte in Zweipersonen-Nullsummenspielen, bei denen der eine Spieler (der „Prophet") über eine Klasse von Zufallsgrößen – da jeweils Erwartungswerte gebildet werden, kommt es jedoch nur auf deren Verteilungen an – als Menge der reinen Strategien verfügt, der andere Spieler (der Statistiker) eine Klasse von Stopregeln zur Verfügung hat, und die Auszahlungsfunktion eine Funktion von $M(X_1,\ldots,X_n)$ und EX_τ ist, die isoton in $M(X_1,\ldots,X_n)$ und antiton in EX_τ ist.

Daraufhin definieren wir nun allgemein (wobei wir auch zeitstetige stochastische Prozesse zulassen):

(1.1) Definition

a) *Ein* <u>*Spiel gegen einen Propheten*</u> *ist ein Zweipersonen-Nullsummenspiel*

$$\Gamma = (\mathcal{P}, \mathcal{T}, a),$$

wobei[3]

> $\mathcal{P}$ *eine Klasse von Wahrscheinlichkeitsverteilungen auf* $(\mathrm{IR}^S, \mathrm{IB}^S)$ *mit* $S \subset \mathrm{IR}^1_+ = [0; \infty)$ *ist,*
>
> $\mathcal{T}$ *einer Menge von (verallgemeinerten) Stopregeln bzgl. einer isotonen Familie* $(\mathcal{G}_s)_{s\in S}$ *von Unter-σ-Algebren von* IB^S *ist,*

und

> $a : \mathcal{P} \times \mathcal{T} \to \overline{\mathrm{IR}^1}$ *eine numerische Funktion ist, für die Zufallsgrößen* $X_s, s \in S$, *existieren*[4], *so daß die* X_s, $s \in S$, *für jedes* $P \in \mathcal{P}$ *integrabel sind und* $(\mathcal{G}_s)_{s\in S}$ *adaptierend für* $(X_s)_{s\in S}$ *ist, sowie meßbare Abbildun-*

---

[3]Im folgenden werden wir auch noch Varianten dieser Begriffsbildungen untersuchen.

[4]Da es nur auf die induzierten Verteilungen ankommt, könnte man dann die X_s jeweils als Projektionen wählen.

gen $f_s : \mathrm{I\!R} \to \mathrm{I\!R}$, $s \in S$, so daß sich a in der Form

$$a(P, \tau) = \tilde{a}(E_P(\sup_{s \in S} f_s \circ X_s), E_P(X_\tau))$$

darstellen läßt, wobei $\tilde{a}$ in der ersten Komponente isoton und in der zweiten Komponente antiton ist.

b) $\Pi_\Gamma := \{(x, y) \in \mathrm{I\!R}^2 : \exists P \in \mathcal{P} : V_P(X) = x, M_P(X) = y\}$, wobei

$$V_P(X) := \sup_{\tau \in \mathcal{T}} E_P(X_\tau), \quad M_P(X) := E_P(\sup_{s \in S} f_s \circ X_s),$$

heißt die zu Γ gehörige _Prophetenregion_. $P \in \mathcal{P}$ heißt _extremale Verteilung_, falls für alle $Q \in \mathcal{P}$ mit $V_P(X) = V_Q(X)$ gilt $M_P(X) \geq M_Q(X)$.

c) _Eine Prophetenungleichung_ ist eine obere Abschätzung des unteren Spielwerts $W_\star(\Gamma) = \sup_{P \in \mathcal{P}} \inf_{\tau \in \mathcal{T}} a(P, \tau)$ eines Spiels gegen einen Propheten; _eine scharfe Prophetenungleichung_ ist die Angabe des unteren Spielwerts eines Spiels gegen einen Propheten.

Zur Illustration dieser Begriffsbildung seien die eingangs genannten Beispiele betrachtet:

(1.2) Beispiele:

a) Für $n \in \mathrm{I\!N}$ seien

$$\mathcal{P} := \{\bigotimes_{i=1}^{n} P_i : P_i \text{ W-Maße auf } [0; \infty)\} \quad (\text{d.h. } S = \{1, \ldots, n\})$$

(_nicht-negativer unabhängiger Fall mit Horizont_ n),
$\mathcal{T} = T^n$, wobei T^n wie oben die Menge der Stopregeln $\leq n$ bzgl. $\mathcal{G}_i := \sigma(X_1, \ldots, X_i)$ bedeutet, $X_i := \pi_i \sim$ Projektion auf die i-te Komponente, $f_i = id$, und

$$a(P, \tau) := E_P(\max_{1 \leq i \leq n} X_i) / E_P(X_\tau).$$

Für das Spiel $\Gamma_R^n = (\mathcal{P}, \mathcal{T}, a)$ gilt dann gemäß (1)

$$W_\star(\Gamma_R^n) = \sup_{P \in \mathcal{P}}(M(X_1, \ldots, X_n)/V(X_1, \ldots, X_n)) = 2;$$

(1) ist also eine scharfe Prophetenungleichung im Sinne von (1.1)c).

b) Für $n \in \mathrm{I\!N}$ und $-\infty < c < d < \infty$ seien

$$\mathcal{P} := \{\bigotimes_{i=1}^{n} P_i : P_i \text{ W-Maße auf } [c; d]\}$$

(*unabhängiger Fall auf* $[c; d]$ *mit Horizont* n),
$\mathcal{T} = T^n$, $X_i = \pi_i$ und $f_i = id$ wie unter a), sowie

$$a(P, \tau) := E_P(\max_{1 \leq i \leq n} X_i) - E_P(X_\tau).$$

Für das Spiel $\Gamma_D^n = (\mathcal{P}, \mathcal{T}, a)$ gilt dann gemäß (2)

$$W_\star(\Gamma_D^n) = \sup_{P \in \mathcal{P}}(M(X_1, \ldots, X_n) - V(X_1, \ldots, X_n)) = \frac{d - c}{4};$$

(2) ist also ebenfalls eine scharfe Prophetenungleichung im Sinne von (1.1)c).

Im folgenden wird es darum gehen, interessante Klassen $\mathcal{P}$ von W-Verteilungen (z.B. iid-Folgen, Mischungen von iid-Folgen, Martingale, allgemeine stochastische Prozesse usw.), wichtige Mengen von Stopzeiten (z.B. endlicher bzw. unendlicher Horizont, Schwellenstopregeln usw.) und naheliegende Auszahlungen (außer Quotient bzw. Differenz von M und V auch diskontierte Auszahlungen und solche mit Beobachtungskosten usw.) zu untersuchen.

Daß man dabei nicht ohne einschränkende Bedingungen auskommen kann, zeigt das folgende sehr einfache Beispiel (s. [H/K 81a]).

(1.3) Beispiel
Es seien $K > 0$ und X_1, X_2 Zufallsgrößen mit

$$P(X_1 = x) = 1, \quad x \in [0, \infty) \text{ beliebig, fest}$$
$$P(X_2 = 2K) = \tfrac{1}{2} = P(X_2 = -2K).$$

Dann gilt für $\mathcal{T} = \{\tau_1, \tau_2\}$ mit $\tau_i \equiv i$, $i = 1, 2$, einerseits

$$V(X_1, X_2) = \max\{EX_1, EX_2\} = x \quad \text{(unabhängig von } K),$$

andererseits für $K \geq x/2$

$$M(X_1, X_2) = E(\max\{X_1, X_2\}) = x \cdot \frac{1}{2} + 2K \cdot \frac{1}{2} = \frac{x}{2} + K,$$

insbesondere also $\lim_{K \to \infty} M(X_1, X_2) = \infty$. Mit wachsendem K werden daher sowohl die Differenz als auch der Quotient von M und V beliebig groß. $\qquad\Box$

Um derartige Schwierigkeiten zu vermeiden, werden wir im folgenden i.a. voraussetzen, daß die Zufallsgrößen X_i gleichmäßig beschränkt sind; häufig werden wir dabei zunächst $[0; 1]$-wertige Zufallsgrößen betrachten.

Die Bestimmung des „inneren" Optimums $\inf_{\tau \in \mathcal{T}} a(P, \tau)$, d.h. des Bayes-Risikos von P, wird zunächst von untergeordneter Bedeutung sein – hierfür steht mit der Theorie des optimalen Stoppens eine recht weit entwickelte Theorie zur Verfügung (vgl. [C/R/S]). Diese Optimierung gewinnt jedoch dann wieder an Interesse, wenn auch der obere Spielwert

$$W^\star(\Gamma) := \inf_{\tau \in \mathcal{T}} \sup_{P \in \mathcal{P}} a(P, \tau)$$

von Γ (bzw. von gemischten Erweiterungen von Γ) und Definitheitsfragen untersucht werden. Dieser obere Spielwert ist ein Garantiewert des Statistikers, wenn er die tatsächlich vorliegende Verteilung nicht kennt, sondern nur weiß, daß diese in der Klasse $\mathcal{P}$ liegt: Er kann sich dagegen schützen, mehr als $W^\star(\Gamma)$ zu verlieren (während der Prophet sich nicht mit weniger als $W_\star(\Gamma)$ zufrieden zu geben braucht).

Offensichtlich bestehen Beziehungen zu den von Irle [Ir 90], [Ir 95] untersuchten Stopspielen (games of stopping).

2. Reduktion der Strategienmenge des Propheten

Ziel des Propheten ist es, durch die Wahl einer geeigneten Wahrscheinlichkeitsverteilung $P \in \mathcal{P}$ zu erreichen, daß seine Auszahlung bzw. sein „Garantiewert" $\inf_{\tau \in \mathcal{T}} a(P, \tau)$ möglichst groß wird. Es ist daher naheliegend, nach (möglichst kleinen) Teilklassen $\widetilde{\mathcal{P}} \subset \mathcal{P}$ zu suchen, auf die sich der Prophet ohne Nachteile beschränken kann. Eine solche Beschränkung ist insbesondere dann möglich, wenn für jedes $P \in \mathcal{P}$ ein $\widetilde{P} \in \widetilde{\mathcal{P}}$ existiert mit

$$(i) \qquad V_P(X) = V_{\widetilde{P}}(X)$$

und

$$(ii) \qquad M_P(X) \leq M_{\widetilde{P}}(X);$$

dann gilt nämlich für die Bayes-Risiken

$$\begin{aligned}
\inf_{\tau \in \mathcal{T}} a(P, \tau) &= \inf_{\tau \in \mathcal{T}} \tilde{a}(M_P(X), E_P(X_\tau)) \\
&\leq \inf_{\tau \in \mathcal{T}} \tilde{a}(M_{\widetilde{P}}(X), E_{\widetilde{P}}(X_\tau)) = \inf_{\tau \in \mathcal{T}} a(\widetilde{P}, \tau).
\end{aligned}$$

a) Die Balayage-Technik

Eine erste solche Reduktionsmöglichkeit liefert eine Technik, die unter den unterschiedlichsten Bezeichnungen („Balayage" [Bo91b], „Spreading" [Ke 87], „Dilation" [Jo 90], [H/K 92], „Zufallsvariable mit maximaler Varianz"[Ba 89]) verwendet wird.

(2.1) Definition (s. [Me 93])

Es seien Y eine Zufallsgröße auf $(\Omega, \mathcal{S}, P)$, $\mathcal{G}$ eine Unter-σ-Algebra von $\mathcal{S}$ und $a, b \in \mathbb{R}$ mit $a < b$. Eine Zufallsgröße Y_a^b mit den Eigenschaften

$$(i) \quad P(\{Y_a^b \in B\}|\mathcal{G}) = P(\{Y \in B\}|\mathcal{G}) \quad \forall B \in \mathbb{B}_{|[a;b]^c}$$

$$(ii) \quad P(Y_a^b = a|\mathcal{G}) = \tfrac{1}{b-a} E((b-Y)1_{\{Y \in [a;b]\}}|\mathcal{G})$$

$$(iii) \quad P(Y_a^b = b|\mathcal{G}) = \tfrac{1}{b-a} E((Y-a)1_{\{Y \in [a;b]\}}|\mathcal{G})$$

heißt $\underline{Balayage}$ von Y unter $\mathcal{G}$, im Falle $\mathcal{G} = \sigma(Z)$ auch Balayage von Y unter Z.

Die rechten Seiten von (2.1)(i)-(iii) definieren in eindeutiger Weise einen Übergangskern von $(\Omega, \mathcal{G})$ nach $(\mathbb{R}, \mathbb{B})$ mit

$$P(\{Y_a^b \in B\}|\mathcal{G}) = 0 \qquad \text{für alle } B \in \mathbb{B}_{|(a;b)}.$$

Im Falle $\mathcal{G} = \sigma(Z)$ liegt somit für jedes Balayage Y_a^b von Y unter Z die bedingte Verteilung $P^{Y_a^b|Z}$ und daher auch die gemeinsame Verteilung $P^{(Z,Y_a^b)}$ fest.

Gemäß der Problemstellung aus Abschnitt 1 kommt es nicht auf die Zufallsgröße Y_a^b selbst, sondern nur auf deren Verteilung an; diese ergibt sich aus

$$\begin{aligned}
P(\{Y_a^b \in B\}) &= P(\{Y \in B\}) \ \ \forall B \in \mathbb{B}_{|[a;b]^c} \ \ (\text{gemäß (i)})\\
P(\{Y_a^b = a\}) &= \tfrac{1}{b-a} \smallint_{\{Y \in [a;b]\}}(b - Y)dP\\
P(\{Y_a^b = b\}) &= \tfrac{1}{b-a} \smallint_{\{Y \in [a;b]\}}(Y - a)dP\\
P(\{Y_a^b \in (a;b)\}) &= 0.
\end{aligned}$$

Jede Zufallsgröße Y_a^b mit dieser Verteilung wollen wir als *Balayage von Y* bezeichnen. Bei einem Balayage wird also die „Masse", welche die Zufallsgröße Y auf das Intervall $[a;b]$ legt, auf die Randpunkte a und b „weggefegt"; diese Anschauung kann oft für die explizite Konstruktion eines Balayage genutzt werden. Da es dabei nicht auf die Zufallsgrößen selbst ankommt, kann man für Zufallsvektoren $Z = (Z_1, \ldots, Z_n)$ (z.B.) $(\mathbb{R}^{n+1}, \mathbb{B}^{n+1}, P^{(Z,Y_a^b)})$ als den Wahrscheinlichkeitsraum und die Projektionen als die Zufallsgrößen wählen. In diesem Sinne gibt es also zu Y, Z und $a < b$ stets ein Balayage Y_a^b unter Z. Es sei jedoch angemerkt, daß eine solche Konstruktion nicht auf jedem W-Raum $(\Omega, \mathcal{S}, P)$ möglich ist[5] – der Grundraum muß vielmehr groß genug sein (z.B. $(\mathbb{R}, \mathbb{B})$). In dem Fall, daß Y und Z stochastisch unabhängig sind, reduzieren sich (2.1)(i)-(iii) auf

$$\begin{aligned}
(i^\star) &\quad P^{Y_a^b} = P^Y \text{ auf } [a;b]^c\\
(ii^\star) &\quad P(\{Y_a^b = a\}) = \tfrac{1}{b-a} \smallint_{\{Y \in [a;b]\}}(b - Y)dP\\
(iii^\star) &\quad P(\{Y_a^b = b\}) = \tfrac{1}{b-a} \smallint_{\{Y \in [a;b]\}}(Y - a)dP.
\end{aligned}$$

---

[5]Für $(\Omega, \mathcal{S}, P) = (\{1, 2, 3\}, \mathcal{P}(\{1, 2, 3\}), P_L)$, wobei P_L die Laplace-Verteilung auf Ω ist, $Y = id_\Omega$ und $a = 1, b = 3$ müßte gelten $P(Y_a^b = 1) = 1/2 = P(Y_a^b = 3)$ – das läßt sich aber auf diesem W-Raum nicht erreichen.

10

Insbesondere sind dann auch Y_a^b und Z stochastisch unabhängig.

Die Bedingungen (2.1)(ii)/(iii) haben zur Folge, daß die (bedingten) Erwartungswerte von Y und Y_a^b übereinstimmen:

(2.2) Anmerkung

Es seien Y integrabel und Y_a^b ein Balayage von Y unter $\mathcal{G}$. Dann gilt

$$E(Y_a^b|\mathcal{G}) = E(Y|\mathcal{G}) \quad P|\mathcal{G} - f.s.$$

und somit $E(Y_a^b) = E(Y)$.

Beweis: Es gilt

$$E(Y_a^b|\mathcal{G}) = a\, E(1_{\{Y_a^b=a\}}|\mathcal{G}) + bE(1_{\{Y_a^b=b\}}|\mathcal{G}) + E(Y_a^b 1_{\{Y_a^b\notin[a;b]\}}|\mathcal{G})$$

$$\underset{(2.1)}{=} \frac{a}{b-a}E((b-Y)\cdot 1_{\{Y\in[a;b]\}}|\mathcal{G})$$

$$+ \frac{b}{b-a}E((Y-a)\cdot 1_{\{Y\in[a;b]\}}|\mathcal{G}) + E(Y\cdot 1_{\{Y\notin[a;b]\}}|\mathcal{G})$$

$$= E(Y|\mathcal{G}). \qquad\qquad \square$$

Bei dem Vergleich mit $\mathcal{G}$-meßbaren Zufallsgrößen erweist sich jedoch das Balayage Y_a^b als „günstiger" als die ursprüngliche Zufallsgröße Y – dies ist gerade die Basis für die Balayage-Technik:

(2.3) Satz

Es seien Y und X integrable Zufallsgrößen, $a, b \in \mathrm{IR}$ mit $a < b$ und Y_a^b ein Balayage von Y unter $\mathcal{G}$; X sei $\mathcal{G}$-meßbar. Dann gilt[6]

$$E(X\vee Y|\mathcal{G}) \leq E(X\vee Y_a^b|\mathcal{G}) \quad P|\mathcal{G}\text{-}f.s.$$

und somit

$$E(X\vee Y) \leq E(X\vee Y_a^b).$$

Beweis: Die Integrabilität von $X\vee Y$ und $X\vee Y_a^b$ ergibt sich aus derjenigen von X und Y. In

$$E(X\vee Y_a^b|\mathcal{G}) = E((X\vee Y_a^b)\cdot 1_{\{Y_a^b\notin[a;b]\}}|\mathcal{G}) + E((X\vee Y_a^b)1_{\{Y_a^b\in[a;b]\}}|\mathcal{G})$$

---

[6]Für $c, d \in \mathrm{IR}$ bezeichne $c \vee d$ das Maximum und $c \wedge d$ das Minimum von c und d.

ist der erste Summand nach (2.1)(i) gleich

$$E((X \vee Y) \cdot 1_{\{Y \notin [a;b]\}} | \mathcal{G});$$

für den zweiten Summanden ergibt sich nach (2.1)(ii)/(iii)

$$\begin{aligned}
E((X \vee Y_a^b) \cdot 1_{\{Y_a^b \in [a;b]\}} | \mathcal{G}) &= \\
&= E((X \vee a) \cdot 1_{\{Y_a^b = a\}} | \mathcal{G}) + E((X \vee b) 1_{\{Y_a^b = b\}} | \mathcal{G}) \\
&= (X \vee a) E(1_{\{Y_a^b = a\}} | \mathcal{G}) + (X \vee b) E(1_{\{Y_a^b = b\}} | \mathcal{G}) \\
&\qquad \text{da } X \vee a \text{ und } X \vee b \text{ offensichtlich } \mathcal{G}\text{-meßbar sind} \\
\underset{(2.1)\overline{(ii)}/(iii)}{=} & (X \vee a) \frac{1}{b-a} E((b - Y) \cdot 1_{\{Y \in [a;b]\}} | \mathcal{G}) \\
&\quad + (X \vee b) \frac{1}{b-a} E((Y - a) \cdot 1_{\{Y \in [a;b]\}} | \mathcal{G}) \\
&= E([(X \vee a) \cdot \frac{b-Y}{b-a} + (X \vee b) \frac{Y-a}{b-a}] \cdot 1_{\{Y \in [a;b]\}} | \mathcal{G})
\end{aligned}$$

Da $\frac{Y-a}{b-a} = 1 - \frac{b-Y}{b-a} \in [0;1]$ für $Y \in [a;b]$ und die Funktion

$$f_x : c \mapsto c \vee x, \quad x \in \mathbb{R}$$

für jedes $x \in \mathbb{R}$ konvex ist, folgt weiter

$$\begin{aligned}
&\geq E([X \vee (\frac{Y-a}{b-a} b + \frac{b-Y}{b-a} a)] 1_{\{Y \in [a;b]\}} | \mathcal{G}) \\
&= E((X \vee Y) 1_{\{Y \in [a;b]\}} | \mathcal{G}). \qquad \square
\end{aligned}$$

Für den Spezialfall von stochastisch unabhängigen Zufallsgrößen X, Y wurde die Aussage des Satzes (2.3) bereits von Hill und Kertz [H/K 81b] bewiesen.

Der Fall der Gleichheit in (2.3) läßt sich einfach charakterisieren:

(2.4) Korollar

Unter den Voraussetzungen von (2.3) sind folgende Aussagen äquivalent:

(i) $P(Y \in (a;b)) = 0$ oder $P(X \in (a;b)) = 0$.

(ii) $E(X \vee Y | \mathcal{G}) = E(X \vee Y_a^b | \mathcal{G})$ $P|\mathcal{G}$-f.s..

Beweis: Für die im Beweis zu (2.3) definierte Funktion f_x gilt

(1) für $x \in (a; b)$

$$\lambda f_x(a) + (1 - \lambda)f_x(b) > f_x(\lambda a + (1 - \lambda)b) \quad \forall \lambda \in (0; 1),$$

(2) für $x \notin (a; b)$

$$\lambda f_x(a) + (1 - \lambda)f_x(b) = f_x(\lambda a + (1 - \lambda)b) \quad \forall \lambda \in [0; 1].$$

Die einzige Abschätzung im Beweis von (2.3) ist also genau dann eine Gleichheit, wenn (i) gilt. $\qquad\square$

Insbesondere ergibt sich hieraus für $X \equiv c \notin (a, b)$:

(2.5) Korollar

Es seien Y eine integrable Zufallsgröße, $a, b \in \mathbb{R}$ mit $a < b$, Y_a^b ein Balayage von Y und $c \in (a; b)^c$. Dann gilt

$$E(c \vee Y) = E(c \vee Y_a^b).$$

Der für die Prophetentheorie besonders interessante Spezialfall $X = Z_1 \vee \ldots \vee Z_n$ werde zu Referenzzwecken noch gesondert formuliert:

(2.6) Korollar

Es seien $Y, Z_1, \ldots, Z_n, n \in \mathbb{N}$, integrable Zufallsgrößen, $a, b \in \mathbb{R}$ mit $a < b$ und Y_a^b ein Balayage von Y unter $Z = (Z_1, \ldots, Z_n)$. Dann gilt

$$E(Z_1 \vee \ldots \vee Z_n \vee Y | Z_1, \ldots, Z_n) \leq$$
$$\leq E(Z_1 \vee \ldots \vee Z_n \vee Y_a^b | Z_1, \ldots, Z_n) \quad P|\sigma(Z_1, \ldots, Z_n)\text{-}f.s.$$

und somit

$$E(Z_1 \vee \ldots \vee Z_n \vee Y) \leq E(Z_1 \vee \ldots \vee Z_n \vee Y_a^b).$$

Zusammen mit (2.2) erhält man hieraus insbesondere:

(2.7) Korollar

Es seien $Z_1, \ldots, Z_n, Y$ ein Martingal, $a, b \in \mathbb{R}$ mit $a < b$ und Y_a^b ein Balayage von Y unter $Z = (Z_1, \ldots, Z_n)$. Dann ist auch $Z_1, \ldots, Z_n, Y_a^b$ ein Martingal, und es gelten die Ungleichungen aus (2.6).

Zum Beweis ist lediglich anzumerken, daß aus (2.2)

$$E(Y_a^b|Z_1,\ldots,Z_n) = E(Y|Z_1,\ldots,Z_n) = Z_n \qquad P|\sigma(Z)\text{-f.s.}$$

folgt, d.h. auch $Z_1,\ldots,Z_n,Y_a^b$ ein Martingal ist. Entsprechende Aussagen erhält man für Sub- und für Supermartingale.
Anwendungen der Balayage-Technik werden in den Abschnitten 2b), 5a), 7a) und 8a) behandelt.

b) Reduktion auf Supermartingale

Insbesondere im Fall beliebiger stochastischer Abhängigkeiten liegt aufgrund des Optional Sampling-Theorems (s. z.B. [Do], Theorem VII, 2.2) die Vermutung nahe, daß sich der Prophet auf (spezielle) Supermartingale beschränken kann. Diese in etlichen Einzelarbeiten (für Martingale) verwendete Idee wird im folgenden allgemein aufgegriffen. Es seien also $(\Omega, \mathcal{S}, P)$ ein W-Raum und

$$\mathcal{P} = \{P^{(X_i)_{i\in\mathbb{N}}} : (X_i)_{i\in\mathbb{N}} \text{ Folge von } [0;1]\text{-wertigen Zufallsgrößen }\}$$

bzw.

$$\mathcal{P}_n = \{P^{(X_1,\ldots,X_n)} : X_i \ [0;1]\text{-wertige Zufallsgröße}, 1 \leq i \leq n\}.$$

(2.8) Definition

Es seien $(X_i)_{i\in\mathbb{N}}$ eine Folge von integrablen Zufallsgrößen, $(\mathcal{S}_i)_{i\in\mathbb{N}}$ eine für $(X_i)_{i\in\mathbb{N}}$ adaptierende Familie von σ-Algebren (im folgenden wird i.a. $\mathcal{S}_i = \mathcal{F}_i := \sigma(X_1,\ldots,X_i)$ gelten) und $m \in \mathbb{N}$. Dann heißt

$$\gamma_m := ess\ sup\{E(X_\tau|S_m) : \tau \in T_m\}^7,$$

wobei $T_m := \{\tau \in \mathcal{T} : \tau \geq m\}$, der <u>bedingte Wert von $X_m, X_{m+1},\ldots$ unter S_m</u>.

Mit Hilfe der Theorie des optimalen Stoppens ergibt sich

(2.9) Anmerkung (s. [C/R/S], Theorem 4.1)

Es seien $(X_i)_{i\in\mathbb{N}}$ eine Folge von $[0;1]$-wertigen Zufallsgrößen

---

[7]Bzgl. der Definition und von Eigenschaften des essentiellen Supremums vgl. z.B. [C/R/S], Ch. 1.6 oder [Ir], A.2.

und $(\mathcal{S}_i)_{i\in\mathbb{N}}$ für $(X_i)_{i\in\mathbb{N}}$ adaptierend. Dann gilt für alle $m \geq 1$

(i) $\gamma_m = X_m \vee E(\gamma_{m+1}|\mathcal{S}_m)$ (Bellman-Gleichung);

(ii) $E(\gamma_m) = \sup_{\tau\in T_m} EX_\tau = V(X_m, \ldots)$.

Die o.a. Idee der Reduktion auf Supermartingale läßt sich nun in folgender Art präzisieren:

(2.10) Satz:

> $(X_i, \mathcal{S}_i)_{i\in\mathbb{N}}$ *sei eine beliebige Folge von $[0;1]$-wertigen Zufallsgrößen. Dann gibt es ein $[0;1]$-wertiges Supermartingal $(\hat{X}_i, \mathcal{S}_i)_{i\in\mathbb{N}}$, so daß*
>
> *(i) $V(X_1, X_2, \ldots) = V(\hat{X}_1, \hat{X}_2, \ldots)$*
>
> *(ii) $M(X_1, X_2, \ldots) \leq M(\hat{X}_1, \hat{X}_2, \ldots)$.*

Beweis: Für $i \in \mathbb{N}$ setze $\hat{X}_i := \gamma_i$. Dann ist $(\hat{X}_i, \mathcal{S}_i)_{i\in\mathbb{N}}$ wegen (2.9)(i) ein [0,1]-wertiges Supermartingal. Die Eigenschaft (ii) ist ebenfalls wegen (2.9)(i) erfüllt. Aufgrund des Optional-Sampling Theorems für Supermartingale ergibt sich zusammen mit (2.9)(ii)

$$V(\hat{X}_1, \hat{X}_2, \ldots) = E(\hat{X}_1) = V(X_1, X_2, \ldots),$$

also auch die Eigenschaft (i). $\square$

(2.11) Anmerkungen:

a) Eine zu (2.10) analoge Aussage kann man natürlich auch für zeitdiskrete Prozesse mit endlichem Horizont formulieren.

b) Ist die Ausgangsfolge $(X_i, \mathcal{S}_i)_{i\in\mathbb{N}}$ bereits ein Martingal, so stimmen X_i und $\hat{X}_i$ P-f.s. überein.

c) In [H/K 83] wird der Satz (2.10) sogar für Martingale anstelle von Supermartingalen gezeigt; der Beweis ist aber technisch wesentlich aufwendiger. Die Aussage erhalten wir jedoch in Abschnitt 3 als einfache Folgerung (s. (3.5)). $\square$

Im folgenden zeigen wir noch, daß sowohl bei endlichem als auch bei unendlichem Horizont eine weitere Reduktion auf besonders einfache Supermartingale möglich ist:

(2.12) Lemma (s. auch [H/K 83], Prop. 2.6; [Bo 89b], Prop. 4.6)

Es sei $(X_i, \mathcal{S}_i)_{1 \leq i \leq n}$ ein $[0;1]$-wertiges Supermartingal. Dann existiert ein $[0;1]$-wertiges Supermartingal $(\hat{X}_i, \hat{\mathcal{S}}_i)_{1 \leq i \leq n}$ mit den Eigenschaften

(i) $\hat{X}_1 = X_1$ (und somit $V(X_1, \ldots, X_n) = V(\hat{X}_1, \ldots, \hat{X}_n)$)

(ii) $P(\{\hat{X}_{i+1} \geq \hat{X}_i\} \cup \{\hat{X}_{i+1} = 0\}) = 1$, $1 \leq i \leq n-1$

(iii) $M(X_1, \ldots, X_n) \leq M(\hat{X}_1, \ldots, \hat{X}_n)$.

Beweis: Es seien $Y_n := (X_n)_0^1$ ein Balayage von X_n unter $\mathcal{S}_{n-1}$ und $Y_i := X_i$ für $1 \leq i \leq n-1$. Dann ist einerseits $(Y_i, \mathcal{S}_i)_{1 \leq i \leq n}$ nach (2.2) und der Bemerkung im Anschluß an (2.7) ein Supermartingal, wobei Y_n eine Zweipunktverteilung in 0 und 1 besitzt (s. S. 9), andererseits gilt nach (2.6)

$$M(X_1, \ldots, X_n) \leq M(Y_1, \ldots, Y_n).$$

Definiert man nun $(Y_j, \mathcal{S}_j) := (Y_n, \mathcal{S}_n)$ für alle $j > n$ und Stopzeiten $\tau_i, 1 \leq i \leq n$, durch

$$\tau_1 \equiv 1, \ \tau_{i+1} := \inf\{j > \tau_i : Y_j = 0 \quad \text{oder} \quad Y_j \geq Y_{\tau_i}\}, \ 1 \leq i \leq n-1,$$

so ist die Folge $(\tau_i)_{1 \leq i \leq n}$ streng monoton steigend mit

$$\tau_i \leq 2n \ \ P\text{-f.s. für alle } i,$$

da die Y_i für $i \geq n$ eine Zweipunktverteilung besitzen. Die durch

$$\hat{X}_i := Y_{\tau_i}, \ \hat{\mathcal{S}}_i := \mathcal{S}_{\tau_i}$$

definierte Folge $(\hat{X}_i, \hat{\mathcal{S}}_i)$ ist dann aufgrund des Optional Sampling Theorems ein Supermartingal, für das gilt

(i) $\hat{X}_1 = Y_{\tau_1} = Y_1 = X_1$ nach der Definition

(ii) $P(\{\hat{X}_{i+1} \geq \hat{X}_i\} \cup \{\hat{X}_{i+1} = 0\}) =$

$\qquad = P(\{Y_{\tau_{i+1}} \geq Y_{\tau_i}\} \cup \{Y_{\tau_{i+1}} = 0\}) = 1$

$\qquad$ nach der Konstruktion der τ_i

(iii) $M(\hat{X}_1, \ldots, \hat{X}_n) = E(\max_{1 \leq i \leq n} Y_{\tau_i})$

$\qquad \geq E(\max_{1 \leq i \leq n} Y_i)$ nach der Konstruktion

$\qquad \geq M(X_1, \ldots, X_n).$ $\qquad\qquad\qquad\qquad\qquad$ $\square$

16

(2.13) Lemma:

> *Es sei* $(X_n, \mathcal{S}_n)_{n \in \mathbb{N}}$ *ein* $[0,1]$*-wertiges Supermartingal. Dann existiert ein* $[0,1]$*-wertiges Supermartingal* $(\hat{X}_n, \hat{\mathcal{S}}_n)_{n \in \mathbb{N}}$ *mit den Eigenschaften*

> (i) $\hat{X}_1 = X_1$ *(und somit* $V(X_1, X_2, \ldots) = V(\hat{X}_1, \hat{X}_2, \ldots)$*)*

> (ii) $P(\{\hat{X}_{i+1} \geq \hat{X}_i\} \cup \{\hat{X}_{i+1} = 0\}) = 1$ *für alle* $i \in \mathbb{N}$

> (iii) $M((X_n)_{n \in \mathbb{N}}) \leq M((\hat{X}_n)_{n \in \mathbb{N}})$

Beweis: Nach dem Supermartingalkonvergenzsatz (s. z.B. [D/M 82], S. 22ff) existiert eine Zufallsgröße X_∞, so daß $\lim_{n \to \infty} X_n = X_\infty$ P-f.s. und $(X_n, \mathcal{S}_n)_{n \in \overline{\mathbb{N}}}$ ein Supermartingal ist, wobei $\mathcal{S}_\infty := \sigma(\cup_{n \in \mathbb{N}} \mathcal{S}_n)$. Es seien nun $Y_\infty := (X_\infty)_0^1$ ein Balayage von X_∞ unter $\mathcal{S}_\infty$ und $Y_i := X_i$ für $i \in \mathbb{N}$. Mit (2.2) ergibt sich, daß

$$E(Y_\infty | \mathcal{S}_\infty) = E(X_\infty | \mathcal{S}_\infty) = X_\infty;$$

X_∞ ist nämlich $\mathcal{S}_\infty$-meßbar. Also gilt auch für alle $n \in \mathbb{N}$

$$E(Y_\infty | \mathcal{S}_n) = E(E(Y_\infty | \mathcal{S}_\infty) | \mathcal{S}_n) = E(X_\infty | \mathcal{S}_n) \leq X_n = Y_n;$$

somit ist $(Y_n, \mathcal{S}_n)_{n \in \overline{\mathbb{N}}}$ ein gleichmäßig beschränktes Supermartingal. Außerdem gilt offensichtlich

$$E(\sup_{n \in \overline{\mathbb{N}}} X_n) = E(\sup_{n \in \mathbb{N}} X_n) \leq E(\sup_{n \in \overline{\mathbb{N}}} Y_n).$$

Definiert man nun (evtl. nicht endliche) Stopregeln $(\tau_n)_{n \in \mathbb{N}}$ durch

$$\tau_1 \equiv 1, \quad \tau_{i+1} := \inf \begin{cases} j > \tau_i : Y_j = 0 \text{ oder } Y_j \geq Y_{\tau_i} & \text{falls } \tau_i < \infty \\ \infty & \text{falls } \tau_i = \infty \end{cases},$$

so ist die Folge $(\tau_n)_{n \in \mathbb{N}}$ monoton nicht-fallend. Die durch

$$\hat{X}_i := Y_{\tau_i}, \quad \hat{\mathcal{S}}_i := \mathcal{S}_{\tau_i}$$

definierte Folge $(\hat{X}_i, \hat{\mathcal{S}}_i)_{i \in \mathbb{N}}$ ist dann aufgrund des Optional-Sampling Theorems für erweiterte Stopregeln (s. z.B. [D/M 82], S. 11) ein Supermartingal, das analog zu (2.13) die Eigenschaften (i)-(iii) erfüllt. $\qquad\square$

I. Der allgemeine Fall

3. Martingale

Die Reduktion auf Supermartingale (s. § 2 b)) kann insbesondere in dem Fall angewendet werden, daß beliebige stochastische Abhängigkeiten bei den vom Propheten wählbaren Zufallsgrößen/Verteilungen vorliegen dürfen (*allgemeiner Fall*). Daher liegt es nahe, als erstes den Supermartingal-/Martingalfall zu untersuchen. In Hinblick auf das Beispiel (1.3) werden wir uns dabei zunächst auf $[0;1]$-wertige Zufallsgrößen beschränken.

a) Zeitdiskrete Martingale mit endlichem Horizont

Dabei beginnen wir mit der Klasse der Supermartingale/Martingale $X_1, \ldots, X_n$ mit festem Horizont $n \in \mathrm{I\!N}$. Es seien also

$$\mathcal{P}_n^{\mathrm{SMart}} := \{P^{(X_1,\ldots,X_n)} : (X_1, \ldots, X_n) \ [0;1]\text{-wertiges Supermartingal}\}$$

bzw.

$$\mathcal{P}_n^{\mathrm{Mart}} := \{P^{(X_1,\ldots,X_n)} : (X_1, \ldots, X_n) \ [0;1]\text{-wertiges Martingal}\}$$

und $\mathcal{T} = T^n$; gesucht werden die zugehörigen Prophetenregionen[8]

$$\Pi_n^{\mathrm{SMart}} := \{(x,y) \in \mathrm{I\!R}^2 : \exists \ P^{(X_1,\ldots,X_n)} \in \mathcal{P}_n^{\mathrm{SMart}}$$
$$x = V(X_1, \ldots, X_n), y = M(X_1, \ldots, X_n)\}$$

bzw. Π_n^{Mart}. Aufgrund des Optional Sampling Theorems (s. z.B. [Do], Theorem VII, 2.2) ist der Statistiker jeweils in der (unglücklichen) Situation, daß er mit allen Stopregeln $\tau \in T^n$ höchstens den Erwartungswert $E(X_1)$ erzielt; es gilt also

$$V(X_1, \ldots, X_n) = E(X_1);$$

jedes $P \in \mathcal{P}_n^{\mathrm{Mart}}$ ist eine equalizer-rule des Propheten.

Im folgenden geht es also um die Bestimmung von $M(X_1, \ldots, X_n)$. Dazu machen wir eine kleine Vorbemerkung:

---

[8]Im gesamten §3 wird der Fall betrachtet, daß die Funktionen $f_s, s \in S$, aus (1.1) die Identität sind.

18

(3.1) Anmerkung

$(X_1, \ldots, X_n)$ *sei ein* $[0; 1]$-*wertiges Supermartingal. Dann folgt für alle* $1 \leq j < n$ *aus* $X_j(\omega) = 0$, *daß* $X_{j+1}(\omega) = \ldots = X_n(\omega) = 0$ P-*f.s.*.

Beweis: Da $\{X_j = 0\} \in \sigma(X_1, \ldots, X_j)$ und

$$E(X_{j+1}|X_1, \ldots, X_j) \leq X_j \qquad P\text{-f.s.}$$

(aufgrund der Supermartingaleigenschaft), folgt

$$0 \leq \int_{\{X_j = 0\}} X_{j+1} dP \leq \int_{\{X_j = 0\}} X_j dP = 0.$$

Dies liefert die Aussage für X_{j+1}; induktiv folgt die gesamte Behauptung. $\qquad\qquad\square$

Es zeigt sich nun, daß man den „oberen Rand" von Π_n^{SMart} mit Hilfe der durch

$$u_n(x) := x - (n - 1)\, x(x^{\frac{1}{n-1}} - 1)$$

gegebenen Funktion $u_n : [0; 1] \to [0; 1]$ abschätzen kann:

(3.2) Satz ([H/K 83], Beweis zu Theorem 3.2)

Es seien $n \geq 2$ *und* $P^{(X_1, \ldots, X_n)} \in \mathcal{P}_n^{\text{SMart}}$. *Dann gilt*

$$M(X_1, \ldots, X_n) \leq u_n\,(V(X_1, \ldots, X_n)),$$

d.h.

$$E(\max_{1 \leq i \leq n} X_i) \leq E(X_1) - (n - 1)E(X_1) \cdot [(E(X_1))^{\frac{1}{n-1}} - 1]$$

Beweis ([Me 95]): Es genügt, die Behauptung für Supermartingale mit konstantem X_1 nachzuweisen, denn dann folgt durch Bedingen des Supermartingals unter X_1

$$E(\max_{1 \leq i \leq n} X_i | X_1) \leq u_n(X_1)$$

und damit

$$E(\max_{1 \leq i \leq n} X_i) \leq E(u_n(X_1)) \leq u_n(EX_1).$$

Dabei gilt das zweite Ungleichheitszeichen wegen der (strengen) Konkavität von u_n und der Jensenschen Ungleichung. Die Behauptung wird nun induktiv bewiesen, wobei wir $X_1 \equiv x \in (0,1)$ annehmen können. Für $n = 2$ gilt

$$\begin{aligned}
E(x \vee X_2) &= x + E(X_2 - x)^+ \\
&\leq x + E(X_2 - xX_2) = x + (1 - x)EX_2 \\
&\leq x + (1 - x)x = u_2(x).
\end{aligned}$$

Für den Induktionsschritt können wir annehmen, daß $X_1, \ldots, X_{n+1}$ ein $[0,1]$-wertiges Supermartingal entsprechend (2.12) ist. Weiterhin sei $\alpha := P(X_2 \geq x) \in (0,1]$; der Fall $\alpha = 0$ ist trivial. Dann gilt mit $x_2 := EX_2 \leq x$

$$\begin{aligned}
E(\max_{1 \leq i \leq n+1} X_i) &= x(1 - \alpha) + \alpha \int_{\{X_2 \geq x\}} \max_{2 \leq i \leq n+1} X_i \, dP/\alpha \\
&\leq x(1 - \alpha) + \alpha \, u_n(\frac{x_2}{\alpha}),
\end{aligned}$$

denn $X_2, \ldots, X_{n+1}$ ist auf $\{X_2 \geq x\}$ ein $[0,1]$-wertiges Supermartingal bzgl. P/α. Dabei wird

$$g : (0,1] \times [0,x] \to \mathrm{IR} \; ; \; (\alpha, x_2) \mapsto x(1 - \alpha) + \alpha u_n(\frac{x_2}{\alpha})$$

für $(\alpha^\star, x_2^\star) = (x^{\frac{1}{n}}, x)$ (absolut) maximiert, und es gilt

$$x(1 - \alpha^\star) + \alpha^\star u_n(\frac{x_2^\star}{\alpha^\star}) = u_{n+1}(x);$$

somit folgt die Behauptung. $\qquad\square$

Einen anderen Beweis, der auf einer von Cox und Kemperman [Co/Kn 83] eingeführten Momentenmethode beruht, hat Kertz [Ke 87] angegeben.

Zur Beantwortung der Fragen, ob die Abschätzung in (3.2) scharf ist und ob die obere Schranke angenommen wird, werden spezielle Martingale betrachtet, die 1980 von Dubins und Pitman ([D/P 80]) eingeführt worden sind.

(3.3) Definition

Es seien $n \geq 2, x \in (0;1)$ und Zufallsgrößen $X_1, \ldots, X_n$ gegeben. Dann heißt $(X_1, \ldots, X_n)$ ein <u>*Dubins-Pitman-Martingal zu x*</u>, *falls für $j \in \{2, \ldots, n\}$ gilt:*

(i) $P(X_j \in \{0, x^{\frac{n-j}{n-1}}\}) = 1$

(ii) $P(X_1 = x) = 1$

(iii) $P(X_j = x^{\frac{n-j}{n-1}} | X_{j-1} = x^{\frac{n-j+1}{n-1}}) = x^{\frac{1}{n-1}}$
$\quad = 1 - P(X_j = 0 | X_{j-1} = x^{\frac{n-j+1}{n-1}})$

(iv) $P(X_j = 0 | X_{j-1} = 0) = 1.$

Daß die Bezeichnung „Martingal" zu recht verwendet wird, zeigt die folgende Aussage:

(3.4) Lemma

Es seien $n \geq 2, x \in (0;1)$ und $X_1, \ldots, X_n$ ein Dubins-Pitman-Martingal zu x. Dann ist $(X_1, \ldots, X_n)$ ein Martingal und eine Markoffkette, und es gilt:

$$M(X_1, \ldots, X_n) = E(\max_{1 \leq i \leq n} X_i) = u_n(x) = u_n(V(X_1, \ldots, X_n)).$$

Beweis: Aus den definierenden Eigenschaften ergibt sich, daß X_{j-1} für $j \geq 2$ eine Version von $E(X_j | X_{j-1})$ ist. Außerdem ergibt sich mit (3.3) (iv) für $j \geq 2$

$$P(X_j = 0, X_{j+1} = 0, \ldots, X_n = 0) = P(X_j = 0)$$

und $P(X_1 = x, X_2 = x^{\frac{n-2}{n-1}}, \ldots, X_j = x^{\frac{n-j}{n-1}}) = P(X_j = x^{\frac{n-j}{n-1}})$; damit erhält man:

$$P(X_j = 0 | X_1, \ldots, X_{j-1})$$
$$= \sum_{k=1}^{j-1} P(X_j = 0 | X_1 \neq 0, \ldots, X_k \neq 0, X_{k+1} = 0, \ldots, X_{j-1} = 0)$$
$$\cdot 1_{\{X_1 \neq 0, \ldots, X_k \neq 0, X_{k+1} = 0, \ldots, X_{j-1} = 0\}}$$
$$= 1 \cdot 1_{\{X_{j-1} = 0\}} + P(X_j = 0 | X_{j-1} \neq 0) \cdot 1_{\{X_{j-1} \neq 0\}}$$
$$= P(X_j = 0 | X_{j-1}) \qquad P\text{-f.s.};$$

also ist $(X_1, \ldots, X_n)$ eine Markoffkette und wegen $E(X_j|X_{j-1}) = X_{j-1}$ P–f.s. auch ein Martingal. Wegen $x = x^{\frac{n-1}{n-1}} < x^{\frac{n-2}{n-1}} < \ldots < x^{\frac{n-n}{n-1}} = 1$ ergibt sich außerdem:

$$E(\max_{1 \le j \le n} X_j)$$

$$= \sum_{j=1}^{n-1} x^{\frac{n-j}{n-1}} P(X_j > 0, X_{j+1} = 0) + 1 \cdot P(X_n = 1)$$

$$= \sum_{j=1}^{n-1} x^{\frac{n-j}{n-1}} \underbrace{P(X_{j+1} = 0|X_j > 0)}_{=1-x^{1/(n-1)}} \cdot \underbrace{P(X_j > 0)}_{=x^{1-(n-j)/(n-1)}} + x$$

$$= x + \sum_{j=1}^{n-1} x(1 - x^{1/(n-1)})$$

$$= u_n(x) = u_n(V(X_1, \ldots, X_n)) \qquad \square$$

Mit dieser Aussage haben wir auch die in der Anmerkung (2.11)c) bereits angekündigte Verschärfung von (2.10) erhalten:

(3.5) Satz (Reduktion auf Martingale)

> $(X_i)_{i \le n}$ *sei eine beliebige Folge von* $[0;1]$-*wertigen Zufallsgrößen. Dann gibt es ein* $[0;1]$-*wertiges Martingal* $(\hat{X}_i)_{i \le n}$, *so daß*
> *(i)* $V(X_1, \ldots, X_n) = V(\hat{X}_1, \ldots, \hat{X}_n)$
> *(ii)* $M(X_1, \ldots, X_n) \le M(\hat{X}_1, \ldots, \hat{X}_n)$.

Es wird in [D/P 80] außerdem gezeigt, daß die Dubins-Pitman-Martingale die einzigen extremalen Verteilungen sind, d.h. daß es bzgl. der induzierten Verteilung keine weiteren Martingale gibt, welche die obere Grenzfunktion erreichen; die Aussage kann man noch verschärfen:

(3.6) Satz

> *Es seien* $n \in \mathbb{N}$ *und* $P^{(X_1, \ldots, X_n)} \in \mathcal{P}_n^{\text{SMart}}$ *mit* $E(X_1) =: x \in (0, 1)$. *Dann sind äquivalent*
> *(i)* $M(X_1, \ldots, X_n) = u_n(x)$
> *(ii)* $X_1, \ldots, X_n$ *ist ein Dubins-Pitman-Martingal zu* x.

Beweis: Der noch fehlende Beweisteil $(i) \Rightarrow (ii)$ wird induktiv durch eine Analyse des Beweises von (3.2) geführt: Wegen der strengen

Konkavität von u_n muß auf jeden Fall $X_1 = x$ P-fast sicher gelten. Für $n = 2$ gilt im Beweis von (3.2) genau dann Gleichheit, wenn $X_2 \in \{0, 1\}$ P-fast sicher und $EX_2 = x$. Damit muß (X_1, X_2) das Dubins-Pitman-Martingal zu x sein.

Für den Induktionsschluß nehmen wir nun an, daß $X_1, \ldots, X_{n+1}$ ein $[0, 1]$-wertiges Supermartingal mit $EX_1 = x$ und $M(X_1, \ldots, X_{n+1}) = u_{n+1}(x)$ ist. Setzt man nun $X_{n+2} := 0$ und definiert Stopzeiten $\tau_1, \ldots, \tau_{n+1}$ durch

$$\tau_i := \begin{cases} i & \text{falls } X_1 \geq x, \ldots, X_i \geq x \\ n + 2 & \text{sonst}, \end{cases}$$

so gilt offensichtlich

$$\tau_1 \leq \tau_2 \leq \ldots \leq \tau_{n+1},$$

und nach dem Optional Sampling Theorem ist $(X_{\tau_i}, \mathcal{F}_{\tau_i})_{1 \leq i \leq n+1}$ ein Supermartingal mit

$$X_{\tau_i} = X_i \cdot 1_{\{X_1 \geq x, \ldots, X_i \geq x\}} =: Y_i.$$

Mit $\alpha := P(Y_2 \geq x) \in (0, 1]$ und $x_2 := EX_2$ gilt nun

$$\begin{aligned} E(\max_{1 \leq i \leq n+1} Y_i) &= x(1 - \alpha) + \alpha \int_{\{Y_2 \geq x\}} \max_{2 \leq i \leq n+1} Y_i \, dP/\alpha \\ &\leq x(1 - \alpha) + \alpha u_n(x_2/\alpha) \\ &\leq u_{n+1}(x) \end{aligned}$$

Aus dem Beweis von (3.2) und der Induktionsvoraussetzung folgt, daß $\alpha = x^{\frac{1}{n}}, x_2 = x$ und $Y_2, \ldots, Y_{n+1}$ auf $\{Y_2 \geq x\}$ das Dubins-Pitman-Martingal zu $x/x^{\frac{1}{n}}$ bezüglich $P/x^{\frac{1}{n}}$ sein muß; damit überlegt man sich leicht, daß $Y_1, \ldots, Y_{n+1}$ ein Dubins-Pitman-Martingal zu x sein muß. Für $2 \leq i \leq n + 1$ gilt jedoch nach Definition der Y_i

$$x \geq EX_i \geq EY_i = x,$$

also $EX_i = EY_i$; wegen $X_i \geq Y_i$ P–f.s. folgt daraus $X_i = Y_i$ P-f.s.; somit ist auch $X_1, \ldots, X_{n+1}$ ein Dubins-Pitman-Martingal zu x. $\square$

Mit (3.2) und (3.4) werden nun Π_n^{SMart} und Π_n^{Mart} vollständig bestimmt:

(3.7) Satz ([H/K 83], Theorem 3.6)

   Für $n \geq 2$ gilt

$$\Pi_n^{\mathrm{SMart}} = \Pi_n^{\mathrm{Mart}}$$
$$= \{(x,y) \in \mathrm{IR}^2 : x \leq y \leq x - (n-1)x(x^{\frac{1}{n-1}} - 1),\ 0 \leq x \leq 1\}.$$

Beweis: Die Inklusionen „$\subset$" folgen sofort aus (3.2).
Falls $x \in \{0,1\}$, setze $X_i \equiv x$ für $1 \leq i \leq n$; damit ergibt sich $\{(0,0),(1,1)\} \subset \Pi_n^{\mathrm{Mart}}$. Es seien nun $x \in (0;1)$ und $y \in \mathrm{IR}$ mit $x \leq y \leq u_n(x)$ vorgegeben, $(Y_1, \ldots, Y_n)$ sei ein entsprechend (3.3)(i)-(iv) konstruiertes Dubins-Pitman-Martingal zu x, und es seien

$$a := \frac{y - x}{(n-1)x(1 - x^{1/n-1})}\ ;\quad b := (1 - a)x$$
$$(X_1, \ldots, X_n) := (aY_1 + b, \ldots, aY_n + b).$$

Dann ist auch $(X_1, \ldots, X_n)$ ein $[0;1]$-wertiges Martingal, und es ergibt sich

$$V(X_1, \ldots, X_n) = x,\ M(X_1, \ldots, X_n) = y;$$

damit ist die andere Inklusion bewiesen. $\qquad\qquad\square$

Aus der Gestalt der Prophetenregion Π_n^{Mart} lassen sich durch elementare geometrische Überlegungen Ungleichungen für das Verhältnis bzw. die Differenz der optimalen Auszahlungen von Spieler und Prophet gewinnen[9]: Für $x \in [0;1]$ sei

$$f_x(t) = a_x\, t + b_x$$

die Geradengleichung der Tangente an die obere Grenzfunktion an der Stelle x. Dann gilt wegen der Konkavität der oberen Grenzfunktion für alle $P^{(X_1,\ldots,X_n)} \in \mathcal{P}_n^{\mathrm{Mart}}$:

$$M(X_1, \ldots, X_n) \leq a_x \cdot V(X_1, \ldots, X_n) + b_x,$$

wobei das Gleichheitszeichen wegen der Abgeschlossenheit von Π_n^{Mart} angenommen wird.

---

[9]Entsprechende Aussagen gelten offensichtlich auch für Supermartingale.

(3.8) Korollar

Es seien $n \geq 2$, $P^{(X_1,\ldots,X_n)} \in \mathcal{P}_n^{\mathrm{Mart}}$ und $\alpha \in [0;1]$. Dann gilt die scharfe Ungleichung

$$M(X_1,\ldots,X_n) - (1-\alpha)^n \leq n\alpha V(X_1,\ldots,X_n);$$

insbesondere ergeben sich die scharfen Ungleichungen

(i) $M(X_1,\ldots,X_n) \leq n \cdot V(X_1,\ldots,X_n)$ *(Fall R)*

(ii) $M(X_1,\ldots,X_n) - V(X_1,\ldots,X_n) \leq (\frac{n-1}{n})^n$ *(Fall D)*.

Das Gleichheitszeichen wird in (3.8)(i) nur für das Null-Martingal angenommen. In (3.8)(ii) wird das Gleichheitszeichen nur für das Dubins-Pitman-Martingal zu $(\frac{n-1}{n})^{n-1}$ angenommen.

Beweis: Für $u_n(x) = nx - (n-1)x^{n/(n-1)}$ gilt

$$u_n'(x) = n - nx^{1/(n-1)}, \, u_n(x) - (n - nx^{1/(n-1)})x = x^{n/(n-1)};$$

daher folgt aus (3.7) für jedes $x = (1-\alpha)^{n-1} \in [0;1]$ die Ungleichung

$$M(X_1,\ldots,X_n) - (1-\alpha)^n \leq n\alpha \, V(X_1,\ldots,X_n),$$

wobei wegen der strikten Konkavität von u_n nur für das Dubins-Pitman-Martingal zu $(1-\alpha)^{n-1}$ die Gleichheit gilt. Die Spezialfälle $\alpha = 1$ und $\alpha = 1/n$ liefern gerade die Aussagen (i) bzw. (ii). $\square$

Die Ungleichung (3.8)(i) läßt sich mit viel weniger Aufwand sogar für eine größere Klasse von Folgen von Zufallsgrößen zeigen (vgl. auch §4):

Bemerkung ([Bo 89b], Theorem 1.6)

Es seien $n \in \mathbb{N}$ und $X_1,\ldots,X_n$ nicht-negative Zufallsgrößen. Dann gilt:

$$M(X_1,\ldots,X_n) \leq n \cdot V(X_1,\ldots,X_n).$$

Beweis:

$$E(\max_{1 \leq i \leq n} X_i) \leq E(\sum_{i=1}^{n} X_i) = \sum_{i=1}^{n} EX_i$$

$$\leq \sum_{i=1}^{n} V(X_1,\ldots,X_n) = n \cdot V(X_1,\ldots,X_n). \qquad \square$$

Wir untersuchen nun die Ergebnisse aus (3.8) gemäß der spieltheoretischen Modellbildung aus (1.1). Es sei jeweils $\mathcal{T} = T^n$, wobei T^n die Menge der Stopregeln $\leq n$ bzgl. $\mathcal{Y}_i = \sigma(X_1, \ldots, X_i)$, $X_i := \pi_i$ und $f_i = id$ sind.

(3.9) Satz

a) *Für jedes $n \geq 2$ und $\gamma \in [0; 1]$ gilt: Das Spiel gegen einen Propheten*

$$\Gamma_1 = (\mathcal{P}_n^{\mathrm{Mart}}, T^n, a)$$

mit

$$(\star) \qquad a(P, \tau) := (E_P(\max_{1 \leq i \leq n} X_i) - \gamma)/E_P(X_\tau)$$

ist definit mit dem Spielwert $n(1 - \gamma^{1/n})$; jede Strategie des Statistikers ist eine Minimaxstrategie; für $\gamma \neq 0$ besitzt der Prophet genau eine Minimaxstrategie, nämlich die entsprechend (3.3) konstruierte Verteilung eines Dubins-Pitman-Martingals zu $\gamma^{(n-1)/n}$, für $\gamma = 0$ (Fall R) ist der Spielwert gleich n, und der Prophet besitzt keine Minimaxstrategie.

b) *Für jedes $n \geq 2$ und $\gamma \in (0, n]$ gilt: Das Spiel gegen einen Propheten*

$$\Gamma_2 = (\mathcal{P}_n^{\mathrm{Mart}}, T^n, a)$$

mit

$$(\star\star) \qquad a(P, \tau) := E_P(\max_{1 \leq i \leq n} X_i) - \gamma\, E_P(X_\tau)$$

ist definit mit dem Spielwert $(1 - \gamma/n)^n$; jede Strategie des Statistikers ist eine Minimaxstrategie, der Prophet besitzt genau eine Minimaxstrategie, nämlich die entsprechend (3.3) konstruierte Verteilung eines Dubins-Pitman-Martingals zu $(1 - \gamma/n)^{n-1}$, für $\gamma = 1$ (Fall D) ist der Spielwert gleich $(\frac{n-1}{n})^n$ und die Verteilung des Dubins-Pitman-Martingals zu $(\frac{n-1}{n})^{n-1}$ die einzige Minimaxstrategie des Propheten.

Beweis zu a): Es gilt

$$W_\star(\Gamma_1) = \sup_{P \in \mathcal{P}_n^{\mathrm{Mart}}} \inf_{\tau \in T^n} E_P(\max_{1 \le i \le n} X_i - \gamma)/E_P(X_\tau)$$

$$= \sup_{P \in \mathcal{P}_n^{\mathrm{Mart}}} E_P(\max_{1 \le i \le n} X_i - \gamma)/V(X_1, \ldots, X_n) \underset{(3.8)}{=} n(1 - \gamma^{1/n}).$$

Da hierbei das Gleichheitszeichen gerade für das Dubins-Pitman-Martingal zu $\gamma^{(n-1)/n}$ angenommen wird, und für eine beliebige Stopregel $\tau \in T^n$ gilt

$$\sup_{P \in \mathcal{P}_n^{\mathrm{Mart}}} (E_P(\max_{1 \le i \le n} X_i) - \gamma)/E_P(X_\tau) =$$

$$\sup_{P \in \mathcal{P}_n^{\mathrm{Mart}}} (E_P(\max_{1 \le i \le n} X_i) - \gamma)/E_P(X_1) = n(1 - \gamma^{1/n}),$$

gilt auch $W^\star(\Gamma_1) = n(1 - \gamma^{\frac{1}{n}})$, und somit folgt die gesamte Behauptung (der Fall $\gamma = 0$ ergibt sich aus (3.8)(i)).

Der Beweis zu b) verläuft analog. $\qquad\qquad\qquad\qquad\qquad\qquad\quad \Box$

Die bisher nur für $[0;1]$-wertige Martingale formulierten Aussagen lassen sich durch lineare Transformation unmittelbar auf beliebige gleichmäßig beschränkte Martingale übertragen. Dazu bezeichne

$$\mathcal{P}_n^{\mathrm{Mart},[c,d]}$$

die Klasse der $[c;d]$-wertigen Martingale $(X_1, \ldots, X_n)$ mit $c, d \in \mathrm{IR}$, $c < d$ – diese entstehen gerade durch die lineare Transformation $x \mapsto (d - c)x + c$ aus den $[0;1]$-wertigen Martingalen – und $\Pi_n^{\mathrm{Mart},[c;d]}$ die zugehörige Prophetenregion. Dann ergibt sich aus (3.5):

(3.10) Korollar
> *Es seien $c, d \in \mathrm{IR}, c < d$, und $n \ge 2$. Dann gilt*
> $\Pi_n^{\mathrm{Mart},[c;d]} = \{(x, y) \in \mathrm{IR}^2 :$
> $x \le y \le x - (n-1)(x-c)((\frac{x-c}{d-c})^{\frac{1}{n-1}} - 1), c \le x \le d\}.$

Analog zu (3.9) erhält man hieraus Aussagen für Spiele gegen einen Propheten mit den Auszahlungsfunktionen $(\star)$ bzw. $(\star\star)$.

b) Zeitdiskrete Martingale mit unendlichem Horizont

Wir betrachten nun die Klasse der zeitdiskreten gleichmäßig beschränkten Martingale mit unendlichem Horizont. Es seien also

$$\mathcal{P} = \mathcal{P}_\infty^{\text{Mart}} := \{ P^{(X_1,\dots)} : (X_n)_{n\in\mathbb{N}} \text{ ist ein } [0;1]\text{-wertiges Martingal} \}$$

und $\mathcal{T} = T := \{ \tau : \tau \text{ Stopregel } \}$; gesucht wird die zugehörige Prophetenregion Π_∞^{Mart}. Dazu beantworten wir zunächst die naheliegende Frage nach der Konvergenz der oberen Grenzfunktionen u_n (vgl. 3a)).

(3.11) Bemerkung

Für alle $x \in (0;1]$ gilt $\lim_{n\to\infty} u_n(x) = u(x) := x - x \ln x$

Beweis: Für $x \in (0;1]$ gilt (s. z.B. Barner/Flohr: „Analysis I", 4.1) $\lim_{n\to\infty} n(\sqrt[n]{x} - 1) = \ln x$; dies liefert die Behauptung. $\qquad\square$

Die Bedeutung der Funktion u ergibt sich aus der folgenden Überlegung:

(3.12) Lemma

    a) *Es gilt:* $\bigcup_{n\in\mathbb{N}} \Pi_n^{\text{Mart}} \subset \Pi_\infty^{\text{Mart}}$;

    b) *Für* $P^{(X_1,\dots)} \in \mathcal{P}_\infty^{\text{Mart}}$ *mit* $V(X_1,\dots) > 0$ *gilt*

$$M(X_1,\dots) \leq u(V(X_1,\dots)),$$

$$\text{d.h. } E(\sup_{n\in\mathbb{N}} X_n) \leq E(X_1) - E(X_1)\ln E(X_1).$$

Beweis: a) Es seien $n \in \mathbb{N}$ und $(x,y) \in \Pi_n^{\text{Mart}}$. Dann existiert ein $[0;1]$-wertiges Martingal $X_1,\dots,X_n$ mit $V(X_1,\dots,X_n) = x$ und $M(X_1,\dots,X_n) = y$. Setzt man nun $Y_i := X_i$ falls $i \leq n$ und $Y_i := X_n$ falls $i > n$, dann ist $(Y_n)_{n\in\mathbb{N}}$ ein $[0;1]$-wertiges Martingal mit $V(Y_1,\dots) = x$ und $M(Y_1,\dots) = y$; also gilt $(x,y) \in \Pi_\infty^{\text{Mart}}$.
b) Aufgrund des Optional Sampling Theorems gilt

$$V(X_1,\dots) = E(X_1).$$

Mit Hilfe des Satzes von der monotonen Konvergenz, des Satzes (3.2) und der Bemerkung (3.11) folgt daher

$$
\begin{aligned}
E(\sup_{n\in\mathbb{N}} X_n) &= \lim_{n\to\infty} E(\sup_{k\le n} X_k) \\
&\le \lim_{n\to\infty} u_n(E(X_1)) \\
&= u(E(X_1)) = u(V(X_1,\ldots)). \qquad\qquad \square
\end{aligned}
$$

Man kann die Aussage (3.12)b) auch direkt (ohne Benutzung der Ergebnisse für zeitdiskrete Martingale mit endlichem Horizont) beweisen. Als Hilfsmittel benötigt man dann die folgende Ungleichung von Doob ([Do], Theorem VII 3.2).

Es seien $n \in \mathbb{N}, X_1,\ldots,X_n$ ein nichtnegatives Martingal und $\lambda > 0$. Dann gilt

$$
P(\{\max_{1\le i\le n} X_i \ge \lambda\}) \le \frac{E(X_1)}{\lambda}.
$$

Dann folgt auch für jedes Martingal $P^{(X_n)_{n\in\mathbb{N}}} \in \mathcal{P}_\infty^{\mathrm{Mart}}$ und $\lambda > 0$, daß

$$
P(\{\sup_{n\in\mathbb{N}} X_n > \lambda\}) \le \frac{E(X_1)}{\lambda}.
$$

Damit ergibt sich im Fall $E(X_1) > 0$

$$
\begin{aligned}
E(\sup_{n\in\mathbb{N}} X_n) &= \int_0^1 P(\{\sup_{n\in\mathbb{N}} X_n > t\})\, d\lambda(t) \\
&\le \int_0^{EX_1} 1\, d\lambda(t) + \int_{EX_1}^1 \frac{E(X_1)}{t}\, d\lambda(t) \\
&= E(X_1) + E(X_1) \int_{EX_1}^1 \frac{1}{t}\, d\lambda(t) \\
&= E(X_1) - E(X_1)\ln E(X_1).
\end{aligned}
$$

Aus Lemma (3.12) folgt, daß

$$
\{(x,y)\in(0,1)^2 : x \le y < x - x\ln x\} \cup \{(0,0);(1,1)\}
$$
$$
\subset \Pi_\infty^{\mathrm{Mart}} \subset \{(x,y)\in(0,1)^2 : x \le y \le x - x\ln x\} \cup \{(0,0);(1,1)\}.
$$

Man muß also noch klären, ob die obere Grenzfunktion angenommen wird.

(3.13) Lemma

Für jedes $P^{(X_1,\dots)} \in \mathcal{P}_\infty^{\mathrm{Mart}}$ *mit* $E(X_1) \in (0;1)$ *gilt:*

$$E(\sup_{n \in \mathbb{N}} X_n) < E(X_1) - E(X_1) \ln E(X_1).$$

Beweis: Wir unterscheiden zwei Fälle.

a) *X_1 ist nicht konstant.*

Im Beweis zu (3.2) hatten wir gezeigt, daß für ein $[0;1]$-wertiges Martingal $(X_k, \mathcal{S}_k)_{k=1}^n$

$$E(\sup_{k \le n} X_k | \mathcal{S}_1) \le X_1 - (n-1)X_1(X_1^{\frac{1}{n-1}} - 1) \quad P|\mathcal{S}_1\text{-f.s.}$$

gilt. Daher folgt mit der Bemerkung (3.11) und dem Satz von der monotonen Konvergenz für bedingte Erwartungswerte

$$E(\sup_{n \in \mathbb{N}} X_n | \mathcal{S}_1) \le X_1 - X_1 \cdot \ln X_1 \quad P|\mathcal{S}_1\text{-f.s.},$$

wenn wir die Funktion $x \mapsto x - x \cdot \ln x$ stetig in 0 fortsetzen, also auch

$$E(\sup_{n \in \mathbb{N}} X_n) \le E(X_1 - X_1 \cdot \ln X_1).$$

Da X_1 nicht P-f.s. konstant ist und die in 0 stetig fortgesetzte Funktion $x \mapsto x - x \cdot \ln x$ strikt konkav auf $[0;1]$ ist, folgt mit der Jensenschen Ungleichung

$$\begin{aligned}
E(\sup_{n \in \mathbb{N}} X_n) &\le E(X_1 - X_1 \cdot \ln X_1) \\
&< E(X_1) - E(X_1) \cdot \ln E(X_1).
\end{aligned}$$

Wir haben also gezeigt, daß die obere Grenzfunktion höchstens von Martingalen mit konstanter erster Zufallsgröße angenommen werden kann.

b) *X_1 ist P-f.s. konstant (d.h. $X_1 \equiv x \in (0,1)$ P-f.s.)*

Wegen Lemma (2.13) kann man annehmen, daß ein $\alpha \in [0,1]$ existiert, so daß

$$P(\{X_2 \ge x\}) = \alpha = 1 - P(\{X_2 = 0\}).$$

Wegen der Martingaleigenschaft kann dabei $\alpha = 0$ nicht auftreten. Im Fall $\alpha = 1$ folgt $X_2 \equiv x$ P-f.s.; dann betrachten wir $X_{k-1}, X_k, \ldots$ mit $k := \inf\{n \in \mathbb{N} : X_n \not\equiv x\}$. Ist $k = \infty$, so folgt $E(\sup_{n\in\mathbb{N}} X_n) = x < x - x\ln x$. Wir können also $\alpha \in (0,1)$ annehmen. Dann folgt

$$
\begin{aligned}
E(\sup_{n\in\mathbb{N}} X_n) &= x(1-\alpha) + \int_{\{X_2 \geq x\}} \sup_{n\geq 2} X_n \, dP \\
&= x(1-\alpha) + \alpha \int_{\{X_2 \geq x\}} \sup_{n\geq 2} X_n \, dP/\alpha \\
&\leq x(1-\alpha) + \alpha\left(\frac{x}{\alpha} - \frac{x}{\alpha}\ln\frac{x}{\alpha}\right),
\end{aligned}
$$

da nach (3.12)b) für das auf $\{X_2 \geq x\}$ eingeschränkte Martingal $X_2, X_3, \ldots$ bzgl. P/α gilt

$$
E_{P/\alpha}\left(\sup_{n\geq 2} X_{n|\{X_2\geq x\}}\right) \leq \frac{x}{\alpha} - \frac{x}{\alpha}\ln\frac{x}{\alpha};
$$

somit ergibt sich

$$
\begin{aligned}
E(\sup_{n\in\mathbb{N}} X_n) \;&\leq\; x - x\ln x + \alpha(1 - \alpha + \ln\alpha) \\
&<\; x - x\ln x \quad \text{für } \alpha \in (0,1). \qquad \square
\end{aligned}
$$

Insgesamt erhält man also (vgl. Abb. 3.1)

(3.14) Satz ([H/K 83], Theorem 4.2)

$$
\prod_{\infty}^{\text{Mart}} = \{(x,y) \in (0,1)^2 \mid x \leq y < x - x\ln x\} \cup \{(0,0); (1,1)\}.
$$

Im Gegensatz zum zeitdiskreten Martingalfall mit endlichem Horizont wird also beim Martingalfall mit unendlichem Horizont die obere Grenzfunktion nicht angenommen. Diese Besonderheit tritt auch bei anderen Martingalungleichungen auf (vgl. [C/Ke 85]). Da man entsprechende Aussagen in analoger Weise auch für Supermartingale beweisen kann (mit $x_2 := E(X_2) \leq x$ anstelle von x), erhält man in Ergänzung zu (3.5)

(3.15) Korollar (Reduktion auf Martingale)
   $(X_i)_{i\in\mathbb{N}}$ sei eine beliebige Folge von $[0;1]$-wertigen Zufallsgrößen. Dann gibt es ein $[0;1]$-wertiges Martingal $(\hat{X}_i)_{i\in\mathbb{N}}$, so daß
   (i) $V(X_1, X_2, \ldots) = V(\hat{X}_1, \hat{X}_2, \ldots)$
   (ii) $M(X_1, X_2, \ldots) \leq M(\hat{X}_1, \hat{X}_2, \ldots)$.

Analog zum Korollar (3.8) kann man nun mit Hilfe von Tangenten an die obere Grenzfunktion scharfe Prophetenungleichungen folgern:

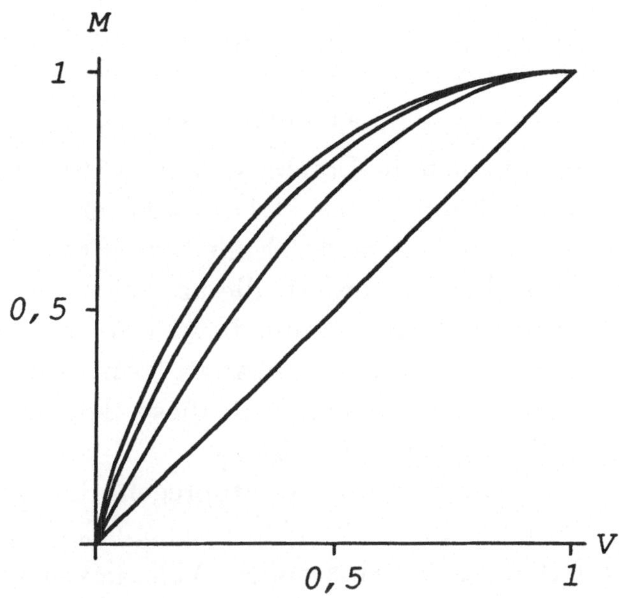

Abbildung 3.1: Die Prophetenregionen $\Pi_2^{\text{Mart}}, \Pi_5^{\text{Mart}}$ und Π_∞^{Mart}

(3.16) Korollar

Für jedes $P^{(X_1,\ldots)} \in \mathcal{P}_\infty^{\text{Mart}}$ und jedes $\gamma > 0$ gilt die (scharfe) Ungleichung

$$M(X_1, X_2, \ldots) - e^{-\gamma} < \gamma\, V(X_1, X_2, \ldots);$$

insbesondere ergibt sich:

(i) *Zu jedem $C \in \mathbb{R}$ existiert ein $[0;1]$-wertiges Martingal $(X_n)_{n \in \mathbb{N}}$ mit $M(X_1, X_2, \ldots) \geq C \cdot V(X_1, X_2, \ldots)$.*

(ii) *Für jedes $P^{(X_1,\ldots)} \in \mathcal{P}_\infty^{\text{Mart}}$ gilt die (scharfe) Ungleichung*

$$M(X_1, X_2, \ldots) - V(X_1, X_2, \ldots) < 1/e.$$

Beweis: Für $u(x) = x - x \ln x$ gilt

$$u'(x) = -\ln x, \quad u(x) + x \ln x = x;$$

daher folgt aus (3.14) für jedes $x = e^{-\gamma}$ die scharfe Ungleichung

$$M(X_1, X_2, \ldots) - x < (-\ln x)\, V(X_1, X_2, \ldots);$$

insbesondere erhält man die Differenzungleichung (ii) aus dem Spezialfall $\gamma = 1$ und die Aussage (i) daraus, daß u an der Stelle 0 eine (rechtsseitige) Tangente der Steigung ∞ hat. $\qquad\qquad\qquad$ $\square$

Wir untersuchen nun auch die Ergebnisse aus (3.16) gemäß der spieltheoretischen Modellbildung aus (1.1). Dabei ergeben sich einige Probleme, denn wir hatten in der Einleitung/Problemstellung die P-fast sichere Endlichkeit gefordert, die natürlich von dem zugrundeliegenden Wahrscheinlichkeitsraum bzw. von der durch die Zufallsgrößen induzierten Verteilung abhängt. Man wird also im allgemeinen nicht erwarten können, daß diese Forderung für alle $P^{(X_n)_{n\in\mathbb{N}}} \in \mathcal{P}_\infty^{\text{Mart}}$ gleichzeitig erfüllt ist.

Wir betrachten daraufhin erweiterte Stopregeln, bei denen man im Unterschied zu Stopregeln auf die P-fast sichere Endlichkeit verzichtet. Man definiert dann für eine Folge $(X_n)_{n\in\mathbb{N}}$ von integrierbaren Zufallsgrößen und eine erweiterte Stopregel τ bzgl. der kanonischen Filtration

$$X_\tau := \limsup_{n\to\infty} X_n \quad \text{auf } \{\tau = \infty\}.$$

Für die Auszahlung an den Statistiker ergibt sich damit

$$X_\tau(\omega) = \sum_{n=1}^{\infty} X_n(\omega) \cdot 1_{\{\tau(\omega)=n\}} + \limsup_{n\to\infty} X_n(\omega) \cdot 1_{\{\tau(\omega)=\infty\}}.$$

Weiterhin bezeichne $\overline{T}$ die Klasse der erweiterten Stopregeln bzgl. des Prozesses $(X_n)_{n\in\mathbb{N}}$ mit der kanonischen Filtration. Für den erwarteten Gewinn des Statistikers bringt diese Erweiterung der Strategiemenge jedoch keinen Vorteil; es gilt nämlich:

(3.17) Bemerkung ([C/R/S], Theorem 4.7; [Sh], Theorem 11)
Es sei $(X_n)_{n\in\mathbb{N}}$ eine Folge von integrierbaren Zufallsgrößen. Dann gilt

$$\sup\{E(X_\tau) : \tau \in \overline{T},\ E(X_\tau^-) < \infty\} = V(X_1, \ldots).$$

Falls $(X_n)_{n\in\mathbb{N}}$ ein gleichgradig integrierbares Martingal ist, gilt sogar

$$E(X_\tau) = E(X_1) \qquad \forall\, \tau \in \overline{T}.$$

Es seien nun jeweils $X_i = \pi_i$ und $f_i = id$.

(3.18) Satz

Für jedes $\gamma > 0$ ist das Spiel gegen einen Propheten

$$\Gamma_3 = (\mathcal{P}_\infty^{\mathrm{Mart}}, \overline{T}, a)$$

mit

$$a(P,\tau) := E_P(\sup_{i\in\mathbb{N}} X_i) - \gamma E_P(X_\tau)$$

definit mit dem Spielwert $W(\Gamma_3) = e^{-\gamma}$; jede Strategie des Statistikers ist eine Minimaxstrategie, dagegen besitzt der Prophet keine Minimaxstrategie ($\gamma = 1$ liefert dabei gerade den Fall D).

Den Beweis des Satzes kann man analog zum Beweis von (3.9) führen.

Die bisher nur für $[0;1]$-wertige Martingale formulierten Aussagen lassen sich mit Hilfe linearer Transformationen auch auf andere gleichmäßig beschränkte Martingale übertragen. Dazu bezeichne $\mathcal{P}_\infty^{\mathrm{Mart},[c;d]}$ die Klasse der $[c;d]$-wertigen Martingale $(X_n)_{n\in\mathbb{N}}$ mit $c,d \in \mathbb{R}$, $c < d$; außerdem sei $\Pi_\infty^{\mathrm{Mart},[c;d]}$ die zugehörige Prophetenregion. Dann ergeben sich die folgenden zu (3.14)/(3.18) analogen Aussagen.

(3.19) Korollar

a) *Es seien $c,d \in \mathbb{R}, c < d$. Dann gilt*

$$\Pi_\infty^{\mathrm{Mart},[c;d]} = \{(x,y)\in\mathbb{R}^2 : x \leq y < x-(x-c)\ln\frac{x-c}{d-c}, c<x<d\}$$
$$\cup\, \{(c,c),(d,d)\}$$

b) *Für jedes $\gamma > 0$ ist das Spiel gegen einen Propheten*

$$\Gamma_3^{[c;d]} = (\mathcal{P}_\infty^{\mathrm{Mart},[c;d]}, \overline{T}, a)$$

mit

$$a(P, \tau) = E_P(\sup_{i \in \mathbb{N}} X_i) - \gamma\, E_P(X_\tau)$$

definit mit dem Spielwert $(d - c)e^{-\gamma} + (1 - \gamma)c$; jede Strategie des Statistikers ist eine Minimaxstrategie, dagegen besitzt der Prophet keine Minimaxstrategien.

c) Zeitstetige Martingale mit rechtsseitig stetigen Pfaden

Im nächsten Schritt wollen wir nun zeitstetige Martingale betrachten, d.h. den Akteuren wird zu jedem Zeitpunkt $t \in I = [0; b]$, $b > 0$, („endlicher Horizont") bzw. $t \in I = [0; \infty)$ („unendlicher Horizont") eine Auszahlung X_t „angeboten", wobei die X_t mit der kanonischen Filtration $\mathcal{S}_t := \sigma(\cup_{s \leq t} X_s^{-1}(\mathbb{B}))$, $t \in I$, ein Martingal bilden.

Hierbei treten einige maßtheoretische Probleme auf, die es im zeitdiskreten Fall wegen der Abzählbarkeit der Indexmenge nicht gibt – so ist z.B. im allgemeinen $\sup_{t \in I} X_t$ nicht meßbar.[10]

Um jeweils das Funktional

$$M(X_t, t \in I) = E(\sup_{t \in I} X_t)$$

bilden zu können, wird man voraussetzen, daß der stochastische Prozeß $(X_t)_{t \in T}$ separabel ist (s. z.B. [Sz], (10.10)). Diese Voraussetzung, welche die Meßbarkeit von $\sup_{t \in I} X_t$ garantiert (s. [Sz], (10.12)), ist nicht sehr einschneidend (s. [Sz], (10.13)); sie ist insbesondere bei reellwertigen stochastischen Prozessen $(X_t)_{t \in I}$ mit rechtsseitig stetigen Pfaden erfüllt (s. [W/W],2.3.2): Da $\mathbb{Q}$ dicht in $\mathbb{R}$ liegt, existiert zu jedem offenen Intervall $J \subset I$ und jedem $t \in J$ eine Folge $(q_n)_{n \in \mathbb{N}}$ mit $q_n \in J \cap \mathbb{Q}, q_n \geq t\ \forall n \in \mathbb{N}$ und $\lim_{n \to \infty} q_n = t$. Wegen der rechtsseitigen *Pfadstetigkeit* folgt daher

$$X_t(\omega) = \lim_{n \to \infty} X_{q_n}(\omega) \in \overline{\{X_s(\omega) : s \in J \cap \mathbb{Q}\}},$$

d.h. $(X_t)_{t \in I}$ ist separabel, und man kann $I \cap \mathbb{Q}$ als separierende Menge wählen.

---

[10]Für $B \subset \mathbb{R}$ mit $B \notin \mathbb{B}$ ist $1_B = \sup_{b \in B} 1_{\{b\}}$ nicht meßbar, obwohl $1_{\{b\}}$ für alle $b \in B$ meßbar ist.

Um andererseits auch das Funktional $V(X_t, t \in I)$ bilden zu können, benötigt man die $(\mathcal{S}, \mathbb{B})$-Meßbarkeit der Abbildung $X_\tau : \Omega \to \mathbb{R}$ mit

$$\omega \mapsto X_{\tau(\omega)}(\omega)$$

für jede Stopregel τ; im zeitdiskreten Fall tritt dieses Problem wegen

$$X_{\tau(\omega)}(\omega) = \sum_{n \in \mathbb{N}} X_n(\omega)\, 1_{\{\tau=n\}}(\omega)$$

nicht auf.

Hierzu wird man voraussetzen, daß der stochastische Prozeß $(X_t)_{t \in I}$ progressiv meßbar bzgl. der kanonischen Filtration $(\mathcal{S}_t)_{t \in T}$ ist (s. z.B. [My], Def. 43); dann ist nämlich die o.a. Abbildung X_τ meßbar bzgl. der σ-Algebra

$$\mathcal{S}_\tau := \{A \in \mathcal{S} : A \cap \{\tau \le t\} \in \mathcal{S}_t \quad \forall t \in I\}$$

der τ-Vergangenheit (s. [My], Theorem 49). Auch hier erweist sich die rechtsseitige Pfadstetigkeit als eine hinreichende Bedingung für progressive Meßbarkeit (s. [My], Theorem 47).

Daraufhin setzen wir in diesem Abschnitt voraus:

(3.20) Annahme (in Abschnitt 3.c)
$(X_t)_{t \in I}$, *wobei* $I = [0; b], b > 0$ *oder* $I = [0; \infty)$, *sei mit der kanonischen Filtration* $(\mathcal{S}_t)_{t \in I}$ *ein* $[0; 1]$-*wertiges Martingal mit ausschließlich rechtsseitig stetigen Pfaden.*

Dann sind einerseits die beiden Funktionale

$$M(X_t, t \in I) = E(\sup_{t \in I} X_t)$$
$$V(X_t, t \in I) = \sup\{EX_\tau : \tau \text{ Stopregel mit } EX_\tau^- < \infty\}$$

definiert. Andererseits folgt aus dem Optional Sampling Theorem (s. z.B. [Do], Theorem (11.8)), daß alle Stopregeln τ denselben Erwartungswert EX_τ liefern, d.h. daß wie im zeitdiskreten Fall gilt

$$V(X_t, t \in T) = E(X_0).$$

Im folgenden wird es also um Abschätzungen für $M(X_t, t \in T)$ gehen; dabei betrachten wir zunächst den Fall unendlichen Horizonts:

$$\mathcal{P} = \mathcal{P}^{\text{Mart}}_{[0;\infty)} = \{P^{(X_t)_{t\geq 0}} : (X_t)_{t\geq 0} \text{ ist ein } [0;1]\text{-wertiges Martingal mit}$$

$$\text{rechtsseitig stetigen Pfaden}\}.$$

(3.21) Satz

Es seien $P^{(X_t)_{t\geq 0}} \in \mathcal{P}^{\text{Mart}}_{[0;\infty)}$ und $E(X_0) \in (0;1)$. Dann gilt

$$M(X_t, t \geq 0) \leq E(X_0) - E(X_0) \ln E(X_0).$$

Beweis: Nach einem Resultat von Doob ([Do], Theorem 3.2) gilt für ein separables Submartingal $(X_t, \mathcal{S}_t)_{t\geq 0}$ und $\lambda > 0, t_2 > 0$

$$P(\{\sup_{0\leq t\leq t_2} X_t \geq \lambda\}) \leq \frac{1}{\lambda} \cdot E(X_{t_2}^+).$$

Damit ergibt sich für unsere Situation: Für $P^{(X_t)_{t\geq 0}} \in \mathcal{P}^{\text{Mart}}_{[0;\infty)}$ und $\lambda > 0$ und $t_2 > 0$ gilt

$$P(\{\sup_{0\leq t\leq t_2} X_t > \lambda\}) \leq \frac{1}{\lambda} \cdot E(X_0).$$

Aus der Stetigkeit des Maßes P von unten folgt somit

$$P(\{\sup_{t\geq 0} X_t > \lambda\}) \leq \frac{1}{\lambda} \cdot E(X_0) \quad \forall \lambda > 0.$$

Nun können wir den erwarteten Gewinn des Propheten abschätzen:

$$\begin{aligned}
E(\sup_{t\geq 0} X_t) &= \int_{[0,1]} P(\{\sup_{t\geq 0} X_t > x\}) d\lambda(x) \\
&\leq \int_{[0,EX_0]} P(\{\sup_{t\geq 0} X_t > x\}) d\lambda(x) + \int_{[EX_0,1]} \frac{E(X_0)}{x} d\lambda(x) \\
&\leq \int_{[0,EX_0]} d\lambda(x) + E(X_0) \cdot (-\ln E(X_0)) \\
&= E(X_0) - E(X_0) \cdot \ln E(X_0).
\end{aligned}$$

Damit folgt die Behauptung. $\qquad\qquad\square$

Es stellt sich nun analog zum zeitdiskreten Fall die Frage, ob in der Ungleichung (3.21) das Gleichheitszeichen angenommen wird. Wir hatten für den unendlichen zeitdiskreten Martingalfall gesehen, daß das Gleichheitszeichen nicht angenommen wird. Im Gegensatz dazu werden wir nun zeigen, daß im zeitstetigen Martingalfall das Gleichheitszeichen angenommen wird. Dazu benutzen wir ein Hilfsmittel aus der Theorie der *Hardy-Littlewood-Maximalfunktionen*.

(3.22) Definition (s. [Ve], S. 37)

Es sei Y eine integrable Zufallsgröße. Dann heißt

$$H_Y : [0,1) \to \mathbb{R} \; ; \; t \mapsto \frac{1}{1-t} \int_t^1 F^{-1}(s) d\lambda(s)$$

die Hardy-Littlewood-Maximalfunktion zu Y. Weiterhin heißt

$$g_Y : \mathbb{R} \to \mathbb{R} \; ; \; y \mapsto \begin{cases} E(Y|\{Y \geq y\}) & \text{falls } P(\{Y \geq y\}) > 0 \\ y & \text{sonst} \end{cases}$$

die f_0-Charakteristik von Y.

(3.23) Bemerkung (s. [Ve], S. 38)

Falls $P(\{Y < y\}) < 1$, gilt

$$H_Y(P(\{Y < y\})) = g_Y(y),$$

$(B_t^0)_{t \geq 0}$ bezeichne nun eine Brownsche Bewegung (im $\mathbb{R}^1$) mit Start in 0. Außerdem sei T eine Stopzeit, so daß der Prozeß $(B_{t \wedge T}^0)_{t \geq 0}$ gleichgradig integrierbar ist.

(3.24) Satz (Spezialfall der Dubins-Blackwell-Ungleichung; [Ve], Theorem (III.1))

Unter obigen Voraussetzungen gilt für $y \in \mathbb{R}$

$$P(\{\sup_{t \geq 0} B_{t \wedge T}^0 \geq y\}) \leq \lambda(\{H_{B_T^0} \geq y\}),$$

das heißt, die Verteilung von $\sup_{t \geq 0} B_{t \wedge T}^0$ wird durch die von $H_{B_T^0}$ bezüglich der Rechteckverteilung auf $[0,1]$ induzierten Verteilung „dominiert".

Es stellt sich nun die naheliegende Frage, ob eine Stopzeit $T^\star$ existiert, so daß in (3.24) für alle $y \in \mathrm{IR}$ das Gleichheitszeichen angenommen wird. Es sei dazu X eine integrable Zufallsgröße mit f_0-Charakteristik g. Betrachte nun die gestoppte Brownsche Bewegung

$$(B^0_{t \wedge T^\star})_{t \geq 0} \text{ mit } T^\star := \inf\{t \geq 0 : g(B^0_t) \leq \sup_{0 \leq s \leq t} B^0_s\}.$$

(3.25) Bemerkung

$B^0_{T^\star}$ und X sind verteilungsgleich. $(B^0_{t \wedge T^\star})_{t \geq 0}$ ist gleichgradig integrierbar.

(3.26) Satz (Azéma-Yor-Martingal)

Der oben definierte stochastische Prozeß $(B^0_{t \wedge T^\star})_{t \geq 0}$ ist ein Martingal und nimmt in (3.24) für alle $y \in \mathrm{IR}$ das Gleichheitszeichen an.

Beweise für die Aussagen (3.25) und (3.26) findet man in [Az/Yo]. Damit ist die allgemeine Theorie so weit entwickelt, daß wir wieder zu unserem Ausgangsproblem zurückkehren können.

(3.27) Lemma

Zu jedem $x \in (0,1)$ gibt es einen stochastischen Prozeß $(X_t)_{t \geq 0}$ mit $P^{(X_t)_{t \geq 0}} \in \mathcal{P}^{\mathrm{Mart}}_{[0,\infty)}$, so daß gilt

$$E(X_0) = x \text{ und } E(\sup_{t \geq 0} X_t) = x - x \ln x.$$

Dazu kann man den stochastischen Prozeß $(B^x_{t \wedge T})_{t \geq 0}$ wählen, wobei $(B^x_t)_{t \geq 0}$ eine eindimensionale Brownsche Bewegung mit Start in x bezeichne und

$$T := \inf\{t \geq 0 : B^x_t = 0 \text{ oder } B^x_t = 1\}$$

gilt.

Beweis: Der Beweis wird mit Hilfe von (3.22)-(3.26) geführt. Es sei $x \in (0,1)$ gegeben. Betrachte eine Zufallsgröße mit der Zweipunktverteilung

$$P(\{Y = 1 - x\}) = x = 1 - P(\{Y = -x\}).$$

Dann gilt für die Quantilfunktion F^{-1}:

$$F^{-1}(s) = \inf\{x : P(Y \le x) > s\} = \begin{cases} -x & \text{für } 0 \le s < 1 - x \\ 1 - x & \text{für } 1 - x \le s \le 1 \end{cases} .$$

Damit bestimmen wir die Hardy-Littlewood-Funktion zu Y.

$$H(t) = \frac{1}{1-t} \int_t^1 F^{-1}(s)\,d\lambda(s) \; ; \; 0 \le t < 1.$$

Für $t \ge 1 - x$ errechnet man

$$H(t) = \frac{1}{1-t} \int_t^1 1 - x\,d\lambda(s) = 1 - x.$$

Für $t < 1 - x$ errechnet man

$$\begin{aligned} H(t) &= \frac{1}{1-t} \left(\int_t^{1-x} F^{-1}(s)\,d\lambda(s) + \int_{1-x}^1 F^{-1}(s)\,d\lambda(s) \right) \\ &= \frac{1}{1-t}(-x(1 - x - t) + x(1 - x)) \\ &= \frac{t}{1-t}x. \end{aligned}$$

Damit ergibt sich

$$H(t) = \begin{cases} 1 - x & \text{für } 1 - x \le t < 1 \\ \frac{t}{1-t}x & \text{für } 0 \le t < 1 - x \end{cases} .$$

Für die f_0-Charakteristik von Y erhält man mit (3.22) zunächst

$$g(t) = t \quad \text{für alle} \quad t > 1 - x.$$

Wegen

$$H(P(Y < t)) = \begin{cases} 0 & \text{für } t \le -x \\ \frac{1-x}{x}x & \text{für } -x < t \le 1 - x \end{cases}$$

folgt mit (3.23)

$$g(t) = \begin{cases} 0 & \text{falls } t \le -x \\ 1 - x & \text{falls } -x < t \le 1 - x \\ t & \text{falls } 1 - x < t \end{cases} .$$

Wir behaupten nun

$$T_1 \;:=\; \inf\{s \geq 0 : g(B_s^0) \leq \sup_{0 \leq t \leq s} B_t^0\}$$
$$=\; \inf\{s \geq 0 : B_s^0 = -x \ \text{oder} \ B_s^0 = 1 - x\}.$$

Für den Beweis können wir zunächst annehmen, daß alle Pfade von $(B_s^0)_{s \geq 0}$ stetig sind, da es sich um eine Brownsche Bewegung handelt. Falls $B_t^0 \in (-x, 1-x)$ für alle $0 \leq t \leq s$ ist, gilt

$$g(B_s^0) = 1 - x > \sup_{0 \leq t \leq s} B_t^0,$$

denn angenommen es gilt

$$B_t^0 \in (x, 1-x) \ \text{für alle} \ 0 \leq t \leq s \ \text{und} \ \sup_{0 \leq t \leq s} B_t^0 \geq 1 - x.$$

Dann würde folgen

$$\forall n \in \mathbb{IN} \ \exists t_n \in [0, s] : B_{t_n}^0 \geq 1 - x - 1/n,$$

dabei besitzt $(t_n)_{n \in \mathbb{IN}}$ eine konvergente Teilfolge $(t_{n_k})_{k \in \mathbb{IN}}$,

$$\lim_{k \to \infty} t_{n_k} = s^\star \in [0, s].$$

Aus Stetigkeitsgründen folgt $B_{s^\star}^0 \geq 1 - x$ im Widerspruch zu unserer Annahme. Falls der Pfad nun $-x$ trifft, etwa $B_s^0 = -x$ für ein $s \geq 0$, dann folgt

$$g(B_s^0) = 0 \leq \sup_{0 \leq t \leq s} B_t^0 : \ \text{also stoppen;}$$

falls der Pfad andererseits $1 - x$ trifft, etwa $B_s^0 = 1 - x$ für ein $s \geq 0$, dann folgt

$$g(B_s^0) = 1 - x \leq \sup_{0 \leq t \leq s} B_t^0 : \ \text{also stoppen.}$$

Damit ist die Zwischenbehauptung vollständig bewiesen. Nun folgt wegen (3.24), (3.25) und (3.26)

$$P(\{\sup_{t \geq 0} B_{t \wedge T_1}^0 \geq y\}) = \lambda(H_{B_{T_1}^0} \geq y) = \lambda(H \geq y) \quad \forall y \in \mathbb{IR}.$$

Wir bestimmen nun $\lambda(H \geq y - x)$ für $x \leq y \leq 1$. Für $t \geq 1 - x$ gilt $H(t) = 1 - x \geq y - x$. Für $t < 1 - x$ gilt

$$H(t) \geq y - x \iff \frac{t}{1-t}x \geq y - x \iff \frac{1}{1-t}x \geq y$$
$$\iff \frac{x}{y} \geq 1 - t \iff t \geq 1 - \frac{x}{y}.$$

Damit ergibt sich $\lambda(H \geq y - x) = x/y$ für $x \leq y \leq 1$, also auch

$$P(\{\sup_{t \geq 0} B^0_{t \wedge T_1} \geq y - x\}) = \frac{x}{y} \quad \text{für } x \leq y \leq 1.$$

Außerdem gilt

$$P(\{\sup_{t \geq 0} B^0_{t \wedge T_1} \geq y - x\}) = P(\{\sup_{t \geq 0} B^x_{t \wedge T^\star} \geq y\}),$$

wobei wieder $(B^x_t)_{t \geq 0}$ die eindimensionale Brownsche Bewegung mit Start in x bezeichne und

$$T^\star := \inf\{t \geq 0 : B^x_t = 0 \text{ oder } B^x_t = 1\}$$

gelte. Für $E(\sup_{t \geq 0} B^x_{t \wedge T^\star})$ ergibt sich damit

$$E(\sup_{t \geq 0} B^x_{t \wedge T^\star})$$
$$= \int_{[0,x]} \underbrace{P(\{\sup_{t \geq 0} B^x_{t \wedge T^\star} \geq y\})}_{=1,\text{ da } B^x_0 \equiv x} d\lambda(y) + \int_{[x,1]} \underbrace{P(\{\sup_{t \geq 0} B^x_{t \wedge T^\star} \geq y\})}_{=\frac{x}{y}} d\lambda(y)$$
$$= x + \int_x^1 \frac{x}{y} dy = x - x \cdot \ln x.$$

Da die Brownsche Bewegung $(B^x_t)_{t \geq 0}$ in x startet, gilt $B^x_0 \equiv x$ und damit auch $E(B^x_{0 \wedge T^\star}) = x$. Außerdem ist $(B^x_{t \wedge T^\star})_{t \geq 0}$ nach (3.26) ein Martingal. $(B^x_t)_{t \geq 0}$ ist als Brownsche Bewegung fast-sicher pfadstetig. Da wir nur Erwartungswerte betrachten, können wir annehmen, daß $(B^x_t)_{t \geq 0}$ ausschließlich stetige Pfade besitzt. Dann besitzt auch $(B^x_{t \wedge T^\star})_{t \geq 0}$ ausschließlich stetige Pfade. Die Pfadstetigkeit zusammen mit der Wahl von $T^\star$ impliziert weiterhin

$$B^x_{t \wedge T^\star(\omega)}(\omega) \in [0, 1] \quad \forall \omega \in \Omega,\ t \geq 0.$$

Damit gilt insgesamt

$$P^{(B^x_{t \wedge T^\star})_{t \geq 0}} \in \mathcal{P}^{\mathrm{Mart}}_{[0,\infty)}.$$

Also haben wir alle Behauptungen von Lemma (3.27) bewiesen. $\square$

Wir hatten im zeitdiskreten Martingalfall mit endlichem Horizont gesehen, daß die obere Grenzfunktion nur von den Dubins-Pitman-Martingalen angenommen wird. Es stellt sich nun wiederum die Frage, ob es neben den in (3.27) konstruierten gestoppten Brownschen Bewegungen weitere extremale Verteilungen gibt. Diese Frage läßt sich aufgrund des unendlichen Horizonts sofort bejahen, denn es gilt:

(3.28) Bemerkung

Es sei $(X_t)_{t \geq 0}$ ein reellwertiger stoch. Prozeß mit rechtsseitig stetigen Pfaden und $t_1, t_2 \geq 0, t_1 < t_2$. Setzt man nun

$$Y_t := \begin{cases} X_t & \text{für } t \leq t_1 \\ X_{t_1} & \text{für } t_1 < t < t_2 \ , \\ X_{t-t_2+t_1} & \text{für } t \geq t_2 \end{cases}$$

so hat auch $(Y_t)_{t \geq 0}$ rechtsseitig stetige Pfade, und es gilt:

$$V(X_t, t \geq 0) = V(Y_t, t \geq 0) \quad und \quad M(X_t, t \geq 0) = M(Y_t, t \geq 0).$$

Wendet man diese Konstruktion auf die in (3.27) genannten extremalen Verteilungen an, so erhält man eine Vielzahl von weiteren extremalen Verteilungen, die jedoch alle mit den in (3.27) genannten „verwandt" sind. Es gibt jedoch auch weitere extremale Verteilungen, die von den oben genannten völlig verschieden sind.

(3.29) Lemma (nach einem Hinweis von F. Boshuizen)

Es seien Z eine $Exp(1)$-verteilte Zufallsgröße und $x \in (0,1)$; für $t \in [0, \infty)$ sei

$$X_t = \begin{cases} xe^t \, 1_{\{Z>t\}} & \text{falls } t \leq -\ln x \\ X_{-\ln x} & \text{falls } t > -\ln x. \end{cases}$$

Dann gilt:

(i) $P^{(X_t)_{t\geq 0}} \in \mathcal{P}^{\text{Mart}}_{[0,\infty)}$, $E(X_0) = x$.

(ii) $E(\sup_{t\geq 0} X_t) = x - x\ln x$.

Beweis: Nach der Konstruktion sind die X_t $[0,1]$-wertig für alle $t \in [0,\infty)$; sie nehmen jeweils höchstens zwei Werte an. Alle Pfade sind rechtsseitig stetig; außerdem ist $(X_t)_{t\geq 0}$ offensichtlich ein Markoff-Prozeß. Es seien nun $s,t \in \mathbb{R}$ mit $0 \leq s < t \leq -\ln x$. Dann gilt:

$$
\begin{aligned}
E(X_t|\mathcal{S}_s) &= E(X_t|X_s) \qquad \text{wegen der Markoff-Eigenschaft}\\
&= E(X_t|1_{\{Z>s\}}) = xe^t\, E(1_{\{Z>t\}}|1_{\{Z>s\}})\\
&= xe^t\, P(Z > t|Z > s)1_{\{Z>s\}}\\
&= xe^t\, P(Z > t - s)1_{\{Z>s\}},\\
&\qquad \text{da die } \text{Exp}(1)\text{-Verteilung gedächtnislos ist;}\\
&= xe^t\, e^{-(t-s)}1_{\{Z>s\}} = xe^s\, 1_{\{Z>s\}} = X_s,
\end{aligned}
$$

also folgt insgesamt (i).
Weiterhin gilt

$$
\begin{aligned}
E(\sup_{t\geq 0} X_t) &= 1 \cdot P(Z \geq -\ln x) + \int_0^{-\ln x} xe^t\, e^{-t}\, d\lambda(t)\\
&= e^{\ln x} + x(-\ln x) = x - x\ln x;
\end{aligned}
$$

also folgt auch (ii). $\qquad\qquad\square$

(3.30) Anmerkungen

a) Das zeitstetige Martingal $(X_t)_{0\leq t\leq -\ln x}$ hat endlichen Horizont. Durch lineare Transformation des Indexbereiches können wir $(X_t)_{0\leq t\leq 1}$ annehmen. Zu jedem $x \in (0,1)$ gibt es also auch ein $[0,1]$-wertiges Martingal $(X_t)_{0\leq t\leq 1}$ mit rechtsseitig stetigen Pfaden, so daß gilt

$$
V(X_t, t \in [0;1]) = x \quad \text{und} \quad M(X_t, t \in [0;1]) = x - x\ln x.
$$

b) $(X_t)_{t\geq 0}$ ist ein Markoff-Prozeß (ebenso wie die Dubins-Pitman-Martingale).

44

c) Durch „Diskretisierung" der Indexmenge des Prozesses aus (3.29) erhält man Dubins-Pitman-Martingale; sind nämlich $n \in \mathbb{N}$ und $x \in (0,1)$ gegeben und bezeichnet $(X_t)_{t \geq 0}$ den Prozess aus (3.29), so ist

$$X_0, X_{\frac{-\ln x}{n-1}}, X_{\frac{-2\ln x}{n-1}}, \ldots, X_{-\ln x}$$

ein $[0,1]$-wertiges Martingal, und es gilt:

$$E\big(\max_{0 \leq i \leq n-1} X_{-i \ln x/(n-1)}\big) = 1 \cdot P(Z \geq -\ln x)$$

$$+ \sum_{i=0}^{n-2} x \, e^{\frac{-i \ln x}{n-1}} P\big(\tfrac{-i \ln x}{n-1} < Z < \tfrac{-(i+1)\ln x}{n-1}\big)$$

$$= x + (n-1)x(1 - x^{\frac{1}{n-1}}) = u_n(x),$$

also folgt die Behauptung aus der Eindeutigkeit der extremalen Verteilungen im zeitdiskreten Martingalfall mit endlichem Horizont. $\qquad\square$

Zusammenfassend ergibt sich

(3.31) Satz ([Me 93])

   Für alle $b > 0$ gilt

$$\Pi_{[0,b]}^{\mathrm{Mart}} = \Pi_{[0,\infty)}^{\mathrm{Mart}}$$
$$= \{(x,y) \in \mathbb{R}^2 : x \leq y \leq x - x \ln x, 0 < x < 1\} \cup \{(0,0),(1,1)\};$$

   dabei sind die extremalen Verteilungen nicht *eindeutig bestimmt.*

Beweis: Die notwendigen Hilfsmittel sind in (3.21), (3.27), (3.28), (3.29) und (3.30) bereitgestellt worden. Der Beweis erfolgt nun analog zu Satz (3.7). $\qquad\square$

(3.32) Korollar

   Für jedes $P^{(X_t)_{t \geq 0}} \in \mathcal{P}_{[0,\infty)}^{\mathrm{Mart}}$ und jedes $\gamma > 0$ gilt

$$M(X_t, t \geq 0) - e^{-\gamma} \leq \gamma \, V(X_t, t \geq 0);$$

   die Ungleichung ist scharf, und das Gleichheitszeichen wird angenommen. Insbesondere erhält man

$$M(X_t, t \geq 0) - V(X_t, t \geq 0) \leq 1/e;$$

zu jedem $C \in \mathrm{IR}$ existiert ein $P^{(X_t)_{t\geq 0}} \in \mathcal{P}^{\mathrm{Mart}}_{[0;\infty]}$ mit

$$M(X_t, t \geq 0) \geq C \cdot V(X_t, t \geq 0).$$

Bei der spieltheoretischen Analyse der Situation taucht (über die Frage der Endlichkeit der Stopregeln hinaus) das Problem auf, daß die Strategien τ des Statistikers für *jedes* $P^{(X_t)_{t\geq 0}}$ jeweils Stopregeln sein müssen – dies ist aber selbst für Ersteintrittszeiten

$$\tau_A := \inf\{t \geq 0 : X_t \in A\}, \ \inf \emptyset = \infty$$

nicht selbstverständlich (s. [Ba], §49). Jede interessante Menge von Strategien des Statistikers sollte andererseits mindestens die Menge

$$\mathcal{T}_c := \{\tau_c \equiv c, c \geq 0\}$$

der konstanten Stopzeiten umfassen. Für diese gilt bereits

(3.33) Bemerkung

Für jedes $\gamma > 0$ ist das Spiel gegen einen Propheten

$$\Gamma_4 = (\mathcal{P}^{\mathrm{Mart}}_{[0;\infty)}, \mathcal{T}_c, a)$$

mit $a(P, \tau) = E_P(\sup_{t\geq 0} X_t) - \gamma\, E_P(X_\tau)$ definit mit dem Spielwert $e^{-\gamma}$; beide Spieler besitzen Minimaxstrategien (es ist sogar jedes $\tau \in \mathcal{T}_c$ eine Minimaxstrategie des Statistikers).

Beweis: Aus (3.32) folgt $W_\star(\Gamma_4) = e^{-\gamma}$; der Prophet besitzt nach (3.27) bzw. (3.29) Minimaxstrategien. Für $\tau \in \mathcal{T}_c$ gilt andererseits

$$\sup_{P \in \mathcal{P}^{\mathrm{Mart}}_{[0;\infty)}} \left(E_P(\sup_{t\geq 0} X_t) - \gamma\, E_P\, X_\tau \right) =$$

$$= \sup_{P \in \mathcal{P}^{\mathrm{Mart}}_{[0;\infty)}} \left(M(X_t, t \geq 0) - \gamma\, E_P(X_0) \right) = W_\star(\Gamma_4);$$

also folgt die Definitheit von Γ_4 und die Minimax-Eigenschaft für jedes $\tau \in \mathcal{T}_c$. $\qquad\square$

Die bisher für $[0; 1]$-wertige Martingale formulierten Aussagen lassen sich in offensichtlicher Weise durch lineare Transformationen auf $[c, d]$-wertige Martingale übertragen.

d) Ergänzungen

In einigen möglichen Anwendungen, z.B. bei Börsengeschäften, ist es aufgrund des möglicherweise großen zeitlichen Abstandes zwischen den einzelnen Auszahlungen sinnvoll, frühe Auszahlungen durch Einführung eines Diskontierungsfaktors höher zu bewerten als später erfolgte Auszahlungen. Anstelle der ursprünglichen Zufallsgrößen $Y_1, \ldots, Y_n$ wird dann die Folge $Y_1, \beta Y_2, \ldots, \beta^{n-1} Y_n$ untersucht, wobei $\beta \in (0; 1)$ der Diskontierungsfaktor sei.

(3.34) Satz

Es seien $n \in \mathbb{N}, (Y_1, \ldots, Y_n)$ *ein nichtnegatives Martingal,* $\beta \in (0; 1)$ *und* $X_i = \beta^{i-1} Y_i, 1 \leq i \leq n.$ *Dann gilt*

$$M(X_1, \ldots, X_n) \leq \frac{1 - \beta^n}{1 - \beta} V(X_1, \ldots, X_n),$$

und die Ungleichung ist scharf.

Beweis: Wegen

$$E(\beta^{k-1} Y_k | Y_1, \ldots, \beta^{k-2} Y_{k-1})$$
$$= \beta^{k-1} E(Y_k | Y_1, \ldots, Y_{k-1}) = \beta^{k-1} Y_{k-1} \leq \beta^{k-2} Y_{k-1} \quad P\text{-f.s.}$$

ist $(X_1, \ldots, X_n)$ ein Supermartingal. Aufgrund des Optional Sampling Theorems gilt dann

$$V(X_1, \ldots, X_n) = E(X_1) = E(Y_1).$$

Damit ergibt sich

$$M(X_1, \ldots, X_n) \leq E\left(\sum_{k=1}^{n} X_k\right) = \sum_{k=1}^{n} E(X_k)$$
$$= \sum_{k=1}^{n} \beta^{k-1} E(Y_1) = \frac{1 - \beta^n}{1 - \beta} V(X_1, \ldots, X_n).$$

Um zu zeigen, daß die Ungleichung scharf ist, sei $(Y_1, \ldots, Y_n)$ ein Dubins-Pitman-Martingal zu $x \in (0, \beta^{n-1})$. Wegen

$$x = x^{\frac{n-1}{n-1}} < \beta \, x^{\frac{n-2}{n-1}} < \ldots < \beta^{n-1}$$

gilt dann

$$M(X_1, \ldots, X_n)$$

$$= \sum_{j=1}^{n-1} \beta^{j-1} x^{\frac{n-j}{n-1}} \cdot P(X_j > 0, X_{j+1} = 0) + \beta^{n-1} \cdot P(Y_n = 1)$$

$$= \sum_{j=1}^{n-1} \beta^{j-1} x^{\frac{n-j}{n-1}} (1 - x^{\frac{1}{n-1}}) x^{\frac{j-1}{n-1}} + \beta^{n-1} x$$

$$= x \Big(\sum_{j=1}^{n-1} \beta^{j-1} (1 - x^{\frac{1}{n-1}}) + \beta^{n-1} \Big).$$

Wegen $V(X_1, \ldots, X_n) = x$ und

$$\lim_{x \to 0} \sum_{j=1}^{n-1} \beta^{j-1} (1 - x^{\frac{1}{n-1}}) + \beta^{n-1} = \frac{1 - \beta^n}{1 - \beta}$$

folgt die Schärfe der behaupteten Ungleichung. $\square$

Die Ungleichung ist offensichtlich auch dann scharf, wenn man nur $[0; 1]$-wertige Martingale zuläßt.

Analog zu (3.9) ergibt sich

(3.35) Anmerkung

Es seien $n \geq 2, \beta \in (0; 1)$ und

$$\mathcal{P}_n^{\mathrm{Mart},\beta} := \{ P^{(Y_1, \beta Y_2, \ldots, \beta^{n-1} Y_n)} : (Y_1, \ldots, Y_n)$$

$$[0; 1]\text{-wertiges Martingal}\}.$$

Das Spiel gegen einen Propheten

$$\Gamma_5 = (\mathcal{P}_n^{\mathrm{Mart},\beta}, T^n, a)$$

mit der Auszahlungsfunktion aus (3.9)a) (Fall R) ist definit mit dem Spielwert $W(\Gamma_5) = (1 - \beta^n)/(1 - \beta)$; $\tau^\star \equiv 1$ ist eine Minimaxstrategie für den Statistiker.

In der Situation von Korollar (3.16) gab es keine obere Schranke für den Quotienten M/V. Anders verhält es sich, wenn man es analog zu Satz (3.34) mit diskontierten Auszahlungen zu tun hat.

(3.36) Satz

> *Es seien* $(Y_n)_{n\in\mathbb{N}}$ *ein nichtnegatives Martingal,* $\beta \in (0;1)$ *und* $X_i = \beta^{i-1}Y_i, i \in \mathbb{N}$. *Dann gilt*
>
> $$M(X_1, X_2, \ldots) \le \frac{1}{1-\beta}V(X_1, X_2, \ldots),$$
>
> *und die Ungleichung ist scharf.*

Beweis: Für $n \in \mathbb{N}$ gilt $V(X_1, X_2, \ldots) = V(X_1, \ldots, X_n) = E(X_1)$. Mit Satz (3.34) folgt:

$$
\begin{aligned}
M(X_1, \ldots, X_n) &\le \frac{1-\beta^n}{1-\beta}V(X_1, \ldots, X_n) \\
&\le \frac{1}{1-\beta}V(X_1, X_2, \ldots);
\end{aligned}
$$

außerdem gilt aufgrund des Satzes von der monotonen Konvergenz

$$M(X_1, X_2, \ldots) = \lim_{n\to\infty} M(X_1, \ldots, X_n).$$

Damit folgt die behauptete Ungleichung; die Schärfe folgt sofort daraus, daß die Ungleichung (3.34) scharf ist. $\qquad\square$

Bei der spieltheoretischen Untersuchung dieses Ergebnisses erhält man analog zu (3.18)

(3.37) Satz

> *Es seien* $\beta \in (0;1)$ *und*
>
> $$\mathcal{P}_\infty^{\mathrm{Mart},\beta} := \{ P^{(Y_1, \beta Y_2, \ldots)} : (Y_n)_{n\in\mathbb{N}}\ [0;1]\text{-}wertiges\ Martingal \}$$
>
> *Das Spiel gegen einen Propheten*
>
> $$\Gamma_6 = (\mathcal{P}_\infty^{\mathrm{Mart},\beta}, \overline{T}, a)$$
>
> *mit*
>
> $$a(P, \tau) := E_P(\sup_{i\in\mathbb{N}} X_i)/E_P(X_\tau)$$
>
> *ist definit mit dem Spielwert* $W(\Gamma_6) = \frac{1}{1-\beta}$; $\tau^\star \equiv 1$ *ist eine Minimaxstrategie für den Statistiker.*[11]

---

[11] Die Frage nach der Existenz von Minimaxstrategien des Propheten ist u.W. offen.

4. Allgemeine stochastische Prozesse

Aufgrund der in § 2b) dargestellten Möglichkeit der Reduktion auf Supermartingale sind mit den Ergebnissen des § 3 die entscheidenden Hilfsmittel zur Behandlung des *allgemeinen Falles*, d.h. stochastischer Prozesse mit beliebigen Abhängigkeiten, bereitgestellt.

a) Endliche Folgen von $[0; 1]$-wertigen Zufallsgrößen

Zunächst wird der Fall endlichen Horizonts $n \in \mathbb{N}$ untersucht; es seien also

$$\mathcal{P} = \mathcal{P}_n := \{P^{(X_1,\ldots,X_n)} : X_1, \ldots, X_n \ [0,1]\text{-wertige Zufallsgrößen}\}$$

und $\mathcal{T} = T^n$. Es wird die zugehörige Prophetenregion

$$\Pi_n := \left\{ (x,y) \in \mathbb{R}^2 : \begin{array}{l} \exists \ P^{(X_1,\ldots,X_n)} \in \mathcal{P}_n : \\ x = V(X_1, \ldots, X_n), y = M(X_1, \ldots, X_n) \end{array} \right\}$$

gesucht.

(4.1) Satz ([H/K 83], Theorem (3.2))
Für $n \geq 2$ gilt

$$\Pi_n = \Pi_n^{\mathrm{Mart}} =$$
$$= \{(x,y) \in \mathbb{R}^2 : x \leq y \leq x - (n-1)x(x^{\frac{1}{n-1}} - 1), \ 0 \leq x \leq 1\}.$$

Beweis: Wegen $\mathcal{P}_n^{\mathrm{Mart}} \subset \mathcal{P}_n$ gilt $\Pi_n^{\mathrm{Mart}} \subset \Pi_n$. Umgekehrt gibt es nach (3.5) zu jedem $P^{(X_1,\ldots,X_n)} \in \mathcal{P}_n$ ein $[0; 1]$-wertiges Martingal $(\hat{X}_1, \ldots, \hat{X}_n)$ mit

$$V(\hat{X}_1, \ldots, \hat{X}_n) = V(X_1, \ldots, X_n) \leq M(X_1, \ldots, X_n) \leq M(\hat{X}_1, \ldots, \hat{X}_n);$$

nach (3.7) gilt also $\Pi_n \subset \Pi_n^{\mathrm{Mart}}$. $\qquad\square$

Aus (3.8) ergibt sich daher unmittelbar

(4.2) Korollar (s. [H/K 83], Korollar (3.5))

Es seien $n \geq 2$, $P^{(X_1,\dots,X_n)} \in \mathcal{P}_n$ und $\gamma \in [0;1]$. Dann gilt die (scharfe) Ungleichung

$$M(X_1,\dots,X_n) - (1-\gamma)^n \leq n\gamma V(X_1,\dots,X_n);$$

insbesondere ergeben sich die (scharfen) Ungleichungen

(i) $M(X_1,\dots,X_n) \leq n \cdot V(X_1,\dots,X_n)$ *(Fall R)*

(ii) $M(X_1,\dots,X_n) - V(X_1,\dots,X_n) \leq \left(\frac{n-1}{n}\right)^n$ *(Fall D).*

Das Gleichheitszeichen wird in (4.2)(i) nur für $P^{(X_1,\dots,X_n)} = \delta_{(0,\dots,0)}$ angenommen. In (4.2)(ii) wird das Gleichheitszeichen für das Dubins-Pitman-Martingal zu $\left(\frac{n-1}{n}\right)^{n-1}$ angenommen.

Wir hatten in (3.6) gezeigt, daß im Supermartingalfall nur mit Dubins-Pitman-Martingalen die obere Grenzfunktion u_n erreicht werden kann. Es stellt sich nun die Frage, ob bei beliebigen Abhängigkeiten evtl. weitere extremale Verteilungen existieren.

(4.3) Satz ([Me 95])

Es sei $n \in \mathbb{N}$, $P^{(X_1,\dots,X_n)} \in \mathcal{P}_n$ mit $V(X_1,\dots,X_n) = x \in (0;1)$. Dann sind die folgenden Aussagen äquivalent

(i) $M(X_1,\dots,X_n) = u_n(x)$;

(ii) $X_1,\dots,X_n$ ist ein Dubins-Pitman-Martingal zu x.

Beweis: $X_1,\dots,X_n$ seien [0;1]-wertige Zufallsgrößen mit $V(X_1,\dots,X_n) = x \in (0;1)$ und $M(X_1,\dots,X_n) = u_n(x)$. $Y_1,\dots,Y_n$ sei das gemäß der Reduktion auf Supermartingale (2.10) erhaltene Supermartingal. Nach (3.6) ist somit $Y_1,\dots,Y_n$ das Dubins-Pitman-Martingal zu x, also

$$P(Y_i \in \{0, x^{(n-i)/(n-1)}\}) = 1 \text{ für } i = 1,\dots,n.$$

Wegen $Y_i \geq X_i$ und $X_i \in [0,1]$ gilt also

$$X_i = 0 \text{ auf } \{Y_i = 0\} \qquad i = 1,\dots,n.$$

Wir zeigen nun induktiv, daß auch

$$X_i = x^{\frac{n-i}{n-1}} \quad \text{auf} \quad \{Y_i = x^{\frac{n-i}{n-1}}\} \qquad (\star)$$

für alle $1 \leq i \leq n$ gilt: Aus $P(X_n < 1, Y_n = 1) > 0$ erhält man wegen der speziellen Gestalt des Dubins-Pitman-Martingals

$$u_n(x) = E(\max_{1 \leq i \leq n} X_i) < E(\max_{1 \leq i \leq n} Y_i) = u_n(x),$$

also einen Widerspruch.

Wir nehmen nun an, daß die Behauptung $(\star)$ bereits für $i+1 \leq k \leq n$ gelte. Dann folgt aus

$$P(X_i < x^{\frac{n-i}{n-1}}, Y_i = x^{\frac{n-i}{n-1}}, X_{i+1} = Y_{i+1} = 0) > 0$$

analog zum Induktionsanfang

$$u_n(x) = E(\max_{1 \leq i \leq n} X_i) < E(\max_{1 \leq i \leq n} Y_i) = u_n(x),$$

also ein Widerspruch. Setzt man außerdem

$$P(X_i < x^{\frac{n-i}{n-1}}, Y_i = x^{\frac{n-i}{n-1}}, X_{i+1} = Y_{i+1} = x^{\frac{n-i-1}{n-1}}) =: p \in [0; x^{\frac{i}{n-1}}],$$

so ergibt sich bei Wahl der Stopregel

$$\tau(X_1, \ldots, X_n) \ := \ \begin{cases} i & \text{falls } X_i = x^{\frac{n-i}{n-1}} \\ i+1 & \text{falls } X_i < x^{\frac{n-i}{n-1}} \end{cases}$$

$$EX_\tau = p \cdot x^{\frac{n-i-1}{n-1}} \ + \ (x^{\frac{i-1}{n-1}} - p)x^{\frac{n-i}{n-1}} = x + p(x^{\frac{n-i-1}{n-1}} - x^{\frac{n-i}{n-1}});$$

wegen $V(X_1, \ldots, X_n) = x$ muß also $p = 0$ gelten. Insgesamt folgt die Behauptung $(\star)$, und somit ist auch $X_1, \ldots, X_n$ ein Dubins-Pitman-Martingal zu x. $\qquad \Box$

Unter spieltheoretischen Aspekten gibt es jedoch deutliche Unterschiede zum Martingalfall:

(4.4) Satz (Fall D; [Sz 92])

Das Spiel gegen einen Propheten $\Gamma_7 = (\mathcal{P}_n, T^n, a)$ mit

$$a(P, \tau) := E_P(\max_{1 \leq i \leq n} X_i) - E_P(X_\tau)$$

ist indefinit mit dem unteren Spielwert $W_\star(\Gamma_7) = \left(\frac{n-1}{n}\right)^n$ und dem oberen Spielwert $W^\star(\Gamma_7) = 1/2$. $\tau^\star$ mit $\tau^\star(x_1, \ldots, x_n) := \inf\{i < n : x_i \geq 1/2\}$, $\inf \emptyset = n$, ist eine Minimax-Strategie des Statistikers; das Dubins-Pitman-Martingal zu $\left(\frac{n-1}{n}\right)^{n-1}$ liefert die einzige Minimax-Strategie des Propheten.

Beweis: Die Aussagen über den unteren Spielwert und die Minimax-Strategie des Propheten folgen aus (4.2) und (4.3). Für jede Stopzeit $\tau \in T^n$ gilt

$$\sup_{x_1,\ldots,x_n \in [0;1]} [\max_{1 \le i \le n} x_i - x_\tau]$$

$$= \sup_{P \in \mathcal{P}_n} \int_{\mathrm{IR}^n} \sup_{x_1,\ldots,x_n \in [0;1]} [\max_{1 \le i \le n} x_i - x_\tau]\, dP$$

$$\ge \sup_{P \in \mathcal{P}_n} \int_{\mathrm{IR}^n} [\max_{1 \le i \le n} x_i - x_\tau]\, dP$$

$$= \sup_{P \in \mathcal{P}_n} [E_P(\max_{1 \le i \le n} X_i) - E_P(X_\tau)] = \sup_{P \in \mathcal{P}_n} a(P,\tau)$$

$$\ge \sup_{x_1,\ldots,x_n \in [0;1]} [\max_{1 \le i \le n} x_i - x_\tau],$$

da alle Einpunktmaße $\delta_{(x_1,\ldots,x_n)}$ mit $x_1,\ldots,x_n \in [0;1]$ zu $\mathcal{P}_n$ gehören. Dabei gibt es eine Menge $B_\tau \in \mathrm{IB}$, so daß $\tau(x_1,\ldots,x_n) = 1$ genau dann, wenn $x_1 \in B_\tau$ ist. Definiert man daher

$$(x_1^\star,\ldots,x_n^\star) = \begin{cases} (1/2,1,0,\ldots,0) & \text{falls} \quad 1/2 \in B_\tau \\ (1/2,0,0,\ldots,0) & \text{falls} \quad 1/2 \notin B_\tau, \end{cases}$$

so ergibt sich

$$\sup_{(x_1,\ldots,x_n) \in [0,1]} [\max_{1 \le i \le n} x_i - x_\tau] \ge 1/2.$$

Somit folgt

$$W^\star(\Gamma_7) = \inf_{\tau \in T^n} \sup_{P \in \mathcal{P}_n} a(P,\tau)$$

$$= \inf_{\tau \in T^n} \sup_{x_1,\ldots,x_n \in [0;1]} [\max_{1 \le i \le n} x_i - x_\tau] \ge 1/2.$$

Andererseits erhält man für $\tau^\star$

$$\sup_{x_1,\ldots,x_n \in [0;1]} [\max x_i - x_{\tau^\star}] \le 1/2.$$

Daher gilt $W^\star(\Gamma_7) = 1/2$, und $\tau^\star$ ist eine Minimax-Strategie des Statistikers. $\qquad\square$

(4.5) Satz (Fall R; [Sz 92])

Das Spiel gegen einen Propheten

$$\Gamma_8 = (\mathcal{P}_n, T^n, a)$$

mit

$$a(P, \tau) := E_P(\max_{1 \leq i \leq n} X_i)/E_P(X_\tau)$$

ist indefinit mit dem unteren Spielwert $W_*(\Gamma_8) = n$ und dem oberen Spielwert $W^*(\Gamma_8) = \infty$; es gibt keine Minimax-Strategien des Propheten; jede Strategie des Statistikers ist eine Minimax-Strategie.

Beweis: Die Aussagen über den unteren Spielwert und die Nicht-Existenz von Minimax-Strategien des Propheten folgen (wiederum) aus (4.2). Zu beliebigem $\delta \in (0, 1]$ und $\tau \in T^n$ sei

$$(x_1^\star, \ldots, x_n^\star) = \begin{cases} (\delta, 1, 0, \ldots, 0) & \text{falls} \quad \delta \in B_\tau \\ (\delta, 0, 0, \ldots, 0) & \text{falls} \quad \delta \notin B_\tau, \end{cases}$$

B_τ wie in (4.4). Dann folgt (wobei $c/0 := \infty$ für $c > 0$ und $0/0 := 1$)

$$\begin{aligned} \sup_{P \in \mathcal{P}_n} a(P, \tau) &\geq \sup_{x_1, \ldots, x_n \in [0;1]} [\max_{1 \leq i \leq n} x_i/x_\tau] \\ &\geq \max_{1 \leq i \leq n} [x_i^\star/x_\tau^\star] \geq 1/\delta, \end{aligned}$$

und somit $\sup_{P \in \mathcal{P}_n} a(P, \tau) = \infty$. Dies liefert die Aussagen über den oberen Spielwert und die Minimax-Strategien des Statistikers. $\quad\square$

Es ist bekannt (s. z.B. [R/S/Z 79]), daß man bei indefiniten Spielen häufig mit Hilfe von *gemischten Strategien*, d.h. Wahrscheinlichkeitsmaßen auf den Mengen der reinen Strategien, die Lücke zwischen dem unteren und oberen Spielwert verringern oder sogar schließen kann. Dabei liefern „Mischungen" bei der Strategienmenge $\mathcal{P}_n$ des Propheten nichts Neues; für den Statistiker werden jedoch auch randomisierte Stopzeiten (s. z.B. [Ir 90]) betrachtet[12].

---

[12]Eine solche randomisierte Stopzeit kann man einerseits durch eine Folge $\varphi_i, 1 \leq i \leq n$, von $\pi_{\{1,\ldots,i\}}$-meßbaren Funktionen $\varphi_i : \mathbb{R}^n \to [0;1]$ mit $\sum_{i=1}^n \varphi_i(x) = 1 \ \forall x \in \mathbb{R}^n$ darstellen (mit der Interpretation, daß $\varphi_i(x_1, \ldots, x_n)$ die W. angibt, bei dem „Pfad" $x = (x_1, \ldots, x_n)$ zum Zeit-

Zunächst betrachten wir wieder die Differenzauszahlung (Fall D). Mit der Konstanten $c_n := (\frac{n-1}{n})^n$ definieren wir

$$\varphi_1^\star(x_1, \ldots, x_n) := \begin{cases} (x_1 - c_n)/x_1 & \text{falls } x_1 \geq c_n \\ 0 & \text{sonst} \end{cases},$$

$$\varphi_i^\star(x_1, \ldots, x_n) := \begin{cases} (x_i - \max\{x_1, \ldots, x_{i-1}, c_n\})/x_i & \text{falls der Zähler} \\ & \qquad\qquad > 0 \\ 0 & \text{sonst} \end{cases},$$
$$2 \leq i \leq n - 1,$$

$$\varphi_n^\star(x_1, \ldots, x_n) := 1 - \textstyle\sum_{i=1}^{n-1} \varphi_i^\star(x_1, \ldots, x_n).$$

Nach der Definition gilt $\varphi_i^\star(x) \geq 0 \quad \forall x \in [0; 1]^n, \quad 1 \leq i \leq n - 1$; außerdem folgt

$$\textstyle\sum_{i=1}^{n-1} \varphi_i^\star(x_1, \ldots, x_n) = \sum_{j=1}^{k} \varphi_{i_j}^\star(x_1, \ldots, x_n), \quad \text{wobei}$$
$$1 \leq i_1 < \ldots < i_k \leq n - 1 \text{ diejenigen Indizes bedeuten,}$$
$$\text{für die } \varphi_{i_j}^\star(x_1, \ldots, x_n) \neq 0 \text{ ist (die Summe kann leer sein)}$$
$$= \textstyle\sum_{j=1}^{k} \frac{x_{i_j} - x_{i_{j-1}}}{x_{i_j}}, \quad \text{wobei } c_n =: x_{i_0} < \ldots < x_{i_k}.$$

Um nachweisen zu können, daß $\varphi^\star = (\varphi_1^\star, \ldots, \varphi_n^\star)$ eine randomisierte Stopregel ist, zeigen wir zunächst folgende Aussage, die in [Gö 91] rein analytisch bewiesen worden ist.

(4.6) Lemma [Me 95]

Es seien $k \in \mathbb{N}$ und $y_0, \ldots, y_k \in [0; 1], y_0 < \ldots < y_k$. Dann gilt

$$\sum_{i=1}^{k} \frac{y_i - y_{i-1}}{y_i} \leq k - k y_0^{\frac{1}{k}}.$$

Beweis: Man betrachte das Martingal $X_0, \ldots, X_k$ mit $X_0 \equiv y_0$ und $X_i \in \{0, y_i\}, 1 \leq i \leq k$. Es ergibt sich analog zum Dubins-Pitman-

---

punkt i zu stoppen), andererseits durch eine Folge $\psi_i, 1 \leq i \leq n$, von $\pi_{\{1,\ldots,i\}}$-meßbaren Funktionen $\psi_i : \mathbb{R}^n \to [0; 1]$ mit $\psi_n \equiv 1$ und $\psi_j(x) = 1 \Rightarrow \psi_i(x) = 1 \; \forall i > j$ (mit der Interpretation, daß $\psi_i(x_1, \ldots, x_n)$ die W. angibt, bei dem „Pfad" $x = (x_1, \ldots, x_n)$ zur Zeit i zu stoppen, wenn man vorher noch nicht gestoppt hat). Dabei gilt dann $\varphi_i(x_1, \ldots, x_n) = \prod_{j=1}^{i-1}(1 - \psi_j(x_1, \ldots, x_n))\psi_i(x_1, \ldots, x_n)$ bzw. $\psi_i(x_1, \ldots, x_n) = \varphi_i(x_1, \ldots, x_n)/(1 - \sum_{j=1}^{i-1} \varphi_j(x_1, \ldots, x_n))$ mit $0/0 = 1$.

Martingal

$$E(\max_{0\le i\le k} X_i) = y_0 \cdot \sum_{i=1}^{k} \frac{y_i - y_{i-1}}{y_i} + y_0;$$

andererseits gilt nach (3.2)

$$E(\max_{0\le i\le k} X_i) \le u_{k+1}(y_0) = y_0 - k y_0(y_0^{1/k} - 1).$$

Damit folgt die Behauptung. $\qquad\square$

Für $y_j = x_{i_j}$ ergibt sich hieraus

$$\sum_{j=1}^{k} \frac{x_{i_j} - x_{i_{j-1}}}{x_{i_j}} \le k - k\, c_n^{1/k} \le 1,$$

da $((k-1)/k)^k \le ((n-1)/n)^n$, d.h.

$$\sum_{i=1}^{n-1} \varphi_i^\star(x_1, \ldots, x_n) \le 1 \quad \forall(x_1, \ldots, x_n) \in [0;1]^n.$$

Da die $\varphi_i^\star$ überdies (nach der Definition) $\pi_{\{1,\ldots,i\}}$-meßbar sind, $1 \le i \le n$, ist

$$\varphi^\star = (\varphi_1^\star, \ldots, \varphi_n^\star)$$

eine randomisierte Stopzeit[13] (s. [Ir 90], 2.2). Hierfür gilt nun

(4.7) Satz (Fall D; [Gö 91] (2))
  Das Spiel gegen einen Propheten

$$\Gamma_{7,m} := (\mathcal{P}_n, \Phi^n, A)$$

  mit

$$A(P, \varphi) = E_P(\max_{1\le i\le n} X_i) - E_P(\sum_{j=1}^{n} X_j \varphi_j(X_1, \ldots, X_n))$$

  ist definit mit dem Spielwert $(\frac{n-1}{n})^n$. $\varphi^\star$ ist eine Minimax-Strategie des Statistikers; das Dubins-Pitman-Martingal zu $(\frac{n-1}{n})^{n-1}$ liefert eine Minimax-Strategie $P^\star$ des Propheten.

---

[13]Die Menge dieser Stopzeiten werde mit Φ^n bezeichnet.

56

Beweis: Wegen der Martingaleigenschaft von $P^\star$ gilt

$$E_{P^\star}(\sum_{j=1}^{n} X_j\varphi_j(X_1,\ldots,X_n)) = E_{P^\star}(X_\tau) = \left(\frac{n-1}{n}\right)^{n-1} \quad \forall \varphi \in \Phi^n, \tau \in T^n,$$

wobei nach (3.8)

$$A(P^\star,\varphi) = A(P^\star,\tau) = \left(\frac{n-1}{n}\right)^{n} \quad \forall \varphi \in \Phi^n, \tau \in T^n;$$

also folgt insbesondere

$$\inf_{\varphi \in \Phi^n} A(P^\star,\varphi) = A(P^\star,\varphi^\star) = \left(\frac{n-1}{n}\right)^{n}.$$

Andererseits gilt für alle $P \in \mathcal{P}_n, \varphi \in \Phi^n$

$$\begin{aligned}
A(P,\varphi) &= \int \sum_{j=1}^{n}[\max_{1 \le i \le n} x_i - x_j]\varphi_j(x_1,\ldots,x_n)dP(x_1,\ldots,x_n) \\
&\le \sup_{x_1,\ldots,x_n \in [0;1]} \sum_{j=1}^{n}[\max_{1 \le i \le n} x_i - x_j]\varphi_j(x_1,\ldots,x_n)
\end{aligned}$$

und somit

$$\sup_{P \in \mathcal{P}_n} A(P,\varphi) = \sup_{(x_1,\ldots,x_n) \in [0;1]^n} A(\delta_{(x_1,\ldots,x_n)},\varphi).$$

Falls dabei $\max_{1 \le i \le n} x_i = x_\ell$ mit $\ell \le n-1$, folgt

$$\begin{aligned}
\sum_{j=1}^{n}(\max_{1 \le i \le n} x_i - x_j)\varphi_j^\star(x_1,\ldots,x_n) &\le x_\ell - \sum_{j=1}^{\ell} x_j\varphi_j^\star(x_1,\ldots,x_n) \\
&= x_\ell - \sum_{j=1}^{k} x_{i_j}\varphi_{i_j}^\star(x_1,\ldots,x_n) \quad \text{wobei } 1 \le i_1 < \ldots < i_k \le \ell
\end{aligned}$$

diejenigen Indizes $\le \ell$ sind, für die $\varphi_{i_j}^\star(x_1,\ldots,x_n) \neq 0$
ist (bei leerer Summe gilt direkt $\le c_n$)

$$= x_\ell - \sum_{j=1}^{k} x_{i_j}\frac{x_{i_j} - x_{i_{j-1}}}{x_{i_j}}$$

nach der Definition der $\varphi_j^\star(x_1,\ldots,x_n)$, wobei $x_{i_0} := c_n$

$$= x_\ell - x_{i_k} + x_{i_0} = c_n, \quad \text{da } x_{i_k} = x_\ell.$$

Ähnlich ergibt sich im Fall $\max_{1\le i\le n} x_i = x_n$

$$\sum_{j=1}^{n}(\max_{1\le i\le n} x_i - x_j)\varphi_j^\star(x_1,\ldots,x_n) = \sum_{j=1}^{n}(x_n - x_j)\varphi_j^\star(x_1,\ldots,x_n)$$

$$\le \sum_{j=1}^{n-1}(1 - x_j)\varphi_j^\star(x_1,\ldots,x_n) = \sum_{j=1}^{k}(1 - x_{i_j})\varphi_{i_j}^\star(x_1,\ldots,x_n)$$

wobei $1 \le i_1 < \ldots < i_k \le n-1$ diejenigen Indizes $\le n-1$ sind, für die $\varphi_{i_j}^\star(x_1,\ldots,x_n) \ne 0$ ist (bei leerer Summe gilt direkt $\le c_n$)

$$= \sum_{j=1}^{k}(1 - x_{i_j})\frac{x_{i_j} - x_{i_{j-1}}}{x_{i_j}}$$

nach der Definition der $\varphi_j^\star(x_1,\ldots,x_n)$, wobei $x_{i_0} := c_n$

$$= \sum_{j=1}^{k+1}\frac{x_{i_j} - x_{i_{j-1}}}{x_{i_j}} + x_{i_0} - 1, \quad \text{wobei } x_{i_{k+1}} := 1$$

$$\le x_{i_0} = c_n \qquad \text{nach (4.6).}$$

Es gilt also

$$c_n = A(P^\star,\varphi^\star) \;\le\; \sup_{P\in\mathcal{P}_n} A(P,\varphi^\star) = \sup_{(x_1,\ldots,x_n)\in[0;1]^n} A(\delta_{(x_1,\ldots,x_n)},\varphi^\star)$$

$$= \sup_{x=(x_1,\ldots,x_n)\in[0;1]^n} \sum_{j=1}^{n}[\max_{1\le i\le n} x_i - x_j]\varphi_j^\star(x) \le c_n,$$

d.h. $\sup_{P\in\mathcal{P}^n} A(P,\varphi^\star) = \left(\frac{n-1}{n}\right)^n$.

Daher ist $(P^\star,\varphi^\star)$ ein Sattelpunkt des Spiels $\Gamma_{7,m}$; das Sattelpunktkriterium (s. z.B. [R/S/Z 79], (3.20)) liefert somit die Aussage von Satz (4.7). $\qquad\square$

(4.8) Anmerkung ([Gö](3))

$\varphi^\star$ ist nicht die einzige Minimax-Strategie des Statistikers.

Beweis: Definiert man für $d \in [1 - c_n; 1]$ eine randomisierte Stopzeit durch

$$\tilde{\varphi}_1(x_1,\ldots,x_n) := \begin{cases} \varphi_1^\star(x_1,\ldots,x_n) & \text{falls } x_1 < d \\ 1 & \text{falls } x_1 \ge d \end{cases}$$

und

$$\tilde{\varphi}_j(x_1,\ldots,x_n) := \begin{cases} \varphi_j^\star(x_1,\ldots,x_n) & \text{falls } x_1 < d \\ 0 & \text{falls } x_1 \geq d, \end{cases}$$

so folgt für $(x_1,\ldots,x_n) \in [0;1]^n$ mit $x_1 \geq d$

$$\sum_{j=1}^n [\max_{1\leq i\leq n} x_i - x_j]\varphi_j(x_1,\ldots,x_n) =$$

$$= \max_{1\leq i\leq n} x_i - x_1 \leq 1 - d \leq c_n. \qquad \square$$

Bei dem Quotientenfall (Fall R) wollen wir der ursprünglichen Problemstellung entsprechend bei gemischten Strategien $\varphi \in \Phi^n$ als Auszahlung den Quotienten

$$E_P(\max_{1\leq i\leq n} X_i)/E_P(\sum_{j=1}^n X_j\varphi_j(X_1,\ldots,X_n))$$

betrachten (und nicht die „Mischung" über die Quotienten $E_P(\max_{1\leq i\leq n} X_i)/E_P(X_j))$.

(4.9) Satz (Fall R; [Sz 92])

Das Spiel gegen einen Propheten

$$\Gamma_{8,m} = (\mathcal{P}_n, \Phi^n, A)$$

mit

$$A(P,\varphi) = E_P(\max_{1\leq i\leq n} X_i)/E_P(\sum_{j=1}^n X_j\varphi_j(X_1,\ldots,X_n))$$

ist definit mit dem Spielwert n. Die Gleichverteilung über $T_0^n :=$ $\{\tau_i \equiv i : 1 \leq i \leq n\}$ ist eine Minimax-Strategie des Statistikers; es gibt keine Minimax-Strategie des Propheten.

Beweis: $\varphi^\star$ bezeichne die Gleichverteilung über T_0^n. Dann gilt für jedes $P \in \mathcal{P}_n$

$$A(P,\varphi^\star) = E_P(\max_{1\leq i\leq n} X_i)/E_P(\frac{1}{n}\sum_{i=1}^n X_i) \leq n,$$

und somit

$$\inf_{\varphi\in\Phi^n} \sup_{P\in\mathcal{P}_n} A(P,\varphi) \leq \sup_{P\in\mathcal{P}_n} A(P,\varphi^\star) \leq n,$$

d.h. der obere Spielwert $W^\star(\Gamma_{8,m})$ ist $\leq n$. Da andererseits

$$\inf_{\varphi \in \Phi^n} A(P, \varphi) = \inf_{\tau \in T^n} A(P, \tau)$$

folgt aus (4.5), daß einerseits $W_\star(\Gamma_{8,m}) = n$ und somit die Definitheit von $\Gamma_{8,m}$ mit dem Spielwert n und andererseits die Nichtexistenz von Minimax-Strategien für den Propheten. $\qquad\square$

Aus den bisherigen Aussagen für $[0;1]$-wertige Zufallsgrößen lassen sich durch lineare Transformationen entsprechende Aussagen für andere Folgen gleichmäßig beschränkter Zufallsgrößen gewinnen (vgl. (3.10)).

b) Unendliche Folgen von $[0;1]$-wertigen Zufallsgrößen

Im zeitdiskreten Fall mit unendlichem Horizont betrachten wir

$$\mathcal{P} = \mathcal{P}_\infty := \{ P^{(X_1, \ldots)} : X_1, \ldots [0;1]\text{-wertige Zufallsgrößen}\},$$

$\mathcal{T} = T$ und die zugehörige Prophetenregion Π_∞. Analog zu (4.1) ergibt sich

(4.10) Satz ([H/K 83], Theorem (4.2))

$$\begin{aligned}
\Pi_\infty &= \Pi_\infty^{\mathrm{Mart}} \\
&= \{(x,y) \in \mathbb{R}^2 : x \leq y < x - x \ln x,\ 0 < x < 1\} \cup \{(0,0), (1,1)\}.
\end{aligned}$$

Beweis: Wegen $\mathcal{P}_\infty^{\mathrm{Mart}} \subset \mathcal{P}_\infty$ gilt $\Pi_\infty^{\mathrm{Mart}} \subset \Pi_\infty$. Umgekehrt gibt es nach (3.15) zu jedem $P^{(X_1, \ldots)} \in \mathcal{P}_\infty$ ein $[0;1]$-wertiges Martingal $(\hat{X}_1, \hat{X}_2, \ldots)$ mit

$$V(\hat{X}_1, \hat{X}_2, \ldots) = V(X_1, X_2, \ldots) \leq M(X_1, X_2, \ldots) \leq M(\hat{X}_1, \hat{X}_2, \ldots)$$

und somit folgt nach (3.14) auch $\Pi_\infty \subset \Pi_\infty^{\mathrm{Mart}}$. $\qquad\square$

Daher ergibt sich unmittelbar aus (3.16):

(4.11) Korollar

Es seien $P^{(X_1,\ldots)} \in \mathcal{P}_\infty$ und $\gamma > 0$. Dann gilt die (scharfe) Ungleichung

$$M(X_1, X_2, \ldots) - e^{-\gamma} < \gamma\, V(X_1, X_2, \ldots);$$

insbesondere ergibt sich:

(i) *Zu jedem $C \in \mathbb{R}$ existiert eine Folge $X_1, X_2, \ldots$ von $[0,1]$-wertigen Zufallsgrößen mit $M(X_1, X_2, \ldots) \geq C \cdot V(X_1, X_2, \ldots)$.*

(ii) *Für jedes $P^{(X_1,\ldots)} \in \mathcal{P}_\infty$ gilt die (scharfe) Ungleichung*

$$M(X_1, X_2, \ldots) - V(X_1, X_2, \ldots) < 1/e.$$

Bei der Betrachtung der entsprechenden spieltheoretischen Situation ergibt sich dasselbe Problem wie bei zeitdiskreten Martingalen mit unendlichem Horizont. Wir gehen daher wieder zu erweiterten Stopregeln über. Die Aussage (4.11) (i) macht eine weitere Untersuchung des Quotientenfalles (Q) überflüssig. Um Ergebnisse für den Differenzenfall (D) zu erhalten, betrachten wir die Ungleichung aus (4.11) für allgemeines $\gamma > 0$.

(4.12) Satz (Fall D)

Für $\gamma > 0$ ist das Spiel gegen einen Propheten

$$\Gamma_{9,\gamma} := (\mathcal{P}_\infty, \overline{T}, a_\gamma)$$

mit

$$a_\gamma(P, \tau) := E(\sup_{i \in \mathbb{N}} X_i) - \gamma \cdot E_P(X_\tau)$$

indefinit mit dem unteren Spielwert $W_\star(\Gamma_{9,\gamma}) = e^{-\gamma}$ und dem oberen Spielwert $W^\star(\Gamma_{9,\gamma}) = \frac{1}{1+\gamma}$.
Eine Minimaxstrategie des Statistikers wird durch die Stopregel

$$\tau^\star(x_1, x_2, \ldots) := \inf\{i \in \mathbb{N} : x_i \geq \frac{1}{1+\gamma}\} \,,\ \inf \emptyset := \infty$$

gegeben; der Prophet besitzt keine Minimaxstrategie.

Beweis: Die Aussagen über den unteren Spielwert und die (Nicht-) Existenz von Minimaxstrategien für den Propheten folgen aus (4.11). Andererseits gilt für jede Stopregel $\tau \in \overline{T}$

$$
\sup_{x_1,\dots \in [0,1]} \left(\sup_{i \in \mathbb{N}} x_i - \gamma \cdot x_\tau \right)
$$

$$
= \sup_{P \in \mathcal{P}_\infty} \int_{\mathbb{R}^\mathbb{N}} \sup_{x_1,\dots \in [0,1]} \left(\sup_{i \in \mathbb{N}} x_i - \gamma \cdot x_\tau \right) dP^{(X_1,X_2,\dots)}
$$

$$
\geq \sup_{P \in \mathcal{P}_\infty} \int_{\mathbb{R}^\mathbb{N}} \sup_{i \in \mathbb{N}} x_i - \gamma \cdot x_\tau \, dP^{(X_1,X_2,\dots)}
$$

$$
= \sup_{P \in \mathcal{P}_\infty} \left(E_P(\sup_{i \in \mathbb{N}} X_i) - \gamma \cdot E_P(X_\tau) \right)
$$

$$
\geq \sup_{x_1,\dots \in [0,1]} \left(\sup_{i \in \mathbb{N}} x_i - \gamma \cdot x_\tau \right).
$$

Setzt man nun zu jedem $\tau \in \overline{T}$

$$
B_\tau := \{ x \in \mathbb{R} : \tau(x,\dots) = 1 \}
$$

und

$$
(x_1^\star,\dots) := \begin{cases} (\frac{1}{1+\gamma}, 1, 0, \dots) & \text{falls } \frac{1}{1+\gamma} \in B_\tau \\ (\frac{1}{1+\gamma}, 0, 0, \dots) & \text{falls } \frac{1}{1+\gamma} \notin B_\tau \end{cases},
$$

so ergibt sich

$$
\sup_{x_1,\dots \in [0,1]} \left(\sup_{i \in \mathbb{N}} x_i - \gamma \cdot x_\tau \right) \geq \frac{1}{1+\gamma}.
$$

Somit folgt $W^\star(\Gamma_{9,\gamma}) \geq \frac{1}{1+\gamma}$. Für beliebiges $z_1,\dots \in [0,1]$ folgt andererseits

$$
\sup_{i \in \mathbb{N}} z_i - \gamma z_{\tau^\star} = \begin{cases} \sup_{i \in \mathbb{N}} z_i - \gamma \overline{\lim} z_i \leq \frac{1}{1+\gamma} & \text{falls alle } z_i < \frac{1}{1+\gamma} \\ \sup_{i \in \mathbb{N}} z_i - \gamma z_{k_0} \leq \frac{1}{1+\gamma} & \text{falls } k_0 := \inf\{ j : z_j \geq \frac{1}{1+\gamma} \} \end{cases}
$$

also gilt $W^\star(\Gamma_{9,\gamma}) = \frac{1}{1+\gamma}$ und $\tau^\star$ ist eine Minimaxstrategie des Statistikers. $\qquad\square$

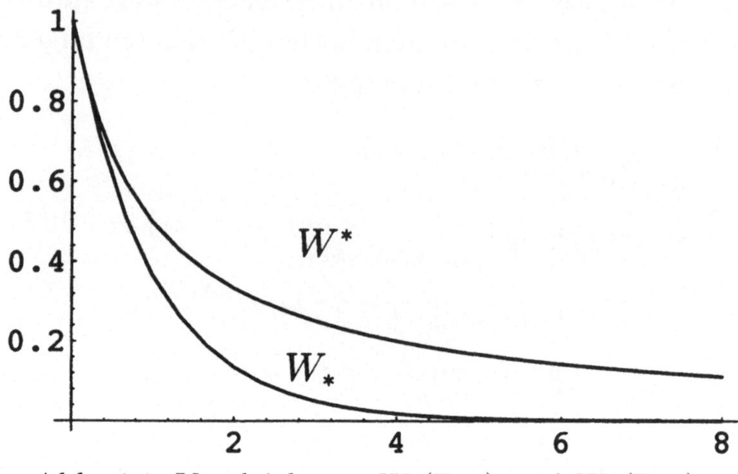

Abb. 4.1: Vergleich von $W_\star(\Gamma_{9,\gamma})$ und $W^\star(\Gamma_{9,\gamma})$

Wir versuchen nun, für $\gamma = 1$, d.h. im Fall (D), das Indefinitheitsintervall durch die Verwendung von randomisierten Stopregeln zu verkleinern. Aufgrund des unendlichen Horizonts betrachten wir erweiterte randomisierte Stopregeln, wobei wiederum

$$X_\infty := \overline{\lim_{n\to\infty}} X_n \quad \text{auf} \quad \{1 - \sum_{i=1}^\infty \varphi_i > 0\}$$

gesetzt und somit

$$X_\varphi(\omega) \;=\; \sum_{i=1}^\infty X_i(\omega) \cdot \varphi_i(X_1(\omega), X_2(\omega), \ldots)$$

$$+ \;\; X_\infty(\omega)(1 - \sum_{i=1}^\infty \varphi_i(X_1(\omega), X_2(\omega), \ldots))$$

betrachtet wird.

Als kanonischen Kandidaten für eine optimale Strategie des Statistikers erwartet man wegen (4.7)

$$\varphi_1^\star(x_1, \ldots) := \begin{cases} \frac{x_1 - 1/e}{x_1} & \text{falls} \quad x_1 \geq 1/e \\ 0 & \text{sonst} \end{cases}$$

und für $i \geq 2$

$$\varphi_i^\star(x_1, \ldots) := \frac{(x_i - \max\{x_1, \ldots x_{i-1}, 1/e\})^+}{x_i},$$

wobei $0/0 := 0$ sei.

Nach der Definition gilt zunächst $\varphi_i^\star \geq 0 \ \forall x \in [0,1]^{\mathrm{I\!N}}, i \in \mathrm{I\!N}$; außerdem folgt

$$\sum_{i=1}^{\infty} \varphi_i^\star(x_1,\dots) = \sum_{j=1}^{k} \varphi_{i_j}^\star(x_1,\dots,x_n) = \sum_{j=1}^{k} \frac{x_{i_j} - x_{i_{j-1}}}{x_{i_j}},$$

wobei $k \in \mathrm{I\!N} \cup \{\infty\}, 1 \leq i_1 < \dots < i_k$ diejenigen Indizes bedeuten, für die $\varphi_{i_j}^\star(x_1,\dots) \neq 0$, und $1/e =: x_{i_0} < x_{i_1} < \dots$ ist (die Summe kann leer sein). Um zu zeigen, daß $\varphi^\star$ eine erweiterte randomisierte Stopregel ist, formulieren wir eine Erweiterung von (4.6) für den unendlichen Horizont.

(4.13) Lemma
Es seien $(y_n)_{n \in \mathrm{I\!N}_0} \subset [0;1], 0 < y_0 < y_1,\dots.$ Dann gilt

$$\sum_{i=1}^{\infty} \frac{y_i - y_{i-1}}{y_i} \leq -\ln y_0.$$

Beweis: Die Behauptung folgt sofort aus (4.6) und (3.11). $\qquad\qquad\square$
Somit folgt

$$\sum_{i=1}^{\infty} \varphi_i^\star(x_1,\dots) \leq 1 \ \text{ für alle } \ (x_1,\dots) \in [0,1]^{\mathrm{I\!N}}.$$

Da die $\varphi_i^\star$ überdies (nach der Definition) $\pi_{\{1,\dots,i\}}$-meßbar sind ($i \in \mathrm{I\!N}$), ist $\varphi^\star$ eine erweiterte randomisierte Stopregel. Hierfür gilt nun

(4.14) Satz
Das Spiel gegen einen Propheten

$$\Gamma_{10,m} := (\mathcal{P}_\infty, \Phi_\infty{}^{14}, A)$$

mit

$$A(P,\varphi) := E_P(\sup_{i \in \mathrm{I\!N}} X_i) - E_P(X_\varphi)$$

ist definit mit dem Spielwert $1/e$. $\varphi^\star$ ist eine Minimaxstrategie des Statistikers; der Prophet besitzt keine Minimaxstrategien.

---

[14]Φ_∞ bezeichne die Menge der erweiterten randomisierten Stopregeln.

64

Beweis: Die Aussagen für den unteren Spielwert und die Nicht-Existenz von Minimaxstrategien für den Propheten folgen aus (4.11). Andererseits gilt für alle $P^{(X_1,X_2,\ldots)} \in \mathcal{P}_\infty$ und $\varphi \in \Phi_\infty$ (mit $\varphi_\infty := 1 - \sum_{n\in\mathbb{N}} \varphi_n$)

$$A(P,\varphi) = \int \sum_{j\in\overline{\mathbb{N}}} [\sup_{n\in\mathbb{N}} x_n - x_j] \cdot \varphi_j(x_1,\ldots)\, dP^{(X_1,\ldots)}(x_1,\ldots)$$

$$\leq \sup_{x_1,\ldots\in[0,1]} \sum_{j\in\overline{\mathbb{N}}} [\sup_{n\in\mathbb{N}} x_n - x_j] \cdot \varphi_j(x_1,\ldots),$$

und somit

$$\sup_{P\in\mathcal{P}_\infty} A(P,\varphi) = \sup_{x_1,\ldots\in[0,1]} A(\delta_{(x_1,\ldots)},\varphi).$$

Man braucht nur den Fall $\sup_{n\in\mathbb{N}} x_n > 1/e$ zu betrachten. Gilt dabei $\sup_{n\in\mathbb{N}} x_n = x_\ell$ mit $\ell \in \mathbb{N}$, so folgt

$$A(\delta_{(x_1,\ldots)},\varphi^\star) \leq x_\ell - \sum_{j=1}^{\ell} x_j \cdot \varphi_j^\star(x_1,\ldots) \quad \text{wobei } 1 \leq i_1 \leq \ldots \leq i_k \leq \ell$$

$$\text{diejenigen Indizes } \leq \ell \text{ sind, für die } \varphi_{i_j}^\star \neq 0 \text{ ist}$$

$$= x_\ell - \sum_{j=1}^{k} x_{i_j} \cdot \frac{x_{i_j} - x_{i_{j-1}}}{x_{i_j}} \; ; \; x_{i_0} := 1/e$$

$$= x_\ell - x_{i_k} + x_{i_0} = 1/e, \quad \text{da } x_{i_k} = x_\ell.$$

Ähnlich ergibt sich im Fall $s := \sup_{n\in\mathbb{N}} x_n \neq x_i$ für alle $i \in \mathbb{N}$

$$A(\delta_{(x_1,\ldots)},\varphi^\star) = \sum_{j=1}^{\infty} (s - x_j)\varphi_j^\star(x_1,\ldots) \quad \text{wegen } s = x_\infty$$

$$= \sum_{k=1}^{\infty} (s - x_{i_k})\varphi_{i_k}^\star(x_1,\ldots), \text{ wobei } (i_k)_{k\in\mathbb{N}}$$

$$\text{diejenigen Indizes sind, für die } \varphi_{i_k}^\star \neq 0 \text{ ist}$$

$$= \sum_{k=1}^{\infty} (s - x_{i_k})\frac{x_{i_k} - x_{i_{k-1}}}{x_{i_k}} \; ; \; x_{i_0} := 1/e$$

$$= s \cdot \underbrace{\sum_{k=1}^{\infty} \frac{x_{i_k} - x_{i_{k-1}}}{x_{i_k}}}_{\leq 1} - \sum_{k=1}^{\infty} x_{i_k} - x_{i_{k-1}}$$

$$\leq s - \underbrace{\lim_{k\to\infty} x_{i_k}}_{=s} + x_{i_0} = 1/e.$$

Somit folgt die gesamte Behauptung. $\qquad\square$

Analog zu (4.8) folgt, daß $\varphi^\star$ auch in diesem Fall nicht die einzige Minimaxstrategie des Statistikers ist.

Wir haben bisher ausschließlich mit randomisierten Stopregeln gearbeitet, d.h. auf jeder Stufe der Beobachtung wird je nach bisherigem Verlauf mit einer vorgegebenen Wahrscheinlichkeit gestoppt. Wir betrachten nun im folgenden auch *Mischungen von Stopregeln*, d.h. vor Beginn der Beobachtung wird nach einem vorgegebenen Zufallsmechanismus entschieden, welche (deterministische) Stopregel benutzt wird. Der Nutzen dieses Vorgehens wird sich vor allem bei zeitstetigen Prozessen zeigen. Da auf der Menge der erweiterten Stopregeln keine „kanonische" σ-Algebra existiert, beschränken wir uns daraufhin zunächst auf Mischungen von *Schwellenstopregeln*; das sind Stopregeln der Gestalt

$$\tau(c) := \inf\{n \in \mathbb{N} : X_n \geq c\} \; ; \; \inf \emptyset := \infty$$

für eine Schwelle $c \in [0,1]$. Die Menge aller Schwellenstopregeln bezeichnen wir mit T_S. Wir identifizieren eine Schwellenstopregel mit ihrer Schwelle und wählen $\mathbb{B}_{|[0,1]}$ als zugehörige σ-Algebra. Mit $\mathcal{M}(T_S)$ bezeichnen wir im folgenden die Menge aller Wahrscheinlichkeitsmaße auf $([0,1], \mathbb{B}_{|[0,1]})$. Es bezeichne nun $Q^\star \in \mathcal{M}(T_S)$ die Mischung mit der λ-Dichte

$$s \to \frac{1}{\gamma \cdot s} \cdot 1_{[e^{-\gamma};1]}(s).$$

Wir behaupten

(4.15) Satz
   Für $\gamma > 0$ ist das Spiel gegen einen Propheten

$$\Gamma_{11,\gamma,m} := (\mathcal{P}_\infty, \overline{T} \cup \mathcal{M}(T_S), A_\gamma)$$

   mit

$$A_\gamma(P,\tau) := E_P(\sup_{n \in \mathbb{N}} X_n) - \gamma \cdot E_P(X_\tau) \;\; \text{für } \tau \in \overline{T}$$

bzw.

$$A_\gamma(P,Q) := E_P(\sup_{n\in\mathbb{N}} X_n) - \gamma \cdot E_P(\int_{[0,1]} X_{\tau(s)} dQ(s)) \ \textit{für } Q \in \mathcal{M}(T_S)$$

ist definit mit dem Spielwert $e^{-\gamma}$. *Der Prophet besitzt keine Minimaxstrategien, dagegen ist das oben definierte* $Q^\star$ *eine Minimaxstrategie des Statistikers.*

Beweis: Für $P \in \mathcal{P}_\infty$ und $Q \in \mathcal{M}(T_S)$ gilt

$$A_\gamma(P,Q) = E_P(\sup_{n\in\mathbb{N}} X_n) - \gamma \cdot E_P(\int_{[0,1]} X_{\tau(s)} dQ(s))$$
$$\overset{\text{Fubini}}{=} \int_{[0,1]} E_P(\sup_{n\in\mathbb{N}} X_n) - \gamma \cdot E_P(X_{\tau(s)}) dQ(s)$$
$$\geq \inf_{\tau\in\overline{T}} (E_P(\sup_{n\in\mathbb{N}} X_n) - \gamma \cdot E_P(X_\tau)).$$

Damit folgt die Aussage für den unteren Spielwert und die (Nicht-) Existenz von Minimaxstrategien für den Propheten aus (4.11). Andererseits gilt für $Q \in \mathcal{M}(T_S)$ und $P \in \mathcal{P}_\infty$ analog zum Beweis von (4.14)

$$\sup_{P\in\mathcal{P}_\infty} A_\gamma(P,Q) = \sup_{x_1,\ldots\in[0,1]} A_\gamma(\delta_{(x_1,\ldots)}, Q).$$

Es seien nun $x_1,\ldots \in [0,1]$ gegeben. Gilt

$$\sup_{n\in\mathbb{N}} x_n \leq e^{-\gamma}, \ \text{so folgt} \ A_\gamma(\delta_{(x_1,\ldots)}, Q^\star) \leq e^{-\gamma}.$$

Es sei also $s^\star := \sup_{n\in\mathbb{N}} x_n > e^{-\gamma}$. Dann gilt

$$\begin{aligned}
A_\gamma(\delta_{(x_1,\ldots)}, Q^\star) &= \sup_{n\in\mathbb{N}} x_n - \gamma \int_{[0,1]} x_{\tau(s)} dQ^\star(s) \\
&\leq s^\star - \gamma \int_{e^{-\gamma}}^{s^\star} s \, dQ^\star(s) \\
&= s^\star - \int_{e^{-\gamma}}^{s^\star} ds = e^{-\gamma};
\end{aligned}$$

somit gilt also

$$W^\star(\Gamma_{11,\gamma,m}) \leq e^{-\gamma},$$

und es folgt die gesamte Behauptung des Satzes. $\qquad\square$

Betrachtet man analog zu (4.15) das Spiel gegen einen Propheten

$$(\mathcal{P}_\infty, \mathcal{M}(T_S), A_\gamma),$$

so erhält man „fast" die gleiche Aussage wie in (4.15); es ist jedoch nicht klar, ob der Prophet weiterhin keine Minimaxstrategien besitzt. Überdies ist offen, ob gemischte Schwellenstopregeln auch bei endlichem Horizont gute Resultate liefern, ob es also ein Analogon zu (4.7) mit Hilfe von gemischten anstelle von randomisierten Stopregeln gibt.

c) Zeitstetige Prozesse mit rechtsseitig stetigen Pfaden

Bei der Untersuchung des zeitstetigen Falls mit $I = [0; b], b > 0$, oder $I = [0; \infty)$ setzen wir aus den in Abschnitt 3c) genannten Gründen voraus, daß $(X_t)_{t \in I}$ ein $[0; 1]$-wertiger Prozeß mit ausschließlich rechtsseitig stetigen Pfaden ist, d.h. wir betrachten

$$\mathcal{P} = \mathcal{P}_{[0;\infty)} := \{ P^{(X_t)_{t \geq 0}} : (X_t)_{t \geq 0} \text{ ist ein Prozeß mit}$$
$$\text{rechtsseitig stetigen Pfaden}\}$$

bzw.

$$\mathcal{P} = \mathcal{P}_{[0;b]} := \{ P^{(X_t)_{t \in [0;b]}} : (X_t)_{t \in [0;b]} \text{ ist ein Prozeß mit}$$
$$\text{rechtsseitig stetigen Pfaden}\}$$

und die zugehörigen Prophetenregionen $\Pi_{[0;\infty)}$ bzw. $\Pi_{[0;b]}$.

(4.16) Satz ([Me 93])
Es gilt

$$\Pi_{[0;\infty)} = \Pi_{[0;b]} = \Pi^{\text{Mart}}_{[0;\infty)}$$
$$= \{(x,y) \in \mathrm{IR}^2 : x \leq y \leq x - x \ln x, 0 < x < 1\} \cup \{(0,0),(1,1)\}.$$

Beweis: Offensichtlich gilt $\Pi^{\text{Mart}}_{[0;\infty)} \subset \Pi_{[0;\infty)}$. Für die umgekehrte Inklusion nehmen wir an, es gebe ein Paar (x,y) mit $(x,y) \in \Pi_{[0;\infty)} \setminus \Pi^{\text{Mart}}_{[0;\infty)}$. Dann muß es ein $P^{(X_t)_{t \geq 0}} \in \mathcal{P}_{[0;\infty)}$ geben mit $0 < V(X_t, t \geq 0) < 1$ und

$$E(\sup_{t \geq 0} X_t) > V(X_t, t \geq 0) - V(X_t, t \geq 0) \cdot \ln V(X_t, t \geq 0).$$

68

Da $(X_t)_{t\geq 0}$ als Prozeß mit rechtsseitig stetigen Pfaden separabel mit $\mathbb{Q}^+$ als separierender Menge ist, gilt dabei

$$E(\sup_{t\in\mathbb{Q}^+} X_t) = E(\sup_{t\geq 0} X_t).$$

Sind nun $(q_n)_{n\in\mathbb{N}}$ eine Abzählung von $\mathbb{Q}^+$ und

$$(q_{1,n},\ldots,q_{n,n})$$

eine Umordnung von $(q_1,\ldots,q_n)$ entsprechend der Größe, so gilt

$$\sup_{t\in\mathbb{Q}^+} X_t = \sup_n \max_{1\leq i\leq n} X_{q_{i,n}}.$$

Aufgrund des Satzes von der monotonen Konvergenz folgt also

$$E(\sup_{t\in Q^+} X_t) = \lim_{n\to\infty} E(\max_{1\leq i\leq n} X_{q_{i,n}}).$$

Wegen unserer Annahme existiert daher ein $n_0 \in \mathbb{N}$ mit

$$E(\max_{1\leq i\leq n_0} X_{q_{i,n_0}}) > V(X_t, t\geq 0) - V(X_t, t\geq 0)\ln V(X_t, t\geq 0),$$

wobei wegen $E(\max_{1\leq i\leq n_0} X_{q_{i,n_0}}) > 0$ auch

$$0 < V(X_{q_{1,n_0}},\ldots,X_{q_{n_0,n_0}}) \leq V(X_t, t\geq 0)$$

gilt. Aus der strengen Isotonie von $x \to x - x\ln x$ auf $(0;1]$ folgt daher einerseits

$$E(\max_{1\leq i\leq n_0} X_{q_{i,n_0}}) > V(X_{q_{1,n_0}},\ldots,X_{q_{n_0,n_0}}) \cdot (1-\ln V(X_{q_{1,n_0}},\ldots,X_{q_{n_0,n_0}})),$$

während sich andererseits aus (4.1)/(4.10) ergibt

$$E(\max_{1\leq i\leq n} X_{q_{i,n_0}}) \leq V(X_{q_{1,n_0}},\ldots,X_{q_{n_0,n_0}})(1 - \ln V(X_{q_{1,n_0}},\ldots,X_{q_{n_0,n_0}})),$$

d.h. wir haben den gewünschten Widerspruch erhalten. Der Fall $\Pi_{[0;b]}$ ergibt sich analog mit $\Pi_{[0;b]}^{\mathrm{Mart}} = \Pi_{[0;\infty)}^{\mathrm{Mart}}$ ((3.31)). $\qquad\square$

Aus diesem Satz folgt insbesondere, daß die Reduktion auf Martingale (s. 2 b)), die wir im zeitdiskreten Fall zur Bestimmung der Prophetenregion benutzt hatten (s. 4a)b)) auch im zeitstetigen Fall $I = [0;\infty)$ bzw. $I = [0;b]$ möglich ist:

(4.17) Korollar ([Me 93])

Es sei $(X_t)_{t\in I}$ ein $[0;1]$-wertiger stochastischer Prozeß mit rechtsseitig stetigen Pfaden. Dann existiert ein $[0;1]$-wertiges Martingal $(Y_t)_{t\in I}$ mit rechtsseitig stetigen Pfaden, so daß

$$V(X_t, t \in I) = V(Y_t, t \in I) \quad und \quad M(X_t, t \in I) \leq M(Y_t, t \in I).$$

Außerdem erhält man aus dem Satz (4.16) unmittelbar scharfe Prophetenungleichungen:

(4.18) Korollar (s. [Me 93])

Es seien $P^{(X_t)_{t\in I}} \in \mathcal{P}_I$ und $\gamma > 0$. Dann gilt

$$M(X_t, t \in I) - e^{-\gamma} \leq \gamma \, V(X_t, t \in I);$$

insbesondere ergibt sich:
(i) $\qquad M(X_t, t \in I) - V(X_t, t \in I) \leq 1/e;$

die Ungleichung ist scharf, und das Gleichheitszeichen wird angenommen.
(ii) Zu jedem $C \in \mathrm{IR}$ gibt es ein $P^{(X_t)_{t\in I}} \in \mathcal{P}_I$ mit

$$M(X_t, t \in I) \geq C \cdot V(X_t, t \in I).$$

Für eine spieltheoretische Untersuchung von (4.18) müssen wir zunächst sicherstellen, daß jede Strategie des Statistikers für jede Strategie des Propheten eine Stopregel ist. Wir beschränken uns daraufhin auf stochastische Prozesse $P^{(X_t)_{t\geq 0}} \in \mathcal{P}_{[0;\infty)}$ mit ausschließlich stetigen Pfaden. Diese Teilklasse von $\mathcal{P}_{[0,\infty)}$ bezeichnen wir im folgenden mit $\mathcal{P}_{[0,\infty),C}$. Außerdem betrachten wir Schwellenstopregeln

$$\tau(c) := \inf\{t \geq 0 : X_t \geq c\} \; ; \; \inf \emptyset := \infty$$

für eine Schwelle $c \in [0, 1]$; damit ist nach [Ba], Satz (49.5) die o.a. Bedingung erfüllt. Mit $\mathcal{M}(T_S)$ werde analog zu (4.15) die Menge aller Wahrscheinlichkeitsmaße auf $([0, 1], \mathrm{IB}_{|[0,1]})$ bezeichnet. Dann gilt

(4.19) Satz

Für $\gamma > 0$ ist das Spiel gegen einen Propheten

$$\Gamma_{12,\gamma,m} := (\mathcal{P}_{[0,\infty),C}, \mathcal{M}(T_S), A_\gamma)$$

mit

$$A_\gamma(P,Q) := E_P(\sup_{t \geq 0} X_t) - \gamma \cdot E_P(\int_{[0,1]} X_{\tau(s)} dQ(s))$$

(und somit auch jede größere gemischte Erweiterung) definit mit dem Spielwert $e^{-\gamma}$. Beide Spieler besitzen Minimaxstrategien.

(i) *Eine gestoppte Brownsche Bewegung mit Start in $e^{-\gamma}$ und Stopregel*

$$T := \inf\{t \geq 0 : B_t = 0 \ \ oder \ \ B_t = 1\}$$

ist eine Minimaxstrategie des Propheten (Bez.: $P^\star$);

(ii) *Die Verteilung $Q^\star$ mit der λ-Dichte*

$$s \mapsto \frac{1}{\gamma \cdot s} \cdot 1_{[e^{-\gamma},1]}(s)$$

ist eine Minimaxstrategie des Statistikers.

Beweis: Es gilt

$$\inf_{Q \in \mathcal{M}(T_S)} E_{P^\star}(\sup_{t \geq 0} X_t) - \gamma \cdot E_{P^\star}(\int_{[0,1]} X_{\tau(s)} dQ(s))$$

$$\stackrel{\text{Fubini}}{=} \inf_{Q \in \mathcal{M}(T_S)} \int_{[0,1]} E_{P^\star}(\sup_{t \geq 0} X_t) - \gamma \cdot E_{P^\star}(X_{\tau(s)}) \, dQ(s)$$

$$\geq E_{P^\star}(\sup_{t \geq 0} X_t) - \sup_{s \in [0,1]} \gamma \cdot E_{P^\star}(X_{\tau(s)})$$

$$= E_{P^\star}(\sup_{t \geq 0} X_t) - \gamma \cdot E_{P^\star}(X_0), \quad \text{denn} \ \ P^\star \in \mathcal{P}_{[0,\infty)}^{\text{Mart}}$$

$$= e^{-\gamma} \quad \text{nach (3.27)}.$$

Andererseits folgt mit dem gleichen Argument wie in (4.15)

$$\sup_{P \in \mathcal{P}_{[0,\infty),C}} (E_P(\sup_{t \geq 0} X_t) - \gamma \cdot E_P(\int_{[0,1]} X_{\tau(s)} dQ^\star(s)))$$

$$\leq \sup_{(x_t)_{t \geq 0} \subset [0,1]} (\sup_{t \geq 0} x_t - \gamma \cdot \int_{[0,1]} x_{\tau(s)} \, dQ^\star(s));$$

nun gilt:

(a) Falls $\sup_{t\geq 0} x_t \leq e^{-\gamma}$, so folgt

$$\sup_{t\geq 0} x_t - \gamma \cdot \int_{[0,1]} x_{\tau(s)}\, dQ^{\star}(s) \leq e^{-\gamma}$$

(b) Falls $\sup_{t\geq 0} x_t =: s^{\star} > e^{-\gamma}$, so folgt

$$\sup_{t\geq 0} x_t - \gamma \cdot \int_{[0,1]} x_{\tau(s)}\, dQ^{\star}(s) \leq s^{\star} - \gamma \cdot \int_{e-\gamma}^{s^{\star}} s\, dQ^{\star}(s)$$
$$= s^{\star} - \int_{e-\gamma}^{s^{\star}} ds = e^{-\gamma},$$

also

$$\sup_{P\in\mathcal{P}_{[0,\infty),C}} \left(E_P(\sup_{t\geq 0} X_t) - \gamma \cdot E_P(\int_{[0,1]} X_{\tau(s)} dQ^{\star}(s))\right) \leq e^{-\gamma};$$

daher ist $(P^{\star}, Q^{\star})$ ein Sattelpunkt des Spiels $\Gamma_{12,\gamma,m}$; das Sattelpunkt-kriterium (s. z.B. [R/S/Z], (3.20)) liefert somit die Aussage des Satzes.

$\square$

Schließlich lassen sich diese für $[0;1]$-wertige stochastische Prozesse formulierten Resultate direkt auf $[c;d]$-wertige Prozesse übertragen.

d) Ergänzungen

In den Abschnitten 3a) und 3c) hatten wir bereits angemerkt, daß die zur Bestimmung der jeweiligen Prophetenregionen verwendeten Martingale spezielle Markoff-Prozesse sind. Daraufhin ergibt sich aus (4.1), (4.10) und (4.16) für die zu

$$\mathcal{P}_n^{\mathrm{Mkf}} := \{P^{(X_1,\dots,X_n)} : (X_1,\dots,X_n) \text{ ist } [0;1]\text{-wertige Markoff-Kette}\}$$

bzw.

$$\mathcal{P}_{\infty}^{\mathrm{Mkf}} := \{P^{(X_1,\dots)} : (X_n)_{n\in\mathrm{I\!N}} \text{ ist eine } [0;1]\text{-wertige Markoff-Kette}\}$$

bzw.

$$\mathcal{P}_I^{\mathrm{Mkf}} := \{P^{(X_t)_{t\in I}} : \quad (X_t)_{t\in I} \text{ ist ein } [0;1]\text{-wertiger Markoff-}$$
$$\text{Prozeß mit rechtsseitig stetigen Pfaden}\}$$
$$\text{mit } I = [0;b], b > 0, \text{ oder } I = [0;\infty)$$

gehörigen Prophetenregionen[15]:

(4.20) Satz

(i) *Für $n \geq 2$ gilt*

$$\textstyle\prod_n^{\mathrm{Mkf}} = \{(x,y) \in \mathbb{R}^2 : x \leq y \leq x - (n-1)x(x^{\frac{1}{n-1}} - 1), 0 \leq x \leq 1\}.$$

(ii) $\Pi_\infty^{\mathrm{Mkf}} = \{(x,y) \in \mathbb{R}^2 : x \leq y < x - x \ln x\} \cup \{(0,0),(1,1)\}.$

(iii) $\Pi_{[0;b]}^{\mathrm{Mkf}} = \Pi_{[0;\infty)}^{\mathrm{Mkf}} =$
$$= \{(x,y) \in \mathbb{R}^2 : x \leq y \leq x - x \ln x\} \cup \{(0,0),(1,1)\}.$$

Außerdem ergeben sich hieraus und aus den Beweisen zu (3.7) und (3.21) unmittelbar entsprechende Aussagen für

$$\mathcal{P}_n^{\mathrm{Mart}} \cap \mathcal{P}_n^{\mathrm{Mkf}}, \ \mathcal{P}_\infty^{\mathrm{Mart}} \cap \mathcal{P}_\infty^{\mathrm{Mkf}}, \ \mathcal{P}_I^{\mathrm{Mart}} \cap \mathcal{P}_I^{\mathrm{Mkf}} \ \text{mit} \ I = [0;b] \ \text{oder} \ (0;\infty)$$

sowie für Schnitte mit den Familien von $[0;1]$-wertigen Folgen von Zufallsgrößen bzw. stochastischen Prozessen, die nur jeweils höchstens zwei Werte annehmen können.

Es liegt die Frage nahe, ob sich auch die Aussage von Satz (3.34) über die Konsequenz von Diskontierungen auf den allgemeinen Fall übertragen läßt. Die Antwort ist jedoch negativ; die Schranken stimmen vielmehr mit denjenigen ohne Diskontierung überein.

(4.21) Satz
   Es seien $n \in \mathbb{N}, Y_1, \ldots, Y_n$ $[0,1]$-wertige Zufallsgrößen und $\beta \in (0;1]$ und $X_i := \beta^{i-1} Y_i$. Dann gilt

$$M(X_1, \ldots, X_n) \leq n\, V(X_1, \ldots, X_n)$$

und die Ungleichung ist scharf.

Beweis: Es gilt

$$M(X_1, \ldots, X_n) \leq \sum_{i=1}^{n} E(X_i)$$
$$\leq \sum_{i=1}^{n} V(X_1, \ldots, X_n) = n\, V(X_1, \ldots, X_n).$$

---

[15]Entsprechende Aussagen ergeben sich für andere gleichmäßig beschränkte Markoff-Prozesse.

Da diese Ungleichung nach (4.2)i) für $\beta = 1$ scharf ist, existieren zu $\varepsilon > 0$ nicht-triviale $[0;1]$-wertige Zufallsgrößen $Z_1, \ldots, Z_n$ (z.B. geeignete Dubins-Pitman-Martingale) mit

$$M(Z_1, \ldots, Z_n) \geq n \cdot V(Z_1, \ldots, Z_n) - \varepsilon.$$

Für $\hat{Y}_1, \ldots, \hat{Y}_n$ mit

$$\hat{Y}_i := \beta^{n-i+1} Z_i, \; 1 \leq i \leq n,$$

folgt dann, daß die Y_i $[0,1]$-wertig sind und daß für $\hat{X}_i := \beta^{i-1}\hat{Y}_i$ gilt

$$\begin{aligned}
M(\hat{X}_1, \ldots, \hat{X}_n) &= \beta^n \, M(Z_1, \ldots, Z_n) \\
&\geq \beta^n n \, V(Z_1, \ldots, Z_n) - \beta^n \varepsilon = n \cdot V(\hat{X}_1, \ldots, \hat{X}_n) - \beta^n \varepsilon,
\end{aligned}$$

d.h. die o.a. Ungleichung ist scharf. $\qquad\square$

Aus (4.21) ergibt sich, daß sich auch die Aussage von (3.36) nicht auf den allgemeinen Fall übertragen läßt, daß vielmehr gilt

(4.22) Anmerkung

Zu jedem $\beta \in (0;1]$ und jedem $C \in \mathrm{I\!R}$ existiert eine Folge $Y_1, Y_2, \ldots$ von $[0;1]$-wertigen Zufallsgrößen, so daß für die $X_i := \beta^{i-1}Y_i, i \in \mathrm{I\!N}$ gilt

$$M(X_1, X_2, \ldots) \geq C \cdot V(X_1, X_2, \ldots).$$

II. Der unabhängige Fall

5. Folgen von stochastisch unabhängigen Zufallsgrößen

a) Prophetenregionen und Prophetenungleichungen

Während wir in Abschnitt 4 stochastische Prozesse mit beliebigen Abhängigkeiten untersuchten, wollen wir nunmehr den Fall behandeln, daß der Prophet nur Folgen von stochastisch unabhängigen Zufallsgrößen wählen darf, wobei er jedoch weiterhin die Verteilungen von Schritt zu Schritt verändern kann (*unabhängiger Fall*). Es seien also

$$\mathcal{P}_n^u := \left\{ P^{(X_1,\ldots,X_n)} : \begin{array}{l} X_1,\ldots,X_n \text{ stochastisch unabhängige} \\ [0;1]\text{-wertige Zufallsgrößen} \end{array} \right\}$$

bzw.

$$\mathcal{P}_\infty^u := \left\{ P^{(X_1,\ldots)} : \begin{array}{l} X_i, i \in \mathbb{N}, \text{ stochastisch unabhängige} \\ [0;1]\text{-wertige Zufallsgrößen} \end{array} \right\}$$

und Π_n^u bzw. Π_∞^u die zugehörigen Prophetenregionen.

Aus der Anmerkung (2.9) folgt unmittelbar[16]

(5.1) Anmerkung

$(X_i)_{i \in \mathbb{N}}$ *sei eine Folge von stochastisch unabhängigen, $[0;1]$-wertigen Zufallsgrößen. Dann gilt*

(i) $V(X_m,\ldots,X_n) = E(X_m \vee V(X_{m+1},\ldots,X_n))$
für alle $m,n \in \mathbb{N} : m < n$

(ii) $V(X_m,\ldots) = E(X_m \vee V(X_{m+1},\ldots))$ *für alle* $m \in \mathbb{N}$.

Um die Prophetenregion Π_n^u entsprechend einer Beweisidee von Boshuizen [Bo 89b] bestimmen zu können, benötigen wir noch eine weitere Hilfsaussage:

---

[16]Vgl. die Fußnote 7.

(5.2) Lemma ([Bo 89b], Theorem 3.3)

  $X_i, 1 \leq i \leq n$, seien stochastisch unabhängige, $[0;1]$-wertige Zufallsgrößen. Dann gilt für alle $c \in [V(X_2, \ldots, X_n); 1]$ (wobei $V(X_2, \ldots, X_n) = 0$ für $n = 1$)

$$E(\max_{1 \leq i \leq n} X_i - c)^+ \leq (1 - c)V(X_1, \ldots, X_n).$$

Beweis (durch Induktion nach n):

(i) Wegen $(x - c)^+ \leq x(1 - c) \; \forall x \in [0;1]$ gilt

$$E(X_1 - c)^+ \leq E(X_1(1 - c)) = (1 - c)E(X_1) = (1 - c)V(X_1),$$

d.h. die Behauptung gilt für $n = 1$.

(ii) Die Aussage gelte für $(n-1) \in \mathrm{I\!N}$. Falls $v_2 := V(X_2, \ldots, X_n) = 1$, so gilt $c = 1$, und es folgt

$$E(\max_{1 \leq i \leq n} X_i - c)^+ = 0 = (1 - c)V(X_1, \ldots, X_n).$$

Es sei also $v_2 < 1$. Definiert man mit Hilfe des von $X_2, \ldots, X_n$ stochastisch unabhängigen Balayage $(X_1)_{v_2}^1$ von X_1 eine neue Zufallsgröße

$$Y := (X_1)_{v_2}^1 \vee v_2,$$

so ist diese ebenfalls von $X_2, \ldots, X_n$ stochastisch unabhängig, es gilt $P(Y \in \{v_2, 1\}) = 1$, und es folgt aus (2.5) und (5.1)

$$E(Y) = E((X_1)_{v_2}^1 \vee v_2) = E(X_1 \vee v_2) = V(X_1, \ldots, X_n) =: v_1.$$

Also gilt

$$(\star) \qquad P(Y = 1) = E(Y) - v_2(1 - P(Y = 1)) = \frac{v_1 - v_2}{1 - v_2}.$$

Es sei nun $c \in [v_2; 1]$ beliebig. Dann gilt nach (2.3) (angewandt auf $(\max_{2 \leq i \leq n} X_i - c)^+$ und $X_1 - c$)

$$E(\max_{1 \leq i \leq n} X_i - c)^+ \leq E((X_1)_{v_2}^1 \vee X_2 \vee \ldots \vee X_n - c)^+$$

$$\leq E(Y \vee X_2 \vee \ldots \vee X_n - c)^+, \quad \text{da } (X_1)_{v_2}^1 \leq Y$$

$$= (1-c)P(Y=1) + P(Y=v_2)E(v_2 \vee X_2 \vee \ldots \vee X_n - c)^+$$

da Y stochastisch unabhängig von $X_2, \ldots, X_n$ ist

$$= (1-c)\frac{v_1 - v_2}{1 - v_2} + \frac{1 - v_1}{1 - v_2}E(X_2 \vee \ldots \vee X_n - c)^+$$

nach $(\star)$ und da $v_2 \leq c$

$$\leq (1-c)\frac{v_1 - v_2}{1 - v_2} + \frac{1 - v_1}{1 - v_2}(1-c)v_2$$

nach der Induktionsvoraussetzung, angewandt auf

$X_2, \ldots, X_n$; wegen $v_3 := V(X_3, \ldots, X_n) \leq V(X_2, \ldots, X_n)$

gilt dabei $c \in [v_3, 1]$

$$= (1-c)V(X_1, \ldots, X_n). \qquad\qquad \square$$

Damit sind alle Hilfsmittel zur Bestimmung von Π_n^u bereitgestellt:

(5.3) Satz ([Hi 83], Theorem 2.3)

Für alle $n \geq 2$ gilt

$$\Pi_n^u = \{(x,y) \in \mathrm{IR}^2 : x \leq y \leq 2x - x^2, 0 \leq x \leq 1\}.$$

Beweis: Es sei

$$S := \{(x,y) \in \mathrm{IR}^2 : x \leq y \leq 2x - x^2, 0 \leq x \leq 1\}.$$

(i) Aus (5.2) mit $c := V(X_1, \ldots, X_n) \in [v_2; 1]$ folgt

$$E(\max_{1 \leq i \leq n} X_i) \leq c + E(\max_{1 \leq i \leq n} X_i - c)^+$$
$$\leq c + (1-c)V(X_1, \ldots, X_n)$$
$$= 2V(X_1, \ldots, X_n) - (V(X_1, \ldots, X_n))^2;$$

also gilt $\Pi_n^u \subset S$.

(ii) Es sei $(x,y) \in S$. Für $(x,y) \in \{(0,0),(1,1)\}$ erhält man für die Folge $X_i \equiv x, 1 \leq i \leq n$, daß $P^{(X_1,\ldots,X_n)} \in \mathcal{P}_n^u$ und

$$V(X_1, \ldots, X_n) = x \quad \text{und} \quad E(\max_{1 \leq i \leq n} X_i) = x = y,$$

d.h. es folgt $(x,y) \in \Pi_n^u$. Es sei also $(x,y) \notin \{(0,0),(1,1)\}$. Betrachtet man dann eine Folge $Y_1, \ldots, Y_n$ von stochastisch unabhängigen Zufallsgrößen mit

$$Y_1 \equiv x, \; P(Y_2 = 1) = x = 1 - P(Y_2 = 0), \; Y_i \equiv 0 \quad \forall \, 3 \leq i \leq n,$$

so gilt $P^{(Y_1,\ldots,Y_n)} \in \mathcal{P}_n^u$ und

$$E(\max_{1 \le i \le n} Y_i) = x + x(1-x) = 2x - x^2$$
$$V(Y_1,\ldots,Y_n) = V(Y_1,Y_2) \underset{(5.1)}{=} E(x \vee E(Y_2)) = x,$$

d.h. die obere Grenzfunktion von S gehört zu Π_n^u. Setzt man nun (ähnlich wie bei (3.7))

$$a := (y-x)/(x-x^2), \ b := (1-a)x$$

und

$$X_i := aY_i + b, \quad 1 \le i \le n,$$

so gilt $a \in [0;1]$ und somit $P^{(X_1,\ldots,X_n)} \in \mathcal{P}_n^u$. Dabei ergibt sich

$$E(\max_{1 \le i \le n} X_i) = (a+b)x + (ax+b)(1-x)$$
$$= a(x-x^2) + x = y$$

und

$$V(X_1,\ldots,X_n) = E(X_1 \vee E(X_2 \vee V(X_3,\ldots,X_n))) \text{ nach (5.1)}$$
$$= E(X_1 \vee E(X_2)), \text{ da } X_2 \ge b \equiv X_3 = \ldots = X_n$$
$$= (ax+b) \vee ((a+b)x + b(1-x)) = ax + b = x,$$

d.h. es gilt $(x,y) \in \Pi_n^u$ und somit insgesamt $S \subset \Pi_n^u$. $\qquad\square$

Die Prophetenregion Π_n^u hängt überhaupt nicht vom Horizont n ab. Es ist daher naheliegend, daß sich auch bei unendlichem Horizont dieselbe Prophetenregion ergibt:

(5.4) Korollar ([Hi 83])

$$\Pi_\infty^u = \{(x,y) \in \mathbb{R}^2 : x \le y \le 2x - x^2, \ 0 \le x \le 1\}.$$

Beweis: (i) Setzt man $X_i \equiv 0$ für alle $i > n$, so erhält man $S = \Pi_n^u \subset \Pi_\infty^u \ \forall n \ge 2$.
(ii) Für $(V(X_1, X_2, \ldots), M(X_1, X_2, \ldots)) \in \Pi_\infty^u$ folgt einerseits nach [C/R/S], Theorem 4.3

$$V(X_1, X_2, \ldots) = \lim_{n \to \infty} V(X_1, \ldots, X_n),$$

andererseits aufgrund des Satzes von der monotonen Konvergenz

$$M(X_1, X_2, \ldots) = \lim_{n \to \infty} E(\max_{1 \le i \le n} X_i).$$

Daher ergibt sich

$$V(X_1, X_2, \ldots) \le M(X_1, X_2, \ldots) = \lim_{n \to \infty} E(\max_{1 \le i \le n} X_i)$$
$$\le \lim_{n \to \infty}(2V(X_1, \ldots, X_n) - (V(X_1, \ldots, X_n))^2) \quad \text{nach (5.3)}$$
$$= 2V(X_1, X_2, \ldots) - (V(X_1, X_2, \ldots))^2,$$

d.h. $\Pi_\infty^u \subset S$. $\qquad\qquad\square$

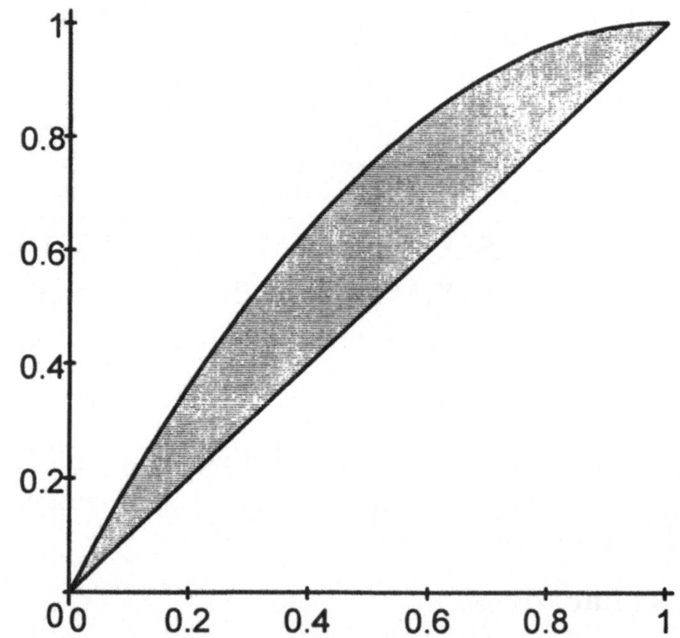

Abbildung 5.1: Die Prophetenregionen $\Pi_n^u, 2 \le n \le \infty$.

Wie in den Abschnitten 3 und 4 erhält man auch hier durch Tangenten an die obere Grenzfunktion scharfe Prophetenungleichungen:

(5.5) Korollar

a) *Für alle $P^{(X_1,\ldots,X_n)} \in \mathcal{P}_n^u, n \geq 2$, und $\gamma \in [0;1]$ gilt*

$$M(X_1,\ldots,X_n) - \gamma^2 \leq (2-2\gamma)\,V(X_1,\ldots,X_n);$$

insbesondere erhält man

$$M(X_1,\ldots,X_n) \leq 2V(X_1,\ldots,X_n)$$

([K/S 78], [H/K 81a]) und

$$M(X_1,\ldots,X_n) - V(X_1,\ldots,X_n) \leq 1/4$$

([H/K 81b]), und die Ungleichungen sind scharf.

b) *Für alle $P^{(X_1,\ldots)} \in \mathcal{P}_\infty^u$ und $\gamma \in [0;1]$ gilt*

$$M(X_1,X_2,\ldots) - \gamma^2 \leq (2-2\gamma)\,V(X_1,X_2,\ldots);$$

insbesondere gilt

$$M(X_1,X_2,\ldots) \leq 2V(X_1,X_2,\ldots)$$
$$M(X_1,X_2,\ldots) - V(X_1,X_2,\ldots) \leq 1/4,$$

und die Ungleichungen sind scharf.

Die Verhältnisungleichungen erhält man für $\gamma = 0$, die Differenzungleichung für $\gamma = 1/2$.

Auch hier lassen sich die bisher nur für $[0;1]$-wertige Zufallsgrößen formulierten Aussagen durch lineare Transformationen auf stochastisch unabhängige Zufallsgrößen mit Werten in $[c;d], c,d \in \mathrm{IR}$, $c < d$, übertragen. Insbesondere erhält man aus den Prophetenregionen

$$\Pi_n^{u,[c;d]} = \Pi_\infty^{u,[c;d]} =$$
$$= \{(x,y) \in \mathrm{IR}^2 : x \leq y \leq 2x - (x-c)^2/(d-c) - c, \ c \leq x \leq d\}$$

(5.6) Korollar
Für alle Folgen stochastisch unabhängiger, $[c;d]$-wertiger Zufallsgrößen X_i gilt

$$M(X_1,\ldots,X_n) - V(X_1,\ldots,X_n) \le (d-c)/4 \quad \forall n \ge 2,$$
$$M(X_1,X_2,\ldots) - V(X_1,X_2,\ldots) \le (d-c)/4.$$

Die Ungleichungen aus (5.5)/(5.6) sind gerade die in der Einleitung genannten scharfen Prophetenungleichungen. Dabei kann man bei der Verhältnisungleichung sogar auf die Beschränktheit der X_i verzichten:

(5.7) Lemma (s.a. [H/K 81a])

$(X_i)_{i\in\mathbb{N}}$ sei eine Folge von nicht-negativen, stochastisch unabhängigen Zufallsgrößen. Dann gilt

$$M(X_1,\ldots,X_n) \le 2V(X_1,\ldots,X_n) \quad \forall n \ge 2$$
$$M(X_1,X_2,\ldots) \le 2V(X_1,X_2,\ldots).$$

Falls die $X_i, 1 \le i \le n,\ n \ge 2$, integrabel sind und $E(X_j) > 0$ für mindestens ein $j \le n$, so gilt sogar

$$M(X_1,\ldots,X_n) < 2V(X_1,\ldots,X_n).$$

Beweis: Für $n \ge 2$ gilt: Falls $E(X_j) = \infty$ für mindestens ein $j \le m$, so sind beide Seiten der ersten Ungleichung unendlich (analog für unendlichen Horizont). Falls $V(X_1,\ldots,X_n) = 0$, folgt nach (5.1) $X_i = 0$ P-f.s. $\forall i \le n$ und somit auch $M(X_1,\ldots,X_n) = 0$ (analog für unendlichen Horizont).
Es seien also $n \ge 2, E(X_i) < \infty\ \forall i \le n$ und $E(X_j) > 0$ für mindestens ein $j \le n$. Wegen

$$V(X_1,\ldots,X_n) \le M(X_1,\ldots,X_n) \le \sum_{i=1}^{n} E(X_i) < \infty$$

sind dann beide Seiten der ersten Ungleichung endlich. Da Komponenten X_i mit $E(X_i) = 0$ weder bei $M(X_1,\ldots,X_n)$ noch bei $V(X_1,\ldots,X_n)$ einen Beitrag leisten, kann man diese weglassen. Es seien also $X_j,\ 1 \le j \le m$, diejenigen Komponenten mit $E(X_j) > 0$. Für $m = 1$ folgt $M(X_1) = E(X_1) < 2E(X_1) = 2V(X_1)$; für $m = 2$ gilt

$$M(X_1,X_2)/V(X_1,X_2) < E(X_1 + X_2)/\max\{E(X_1),E(X_2)\} \le 2.$$

Es sei also $m \geq 3$. Der Nachweis der dritten Ungleichung erfolgt nun in zwei Schritten (s. [H/K 81a]):

(i) Es gilt

$$\frac{M(X_1, \ldots, X_m)}{V(X_1, \ldots, X_m)} \leq \frac{M(v_2, X_2, \ldots, X_m)}{V(v_2, X_2, \ldots, X_m)},$$

d.h. man kann die Zufallsgröße X_1 durch die Konstante $v_2 = V(X_2, \ldots, X_m)$ ersetzen.

Beweis: Wegen

$$\begin{aligned}
M(X_1, \ldots, X_n) &\leq E(X_1 \vee v_2 \vee X_2 \ldots \vee X_m) \\
&= E(v_2 \vee X_2 \vee \ldots \vee X_m) + E(X_1 - (v_2 \vee X_2 \vee \ldots \vee X_m))^+ \\
&\leq E(v_2 \vee X_2 \vee \ldots \vee X_m) + E(X_1 - v_2)^+
\end{aligned}$$

und

$$V(X_1, \ldots, X_m) = v_2 + E(X_1 - v_2)^+ \qquad \text{nach (5.1)}$$

folgt

$$\begin{aligned}
\frac{M(X_1, \ldots, X_m)}{V(X_1, \ldots, X_m)} &\leq \frac{E(v_2 \vee X_2 \vee \ldots \vee X_m) + E(X_1 - v_2)^+}{V(X_1, \ldots, X_m)} \\
&= \frac{E(v_2 \vee X_2 \vee \ldots \vee X_m) + E(X_1 - v_2)^+}{v_2 + E(X_1 - v_2)^+} \\
&= \frac{E(v_2 \vee X_2 \vee \ldots \vee X_m) + E(X_1 - v_2)^+}{V(v_2, X_2, \ldots, X_m) + E(X_1 - v_2)^+} \\
&\qquad \text{da } v_2 = E(v_2 \vee V(X_2, \ldots, X_m)) = V(v_2, X_2, \ldots, X_m) \\
&\leq \frac{M(v_2, X_2, \ldots, X_m)}{V(v_2, X_2, \ldots, X_m)} \\
&\qquad \text{da } 0 < v_2 = V(v_2, X_2, \ldots, X_m) \leq M(v_2, X_2, \ldots, X_m) \\
&\qquad \text{und } (a + \delta)/(b + \delta) \leq a/b \text{ für } a \geq b > 0, \delta > 0.
\end{aligned}$$

(ii) Es sei nun L_p für $p \in (0; 1]$ eine von $X_2, \ldots, X_{m-2}$ stochastisch unabhängige Zufallsgröße mit

$$P(L_p = V(X_{m-1}, X_m)/p) = p = 1 - P(L_p = 0).$$

(ein *long shot*). Dann gilt nach (5.1)

$$\begin{aligned}
V(X_{m-2}, L_p) &= E(X_{m-2} \vee E(L_p)) = E(X_{m-2} \vee V(X_{m-1}, X_m)) \\
&= V(X_{m-2}, X_{m-1}, X_m)
\end{aligned}$$

und somit $V(v_2, X_2, \ldots, X_{m-2}, L_p) = V(v_2, X_2, \ldots, X_m)$. Für $p \downarrow 0$ folgt dabei

$$
\begin{aligned}
E(v_2 \vee X_2 \vee \ldots \vee X_{m-2} \vee L_p) &\uparrow E(v_2 \vee \ldots \vee X_{m-2}) + E(L_p) \\
&= E(v_2 \vee \ldots \vee X_{m-2}) + E(X_m) + E(X_{m-1} - EX_m)^+ \\
&\geq E(v_2 \vee \ldots \vee X_{m-2}) + E(X_m) \\
&\qquad + E(X_{m-1} - (v_2 \vee X_2 \ldots \vee X_{m-2}))^+ \quad \text{da } v_2 \geq E(X_m) \\
&= E(v_2 \vee \ldots \vee X_{m-1}) + E(X_m) \\
&> E(v_2 \vee X_2 \vee \ldots \vee X_m).
\end{aligned}
$$

Also folgt für hinreichend kleines $p > 0$

$$
\begin{aligned}
\frac{M(X_1, \ldots, X_m)}{V(X_1, \ldots, X_m)} &\leq \frac{M(v_2, X_2, \ldots, X_m)}{V(v_2, X_2, \ldots, X_m)} \\
&< \frac{E(v_2 \vee X_2 \vee \ldots \vee X_{m-2} \vee L_p)}{V(v_2, X_2, \ldots, X_{m-2}, L_p)},
\end{aligned}
$$

d.h. man hat die Anzahl der Komponenten um eine reduziert. Wendet man diesen Schritt $(m-2)$-mal an, so gelangt man zu dem bereits behandelten Fall $m = 2$. Damit hat man die erste und die dritte Ungleichung bewiesen. Die zweite Ungleichung ergibt sich dann aus der ersten, da $M(X_1, X_2, \ldots) = \lim_{n \to \infty} M(X_1, \ldots, X_n)$ und $V(X_1, \ldots, X_n) \leq V(X_1, X_2, \ldots)$. $\qquad \square$

b) Extremale Verteilungen

Im Beweis von (5.3) hatten wir durch die Zufallsgrößen

$$
Y_1 \equiv x, P(Y_2 = 1) = x = 1 - P(Y_2 = 0), Y_i \equiv 0 \quad \forall i \geq 3
$$

bereits Verteilungen angegeben, für welche der obere Rand der Prophetenregion angenommen wird. Es zeigt sich nun, daß es einerseits (für $n \geq 3$) eine Fülle weiterer solcher Verteilungen gibt, man diese jedoch andererseits vollständig charakterisieren kann. Es sei also für $n \geq 2$ und $x \in [0; 1]$

$$
L_{n,x} := \left\{ P^{(X_1, \ldots, X_n)} \in \mathcal{P}_n^u : \begin{array}{l} V(X_1, \ldots, X_n) = x, \\ M(X_1, \ldots, X_n) = 2x - x^2 \end{array} \right\}
$$

die Menge derjenigen Verteilungen, bei denen der Prophet den größten Vorteil aus seiner Kenntnis der Zukunft erzielt (*extremale Verteilungen*).

Für die Randpunkte $x \in \{0, 1\}$ erhält man zum einen

$$L_{n,0} = \{\delta_0^n\}, \quad \text{d.h.} \quad P(X_i = 0) = 1 \quad \forall 1 \le i \le n,$$

zum anderen

$$L_{n,1} = \{P^{(X_1,\ldots,X_n)} \in \mathcal{P}_n^u : \exists j_0 \le n : P^{X_{j_0}} = \delta_1\},$$

da aus $P(X_i = 1) < 1 \ \forall 1 \le i \le n$ wegen der stochastischen Unabhängigkeit der X_i folgen würde

$$P(\max_{1 \le i \le n} X_i < 1) = \prod_{i=1}^{n} P(X_i < 1) > 0.$$

Für die nicht-trivialen Fälle $x \in (0; 1)$ erhält man aus den Ergebnissen von Abschnitt 5a) notwendige Bedingungen dafür, daß die obere Grenze $2x - x^2$ angenommen wird; zur Abkürzung werden dabei entsprechend zum Beweis von (5.2) die Bezeichnungen $v_j := V(X_j, \ldots, X_n), 1 \le j \le n$, benutzt.

(5.8) Lemma ([Ko/S 91], Lemma 3)
Es seien $n \ge 2, x \in (0; 1)$ und $P^{(X_1,\ldots,X_n)} \in L_{n,x}$. Dann gilt

(i) $\quad V(X_1, \ldots, X_n) = V(X_2, \ldots, X_n)$ *(d.h. $v_2 = v_1 = x$)*

(ii) $\quad E(X_i - v_{i+1})^+ = v_i - v_{i+1} \quad \forall i \le n$, *wobei $v_{n+1} := 0$.*

(iii) *Falls ein $j_0 \le n$ existiert mit*

$$v_1 = \ldots = v_{j_0} > v_{j_0+1} \ge \ldots \ge v_{n+1},$$

so gilt $Z := \max_{1 \le i \le j_0 - 1} X_i = x \quad P\text{-f.s.}$.

Beweis: (i) Aus (5.2) mit $c = v_2$ folgt

$$\begin{aligned}
2v_1 - v_1^2 &= E(\max_{1 \le i \le n} X_i) \quad \text{da } P^{(X_1,\ldots,X_n)} \in L_{n,x} \\
&\le v_2 + E(\max_{1 \le i \le n} X_i - v_2)^+ \\
&\le v_2 + (1 - v_2)v_1 \underset{(\star)}{\le} 2v_1 - v_1^2 \quad \text{da } v_2 \le v_1;
\end{aligned}$$

84

es muß also in $(\star)$ die Gleichheit gelten, d.h. $v_2 = v_1 = x$.

(ii) ergibt sich unmittelbar aus (5.1):

$$v_i = E(X_i \vee v_{i+1}) = v_{i+1} + E(X_i - v_{i+1})^+.$$

(iii) Mit Hilfe von (5.1) folgt aus der Voraussetzung

$$x = E(X_1 \vee x) = \ldots = E(X_{j_0-1} \vee x);$$

wegen $E(X_i \vee x) = x + E(X_i - x)^+$ gilt also $E(X_i - x)^+ = 0$ für $i \leq j_0 - 1$ und somit $X_i \leq x$ P-f.s. für $i \leq j_0 - 1$, d.h. $Z \leq x$ P-f.s.. Aus

$$\begin{aligned}
2x - x^2 &= E(\max_{1 \leq i \leq n} X_i) = E(Z \vee X_{j_0} \vee \ldots \vee X_n) \\
&\leq E(Z \vee (X_{j_0})^1_{v_{j_0+1}} \vee \ldots \vee X_n) \quad \text{nach (2.6)} \\
&\leq E(x \vee (X_{j_0})^1_{v_{j_0+1}} \vee \ldots \vee X_n) \quad \text{da } Z \leq x \ P\text{-f.s.},
\end{aligned}$$

wobei

$$\begin{aligned}
V(x, (X_{j_0})^1_{v_{j_0+1}}, \ldots, X_n) &= x \vee V((X_{j_0})^1_{v_{j_0+1}}, \ldots, X_n) \quad \text{nach (5.1)} \\
&= x \vee E((X_{j_0})^1_{v_{j_0+1}} \vee v_{j_0+1}) \quad \text{nach (5.1)} \\
&= x \vee E(X_{j_0} \vee v_{j_0+1}) \quad \text{nach (2.5)} \\
&= x \vee v_{j_0} = x \quad \text{da } v_{j_0} = x,
\end{aligned}$$

folgt

$$E(x \vee (X_{j_0})^1_{v_{j_0+1}} \vee \ldots \vee X_n) = 2x - x^2 = E(Z \vee (X_{j_0})^1_{v_{j_0+1}} \vee \ldots \vee X_n).$$

Da andererseits

$$Z \vee (X_{j_0})^1_{v_{j_0+1}} \vee \ldots \vee X_n \leq v_{j_0} \vee (X_{j_0})^1_{v_{j_0+1}} \vee \ldots \vee X_n \qquad P\text{-f.s.}$$

und wegen der stochastischen Unabhängigkeit der X_i

$$\begin{aligned}
P((X_{j_0})^1_{v_{j_0+1}} \vee \ldots \vee X_n \leq v_{j_0+1}) &= \\
P((X_{j_0})^1_{v_{j_0+1}} \leq v_{j_0+1}) &\textstyle\prod_{i=j_0+1}^n P(X_i \leq v_{j_0+1}) \\
= \frac{1 - v_{j_0}}{1 - v_{j_0+1}} &\cdot \textstyle\prod_{i=j_0+1}^n P(X_i \leq v_{j_0+1}) > 0, \\
\text{da } v_{j_0} < 1 \text{ und } &V(X_i, \ldots, X_n) \leq v_{j_0+1} \text{ für } i \geq j_0 + 1
\end{aligned}$$

gilt, folgt insgesamt $Z = v_{j_0} = x$ P-f.s.. $\qquad\qquad\square$

Bezeichnen wir nun für $x \in (0;1)$ und $n \geq 2$

$$G_{n,x} := \left\{ \begin{array}{ll} P^{(X_1,\ldots,X_n)} \in \mathcal{P}_n^u : \exists (\beta_1,\ldots,\beta_{n+1}) \in \mathbb{R}^{n+1}, j_0 \in \{2,\ldots,n\} : \\ (i) \quad x = \beta_1 = \ldots = \beta_{j_0} > \beta_{j_0+1} \geq \ldots \geq \beta_{n+1} = 0 \\ (ii) \quad \max_{1 \leq i \leq j_0-1} X_i = x \quad P\text{-f.s.} \\ (iii) \quad P(X_i = 1) = \alpha_i := (\beta_i - \beta_{i+1})/(1 - \beta_{i+1}), \\ \qquad\quad P(X_i \leq \beta_{i+1}) = 1 - \alpha_i, \ 1 \leq i \leq n \end{array} \right\}$$

so können wir die angekündigte Charakterisierungsaussage formulieren:

(5.9) Satz ([Ko/S 91], Theorem 2)

Für $n \geq 2$ *gilt*

$$\begin{aligned} L_{n,0} &= \{\delta_0^n\}, L_{n,1} = \{P^{(X_1,\ldots,X_n)} \in \mathcal{P}_n^u : \exists j_0 \leq n : P^{X_{j_0}} = \delta_1\} \\ L_{n,x} &= G_{n,x} \qquad \forall x \in (0;1). \end{aligned}$$

Beweis (für $x \in (0;1)$):
(i) Es sei $P^{(X_1,\ldots,X_n)} \in G_{n,x}$. Dann gilt

$\qquad$ a) $v_i = \beta_i \qquad \forall i \leq n.$

Beweis durch Rückwärtsinduktion:
Für $i = n$ gilt $v_n = E(X_n) = \alpha_n = \beta_n$, da $\beta_{n+1} = 0$. Aus $v_i = \beta_i$ mit $i > 1$ folgt

$$\begin{aligned} v_{i-1} &= E(X_{i-1} \vee v_i) = E(X_{i-1} \vee \beta_i) \\ &= P(X_{i-1} = 1) + \beta_i \, P(X_{i-1} \leq \beta_i) = \beta_{i-1}. \end{aligned}$$

Insbesondere gilt also $V(X_1,\ldots,X_n) = v_1 = \beta_1 = x$.

$\qquad$ b) $E(\max_{1 \leq i \leq 1} X_i) = 2x - x^2.$

Aufgrund der Definition der α_i und wegen $\beta_i \leq \beta_1 \ \forall i \leq n$ folgt

$$\max_{1 \leq i \leq n} X_i = \left\{ \begin{array}{ll} 1 & \text{mit der W. } 1 - \prod_{i=j_0}^n (1 - v_i)/(1 - v_{i+1}) \\ x & \text{mit der W. } \prod_{i=j_0}^n (1 - v_i)/(1 - v_{i+1}), \end{array} \right.$$

und somit

$$\begin{aligned} E(\max_{1 \leq i \leq n} X_i) &= 1 - (1 - v_1) \prod_{i=j_0}^n (1 - v_i)/(1 - v_{i+1}) \\ &= 1 - (1 - v_1)^2, \text{ da } v_{j_0} = v_1 \text{ und } 1 - v_{n+1} = 1 \\ &= 2v_1 - v_1^2 = 2x - x^2. \end{aligned}$$

Es gilt also $G_{n,x} \subset L_{n,x}$.

(ii) Es seien $P^{(X_1,\ldots,X_n)} \in L_{n,x}$ und $\beta_i := v_i, 1 \leq i \leq n+1$.
Aufgrund von (5.8)(i) gilt $v_1 = v_2 = x > v_{n+1} = 0$; es gibt also ein $j_0 \in \{2,\ldots,n\}$ mit

$$x = \beta_1 = \ldots = \beta_{j_0} > \beta_{j_0+1} \geq \ldots \geq \beta_{n+1} = 0.$$

Aufgrund von (5.8)(iii) folgt

$$\max_{1 \leq i \leq j_0-1} X_i = x \qquad P\text{-f.s.}.$$

c) Für $j_0 \leq i \leq n$ gilt

$$P(X_i = 1) = (v_i - v_{i+1})/(1 - v_{i+1}) =: \alpha_i,$$
$$P(X_i \leq v_{i+1}) = 1 - \alpha_i.$$

Einerseits folgt nämlich aus

$$v_i = E(X_i \vee v_{i+1}) = E((X_i)^1_{v_{i+1}} \vee v_{i+1}) \qquad \text{nach (2.5)}$$
$$= v_{i+1} + (1 - v_{i+1})\, P((X_i)^1_{v_{i+1}} = 1),$$

daß $P((X_i)^1_{v_{i+1}} = 1) = (v_i - v_{i+1})/(1 - v_{i+1})$, $j_0 \leq i \leq n$.
Andererseits ergibt sich wegen

$$2x - x^2 = M(X_1,\ldots,X_n) \leq M(X_1,\ldots,(X_i)^1_{v_{i+1}},\ldots,X_n) \leq 2x - x^2$$

und $v_{i+1} < x < 1$ aus (2.4), daß $P(X_i \in (v_{i+1};1)) = 0$ und somit $P^{X_i} = P^{(X_i)^1_{v_{i+1}}}$.

Es gilt daher auch $L_{n,x} \subset G_{n,x}$. $\qquad\qquad\square$
Die spezielle Verteilung $P^{(X_1,\ldots,X_n)} \in G_{n,x}$ mit $j_0 = 2, x = \beta_1 = \beta_2 > \beta_3 = \ldots = \beta_{n+1} = 0$ wurde im Beweis von (5.3) verwendet, d.h. dort wurde gerade die einfachst-mögliche extremale Verteilung benutzt.

c) Die Spielwerte

Mit den obigen Aussagen haben wir auch bereits einige spieltheoretische Resultate (im Rahmen der Modellbildung aus (1.1)) erhalten. Diese werden im folgenden noch ergänzt.

(5.10) Satz

a) *Das Spiel gegen einen Propheten*

$$\Gamma_{13} = (\mathcal{P}_n^u, T^n, a)$$

mit

$$a(P, \tau) = E_P(\max_{1 \leq i \leq n} X_i)/E_P(X_\tau) \qquad \text{(Fall R)}$$

ist indefinit mit dem unteren Spielwert $W_\star(\Gamma_{13}) = 2$ und dem oberen Spielwert $W^\star(\Gamma_{13}) = \infty$; es gibt keine Minimax-Strategien des Propheten; jede Strategie des Statistikers ist eine Minimax-Strategie.

b) *Das Spiel gegen einen Propheten*

$$\Gamma_{14} = (\mathcal{P}_n^u, T^n, a)$$

mit

$$a(P, \tau) := E_P(\max_{1 \leq i \leq n} X_i) - E_P(X_\tau) \qquad \text{(Fall D)}$$

ist indefinit mit dem unteren Spielwert $W_\star(\Gamma_{14}) = 1/4$ und dem oberen Spielwert $W^\star(\Gamma_{14}) = 1/2$; $G_{n,1/2}$ ist die Menge der Minimax-Strategien des Propheten; die Stopregel $\tau^\star$ mit $\tau^\star(x_1, \ldots, x_n) := \inf\{i < n : x_i \geq 1/2\}$, $\inf \emptyset = n$, ist eine Minimax-Strategie des Statistikers.

Beweis: Die Aussagen über die unteren Spielwerte und die Minimax-Strategien des Propheten sind gerade Inhalt von (5.5)/(5.7) bzw. von (5.5)/(5.9). Wie bei dem Beweis von (4.5) liefert für $\varepsilon > 0$ und $\tau \in T^n$

$$P \; := \; \delta_\varepsilon \otimes \delta_1 \otimes \delta_0 \ldots \otimes \delta_0 \in \mathcal{P}_n^u, \text{ falls } \varepsilon \in B_\tau$$
$$P \; := \; \delta_\varepsilon \otimes \delta_0 \otimes \delta_0 \ldots \otimes \delta_0 \in \mathcal{P}_n^u, \text{ falls } \varepsilon \notin B_\tau$$

eine Auszahlung $a(P, \tau) \geq 1/\varepsilon$ und somit folgen die Aussagen über den oberen Spielwert und die Minimax-Strategien des Statistikers im Spiel Γ_{13}. Der Beweis für die entsprechenden Aussagen bei dem Spiel Γ_{14} kann aus (4.4) übernommen werden, da die Einpunktmaße $\delta_{(x_1,\ldots,x_n)} = \delta_{x_1} \otimes \ldots \otimes \delta_{x_n}$ mit $x_1, \ldots, x_n \in [0;1]$ auch Elemente von $\mathcal{P}_n^u$ sind. $\qquad \square$

Auch hier wird man also wieder gemischte Strategien betrachten. Da jedoch konvexe Kombinationen von Produktmaßen i.a. keine Produktmaße sind, führt dies sofort aus dem unabhängigen Fall hinaus. Da andererseits das Dubins-Pitman-Martingal (aus (3.3)) zu $x = (\frac{n-1}{n})^{n-1}$ als konvexe Kombination der Einpunktmaße in den Punkten

$$(x,0,0,\ldots,0),(x,x^{(n-2)/(n-1)},0,\ldots,0),\ldots,(x,\ldots,x^{1/(n-1)},0),(x,\ldots,1)$$

mit den Faktoren/Wahrscheinlichkeiten

$$(1-x^{1(n-1)}),x^{1/(n-1)}(1-x^{1/(n-1)}),\ldots,x^{(n-2)/(n-1)}(1-x^{1/(n-1)}),x$$

darstellbar ist, erhält man aus (4.7), daß das Spiel $(\mathcal{P}_n^u,\Phi^n,A)$ mit der Differenzauszahlung A aus (4.7) für $n \geq 3$ indefinit ist mit dem unteren Spielwert $1/4$ und dem oberen Spielwert $(\frac{n-1}{n})^n$, und daß es für $n = 2$ definit ist mit dem Spielwert $1/4$. Analog ergibt sich aus (5.5) und (4.9), daß das Spiel $(\mathcal{P}_n^u,\Phi^n,A)$ mit der Quotientenauszahlung A aus (4.9) für $n \geq 3$ indefinit ist mit dem unteren Spielwert 2 und dem oberen Spielwert n, während es für $n = 2$ definit ist mit dem Wert 2.

d) Ergänzungen

Aus der Differenzungleichung (5.6) erhält man unmittelbar eine entsprechende Ungleichung für die Differenz der Infima:

(5.11) Korollar ([H/K 81b])

Es sei $(X_i)_{i \in \mathbb{N}}$ eine Folge stochastisch unabhängiger $[c;d]$-wertiger Zufallsgrößen. Dann gilt

$$\inf_{\tau \in T^n} E(X_\tau) \;-\; E(\min_{1 \leq i \leq n} X_i) \leq \frac{d-c}{4} \qquad \forall n \in \mathbb{N}$$

$$\inf_{\tau \in T} E(X_\tau) \;-\; E(\inf_{n \in \mathbb{N}} X_i) \leq \frac{d-c}{4},$$

und die Ungleichungen sind für $n \geq 2$ scharf.

Beweis: Für die Folge $(-X_i)_{i\in\mathbb{N}}$ von stochastisch unabhängigen $[-d; -c]$-wertigen Zufallsgrößen folgt einerseits aus (5.6) für jedes $n \leq \infty$

$$E(\sup_{i\leq n} -X_i) - \sup_{\tau\in T^n} E(-X_\tau) \leq \frac{-c-(-d)}{4} = \frac{d-c}{4},$$

andererseits

$$E(\sup_{i\leq n} -X_i) = -E(\inf_{i\leq n} X_i), \quad \sup_{\tau\in T^n} E(-X_\tau) = -\inf_{\tau\in T^n} E(X_\tau);$$

entsprechend (5.6) sind die Ungleichungen für $2 \leq n \leq \infty$ scharf. $\square$

(5.12) Anmerkung

Für das Verhältnis $\inf_{\tau\in T^n} X_\tau / E(\min_{1\leq i\leq n} X_i)$ gibt es bei stochastisch unabhängigen (identisch verteilten) $[0; 1]$-wertigen Zufallsgrößen keine universelle obere Schranke.

Beweis (durch Angabe eines Beispiels; s. [H/K 81b], Beispiel 4.1): Es seien $n \geq 2$, $p \in (0; 1/2)$ und $X_1, \ldots, X_n$ stochastisch unabhängige, identisch verteilte Zufallsgrößen mit

$$X_1 = \begin{cases} 1 & p^2 \\ p^2/(1-p) & \text{mit der W.} \quad p \\ 0 & 1-p-p^2. \end{cases}$$

Dann gilt

$$E(\min_{1\leq i\leq n} X_i) = 1 \cdot P(\{X_i = 1 \ \forall i \leq n\}) +$$

$$+ \frac{p^2}{1-p} P(\{X_i \neq 0 \ \forall i \leq n\}\backslash\{X_i = 1 \ \forall i \leq n\})$$

$$= p^{2n} + \frac{p^2}{1-p}((1-(1-p-p^2))^n - p^{2n})$$

$$= (p^2(p+p^2)^n + p^{2n}(1-p-p^2))/(1-p)$$

$$\inf_{\tau\in T^n} E(X_\tau) = -V(-X_1, \ldots, -X_n).$$

Dabei folgt induktiv, daß für $i \in \{0, \ldots, n-1\}$ gilt

$$V(-X_{n-i}, \ldots, -X_n) = -p^2(p+p^2)^i/(1-p) :$$

(i) $V(-X_n) = -E(X_n) = -(p^2 + \frac{p^3}{1-p}) = -\frac{p^2}{1-p}(p+p^2)^0$.

(ii) Gilt die Aussage für ein $i \in \{0, \ldots, n-2\}$, so folgt

$$V(-X_{n-i-1}, \ldots, -X_n) = E(-X_{n-i-1} \vee V(-X_{n-i}, \ldots, -X_n))$$
$$\text{nach } (5.1)$$
$$= E(-X_{n-i+1} \vee (-p^2(p+p^2)^i/(1-p)))$$
$$\text{nach Induktionsvorauss.}$$
$$= (-p^2(p+p^2)^i/(1-p))(p^2+p),$$
$$\text{da} \ -1 \leq -p^2/(1-p) \leq -p^2(p+p^2)^i/(1-p)$$
$$= -p^2(p+p^2)^{i+1}/(1-p).$$

Insbesondere ergibt sich also

$$V(-X_1, \ldots, -X_n) = -p^2(p+p^2)^{n-1}/(1-p).$$

Daher folgt

$$\inf_{\tau \in T^n} E(X_\tau)/E(\min_{1 \leq i \leq n} X_i) =$$
$$= \frac{(p+p^2)^{n-1}}{(p+p^2)^n + (1-p-p^2)p^{2n-2}}$$
$$= 1/((p+p^2) + (1-p-p^2)(1/(1+1/p))^{n-1})$$
$$\xrightarrow[p \to 0]{} \infty. \qquad\qquad \Box$$

6. Zeitlich bewertete Auszahlungen im unabhängigen Fall[17]

a) Zeitlich bewertete Auszahlungen; Reduktionen

Bereits in Abschnitt 3d) wurde angemerkt, daß es in manchen Problemstellungen sinnvoll erscheint, frühe Auszahlungen (z.B. durch die Berücksichtigung eines Diskontierungsfaktors) höher zu bewerten als späte. Diese Situation wollen wir im folgenden allgemeiner untersuchen, d.h. wir betrachten allgemeinere *zeitliche Bewertungen*.

(6.1) Definition

Eine <u>zeitliche Bewertung</u> ist eine Folge $(f_i)_{i\in\mathbb{N}}$ von streng monotonen Funktionen $f_i : \mathbb{R} \to \mathbb{R}$ mit $f_{i+1} \leq f_i \ \forall i \in \mathbb{N}$ und $f_1 \leq id$.

Bei einer zeitlichen Bewertung $(f_i)_{i\in\mathbb{N}}$ erhält man bei einem stochastischen Prozeß $(X_i)_{i\in\mathbb{N}}$ als tatsächliche Auszahlungen $(f_i(X_i))_{i\in\mathbb{N}}$; von der Klasse $\mathcal{P}$ gelangt man also zu der Klasse

$$\mathcal{P}^f := \{P^{(f_i(X_i))_{i\in\mathbb{N}}} : P^{(X_i)_{i\in\mathbb{N}}} \in \mathcal{P}\}$$

zeitlich bewerteter Auszahlungen.

Entsprechend den früheren Anmerkungen sind einige Beispiele derartiger Bewertungen besonders naheliegend:

(6.2) Beispiele

a) *Diskontierte Auszahlungen:* Es seien $(\beta_i)_{i\in\mathbb{N}}$ eine monoton fallende Folge mit $\beta_i \in [0,1] \ \forall i \in \mathbb{N}$ und

$$f_i := \begin{cases} \beta_i \, id & \text{auf } \mathbb{R}_+ \\ id & \text{auf } \mathbb{R}_- \end{cases}.$$

Dann ist $(f_i)_{i\in\mathbb{N}}$ eine zeitliche Bewertung mit der Diskontierung $(\beta_i)_{i\in\mathbb{N}}$; im Falle $\beta_i = \beta^{i-1}$ mit $\beta \in (0,1]$ liegt *konstante Diskontierung* mit dem Diskontierungsfaktor β vor.

---

[17]Dieser Abschnitt geht auf die Dissertation [Ha 96] von F. Harten zurück.

b) *Beobachtungskosten:* Es seien $(c_i)_{i\in\mathbb{N}}$ eine monoton nicht-fallende Folge mit $c_i \geq 0\ \forall i \in \mathbb{N}$ und $f_i := id - c_i$. Dann ist $(f_i)_{i\in\mathbb{N}}$ eine zeitliche Bewertung mit den kumulierten Beobachtungskosten c_i; im Falle $c_i = ic$ mit $c \geq 0$ liegen *konstante Kosten c pro Beobachtung* vor.

c) *Diskontierte Auszahlungen mit Beobachtungskosten:* Es seien $\beta \in (0,1]$, $c \geq 0$ und

$$f_i := \begin{cases} \beta^{i-1}id - \sum_{j=1}^{i}\beta^{j-1}c & \text{auf } \mathbb{R}_+ \\ id - \sum_{j=1}^{i}\beta^{j-1}c & \text{auf } \mathbb{R}_- \end{cases}$$

Dann ist $(f_i)_{i\in\mathbb{N}}$ eine zeitliche Bewertung (*konstante diskontierte Auszahlungen mit linearen Beobachtungskosten*). $\qquad\square$

Es werden weiterhin die Klassen $\mathcal{P}_n^u$ und $\mathcal{P}_\infty^u$ von endlichen bzw. unendlichen Folgen stochastisch unabhängiger $[0,1]$-wertigen Zufallsgrößen betrachtet. Dabei untersuchen wir jedoch direkt die transformierten Zufallsgrößen $f_i(X_i)$. Dies bedeutet, daß stochastisch unabhängige Zufallsgrößen vorliegen, die auf verschiedenen Intervallen beschränkt sind. Umgekehrt lassen sich auf diese Weise alle zeitlichen Bewertungen mit stetigen f_i erfassen (es wird sich zeigen, daß die Ergebnisse dafür bereits gelten, wenn f_1 stetig ist). Es seien also

$$I := \left\{ (a,b) \in \mathbb{R}^{\mathbb{N}} \times \mathbb{R}^{\mathbb{N}} : \begin{array}{l} (a_i)_{i\in\mathbb{N}}, (b_i)_{i\in\mathbb{N}} \text{ monoton fallend} \\ a_i < b_i \quad \forall i \in \mathbb{N} \end{array} \right\}$$

und für $n \in \mathbb{N}, (a,b) \in I$

$$\mathcal{P}_n^{u;a,b} := \left\{ \mathcal{P}^{(X_1,\dots,X_n)} : \begin{array}{l} X_1,\dots,X_n \text{ stochastisch unabhängig} \\ X_i \text{ ist } [a_i; b_i]\text{-wertig}, 1 \leq i \leq n \end{array} \right\}.$$

Ziel ist es wieder, die Prophetenregion $\Pi_n^{u;a,b}$ und deren obere Grenzfunktion $u_n^{u;a,b}$ zu bestimmen.

(6.3) Anmerkung

Es seien $n \geq 2$ und $k := \max\{j \leq n : b_j > a_1\}$. Dann gilt $u_k^{u;a,b} = u_n^{u;a,b}$.

Beweis: Einerseits gilt natürlich $u_n^{u;a,b} \geq u_k^{u;a,b}$. Andererseits folgt (für $k < n$) aus

$$E(X_k \vee v_{k+1}) = E(X_k \vee V(X_{k+1}, \ldots, X_n)) = V(X_k, \ldots, X_n) = v_k$$

und einer Rückwärtsinduktion mit Anmerkung (5.1), daß

$$V(X_1, \ldots, X_{k-1}, X_k \vee v_{k+1}) = V(X_1, \ldots, X_n),$$

sowie

$$M(X_1, \ldots, X_{k-1}, X_k \vee v_{k+1}) \geq M(X_1, \ldots, X_k) = M(X_1, \ldots, X_n),$$

da $X_i \leq b_i \leq a_1 \leq X_1$ P-f.s. für $k + 1 \leq i \leq n$, d.h. $u_n^{u;a,b} \leq u_k^{u;a,b}$. $\square$

Daraufhin können wir uns im folgenden auf die Menge

$$I_n := \{(a, b) \in I : b_n > a_1\}$$

beschränken.

Zunächst zeigen wir in mehreren Schritten, daß sich der Prophet auf spezielle Zweipunktverteilungen beschränken kann. Ein erster Schritt wird dabei durch die Balayage-Technik geliefert. Mit den Bezeichnungen

$$m_i := \max\{a_i, v_{i+1}\}, \ 1 \leq i < n; \ m_n := a_n$$

ergibt sich

(6.4) Lemma

Es seien $n \geq 2$, $(a, b) \in I_n$ und $X_1, \ldots, X_n$ stochastisch unabhängige Zufallsgrößen mit $X_i \in [a_i, b_i]$, $1 \leq i \leq n$ sowie $\widehat{X}_1, \ldots, \widehat{X}_n$ unabhängige Zufallsgrößen mit $P^{\widehat{X}_i} = P^{(X_i \vee m_i)_{m_i}^{b_i}}$, falls $m_i < b_i$, $P^{\widehat{X}_i} = P^{(X_i \vee m_i)}$ sonst, $i = 1, \ldots, n$. Dann gilt

(i) $V(\widehat{X}_1, \ldots, \widehat{X}_n) = V(X_1, \ldots, X_n)$

(ii) $M(\widehat{X}_1, \ldots, \widehat{X}_n) \geq M(X_1, \ldots, X_n)$.

Beweis: Man darf ohne Einschränkung annehmen, daß $X_1, \ldots, X_n$, $\widehat{X}_1, \ldots, \widehat{X}_n$ stochastisch unabhängig sind. (i) folgt dann direkt aus einer Rückwärtsinduktion mit Hilfe der Anmerkungen (5.1) und (2.2).

(ii) folgt aus den Beziehungen $X_i \vee m_i \geq X_i$, $1 \leq i \leq n$, und der Eigenschaft (2.3) eines Balayage. $\qquad\qquad\qquad\qquad\qquad\qquad$ □

Um eine weitere Reduktion zu erreichen, werden zunächst einige Eigenschaften der Zufallsgrößen $\widehat{X}_1, \ldots, \widehat{X}_n$ bewiesen.

(6.5) Satz

Es seien $n \geq 2$, $(a, b) \in I_n$ und $U_1, \ldots, U_n$ stochastisch unabhängige Zufallsgrößen mit[18]

$$P(U_i \in \{m_i, b_i\}) = 1, \quad i = 1, \ldots, n$$

Dann gilt:

(i) Für $1 \leq k < l \leq n$ ist $(U_k, \ldots, U_l)$ ein Supermartingal und $V(U_k, \ldots, U_l) = E(U_k)$.

(ii) Es sei $1 \leq k < l \leq n$ und $V(U_{j+1}, \ldots, U_l) \geq a_j$ für alle $j \in \{k, \ldots, l-1\}$. Dann ist $\tau_{k,l}^* := \inf \{i \in \{k, \ldots, l\} : U_i = b_i\}$, $\inf \emptyset := l$, eine optimale Stopregel für $U_k, \ldots, U_l$, d.h. $E(U_{\tau_{k,l}^*}) = V(U_k, \ldots, U_l)$.

(iii) Für ein festes $j \in \{1, \ldots, n-1\}$ seien $\widetilde{U}_j$ und $\widetilde{U}_{j+1}$ stochastisch unabhängige Zufallsgrößen mit

$$\widetilde{U}_j = (U_j)_{a_j}^{b_j}, \quad \widetilde{U}_{j+1} := \begin{cases} b_{j+1} & m.\,W. \quad \frac{a_j - a_{j+1}}{b_{j+1} - a_{j+1}} \\[2ex] a_{j+1} & m.\,W. \quad \frac{b_{j+1} - a_j}{b_{j+1} - a_{j+1}} \end{cases}.$$

Dann gilt

$$E(\widetilde{U}_j \vee \widetilde{U}_{j+1} - m_1)^+ \geq E(U_j \vee U_{j+1} - m_1)^+,$$

und, falls $E(U_{j+1}) > a_j$,

$$P(\widetilde{U}_j = a_j)\, P(\widetilde{U}_{j+1} = a_{j+1}) \geq$$
$$\geq P(U_j = m_j)\, P((U_{j+1})_{a_{j+1}}^{b_{j+1}} = a_{j+1}).$$

Bevor wir den Beweis ausführen soll kurz der weitere Nutzen der drei Eigenschaften erläutert werden: Die Supermartingaleigenschaft

---

[18] m_i und v_i, $i = 1, \ldots, n$, beziehen sich hier und im folgenden Beweis auf $U_1, \ldots, U_n$.

trägt zur einfachen Berechnung des Wertes bei. Mit (iii) werden wir uns in Satz (6.6) auf Supermartingale mit $P(U_i \in \{a_i, b_i\}) = 1$, $i = 2, \ldots, n$, beschränken können. Diese erfüllen die Voraussetzungen für (ii), so daß für derartige Folgen in Satz (6.7) M in Abhängigkeit von V berechnet werden kann. Der Prophet erreicht nämlich im Fall $b_{l+1} \leq m_1 < b_l$ seine maximale Auszahlung, indem er bis zum ersten Auftreten einer Auszahlung b_j, $j \leq l$, wartet und sonst auf m_1 zurückgreift. Der Statistiker verfährt bei Verwendung der Stopregel $\tau_{1,l}^*$ genauso, nur daß er nicht die Möglichkeit des Rückgriffs besitzt und sich somit im schlechtesten Fall mit a_l begnügen muß. Man hat also dann $M = V + (m_1 - a_l) \Pi_{j=1}^{l} P(U_j < b_j)$.

Beweis:

zu (i): Für $k \leq i < j \leq l$ folgt aus der stochastischen Unabhängigkeit von $U_k, \ldots, U_i, U_j$

$$E(U_j | U_k, \ldots, U_i) = E(U_j) \leq v_j \leq m_{j-1} \leq m_i \leq U_i;$$

somit ist $(U_k, \ldots, U_l)$ ein Supermartingal. Aufgrund des Optional Sampling Theorems ([Do], Theorem VII. 2.2) gilt $V(U_k, \ldots, U_l) = E(U_k)$.

zu (ii): Aus (i) folgt $V(U_{j+1}, \ldots, U_l) = E(U_{j+1}) = V(U_{j+1}, \ldots, U_n) = m_j$ für alle $j \in \{k, \ldots, l-1\}$. Zusammen mit der stochastischen Unabhängigkeit gilt dann

$$\begin{aligned}
V(U_k, \ldots, U_l) &= E(U_k \vee V(U_{k+1}, \ldots, U_l)) \quad \text{wegen der Anm. (5.1)} \\
&= b_k \, P(U_k = b_k) + \\
&\quad\quad E(U_{k+1} \vee V(U_{k+2}, \ldots, U_l)) \, P(U_k = m_k) \\
&\;\;\vdots \\
&= \sum_{i=k}^{l} b_i \left(\prod_{j=k}^{i-1} P(U_j = m_j) \right) P(U_i = b_i) \\
&\quad\quad + m_l \prod_{j=k}^{l} P(U_j = m_j) \\
&= E(U_{\tau_{k,l}^*}) \, .
\end{aligned}$$

zu (iii): Zunächst wird die zweite Ungleichung bewiesen. Sei also $E(U_{j+1}) > a_j$. Im Fall $E(U_{j+1}) = b_{j+1}$ folgt die Ungleichung aus $P((U_{j+1})_{a_{j+1}}^{b_{j+1}} = a_{j+1}) = 0$. Andernfalls gilt $m_j = \max\{a_j, E(U_{j+1})\} < b_{j+1} \leq b_j$ und

$$P(\widetilde{U}_j = a_j)\, P(\widetilde{U}_{j+1} = a_{j+1}) \, - \, P(U_j = m_j)\, P((U_{j+1})_{a_{j+1}}^{b_{j+1}} = a_{j+1})$$

$$= \frac{b_j - v_j}{b_j - a_j}\, \frac{b_{j+1} - a_j}{b_{j+1} - a_{j+1}} - \frac{b_j - v_j}{b_j - m_j}\, \frac{b_{j+1} - v_{j+1}}{b_{j+1} - a_{j+1}} \, ,$$

da nach (i) $E(\widetilde{U}_j) = E(U_j) = v_j$

und $E((U_{j+1})_{a_{j+1}}^{b_{j+1}}) = E(U_{j+1}) = v_{j+1}$

$$= \frac{b_j - v_j}{b_{j+1} - a_{j+1}} \left[\frac{b_{j+1} - a_j}{b_j - a_j} - \frac{b_{j+1} - v_{j+1}}{b_j - v_{j+1}} \right] \, ,$$

da $m_j = v_{j+1}$ wegen $E(U_{j+1}) > a_j$

$$\geq 0 \quad , \text{da } b_j \geq v_j \text{ und } x \mapsto \tfrac{b_{j+1} - x}{b_j - x} \text{ antiton auf } [a_j, b_j)$$

und $a_j < E(U_{j+1}) = v_{j+1} \leq b_j$ ist .

Zur ersten Ungleichung: Es ist $a_1 \leq m_1 \leq b_1$ und $a_j, a_{j+1}, m_j, m_{j+1} \leq m_1$. Im Fall $b_j \leq m_1$ gilt die Ungleichung wegen $P(\widetilde{U}_j \vee \widetilde{U}_{j+1} > m_1) = P(U_j \vee U_{j+1} > m_1) = 0$; falls $b_{j+1} \leq m_1 < b_j$, folgt die Behauptung direkt aus $P(\widetilde{U}_j = b_j) \geq P(U_j = b_j)$ und $P(\widetilde{U}_{j+1} > m_1) = P(U_{j+1} > m_1) = 0$.

Falls $E(U_{j+1}) \leq a_j$, gilt die Behauptung wegen $P(\widetilde{U}_j = b_j) \geq P(U_j = b_j)$ und

$$P(\widetilde{U}_{j+1} = b_{j+1}) \; = \; \frac{a_j - a_{j+1}}{b_{j+1} - a_{j+1}} \; \geq \; \frac{EU_{j+1} - a_{j+1}}{b_{j+1} - a_{j+1}}$$

$$\geq \frac{EU_{j+1} - m_{j+1}}{b_{j+1} - a_{j+1}} \; = \; P(U_{j+1} = b_{j+1}) \, .$$

Für den Fall $E(U_{j+1}) > a_j$ kann ohne Einschränkung $U_{j+1} = (U_{j+1})_{a_{j+1}}^{b_{j+1}}$ angenommen werden, da wegen (2.3) $E(U_j \vee U_{j+1} - m_1)^+$ hierdurch höchstens vergrößert wird und für (U_j, U_{j+1}) die im folgenden verwendeten Eigenschaften (i) und (ii) weiterhin gelten. Es ist

$$E(U_j \vee U_{j+1} - m_1)^+ = (b_j - m_1)\, P(U_j = b_j) +$$

$$(b_{j+1} - m_1) \, P(U_j = m_j) \, P(U_{j+1} = b_{j+1}) + (a_{j+1} - m_1)$$
$$P(U_j = m_j) \, P(U_{j+1} = a_{j+1})$$
$$- (a_{j+1} - m_1) \, P(U_j = m_j) \, P(U_{j+1} = a_{j+1})$$
$$\overset{(ii)}{=} V(U_j, U_{j+1}) - m_1 - (a_{j+1} - m_1) \, P(U_j = m_j) \, P(U_{j+1} = a_{j+1}) \, .$$

Da für $(\widetilde{U}_j, \widetilde{U}_{j+1})$ auch die Eigenschaften (i) und (ii) gelten, ist analog

$$E(\widetilde{U}_j \vee \widetilde{U}_{j+1} - m_1)^+ =$$
$$V(\widetilde{U}_j, \widetilde{U}_{j+1}) - m_1 - (a_{j+1} - m_1) \, P(\widetilde{U}_j = a_j) \, P(\widetilde{U}_{j+1} = a_{j+1})$$

und $V(U_j, U_{j+1}) \overset{(i)}{=} E(U_j) = E(\widetilde{U}_j) = V(\widetilde{U}_j, \widetilde{U}_{j+1})$. Mit der bereits bewiesenen zweiten Ungleichung folgt schließlich

$$E(\widetilde{U}_j \vee \widetilde{U}_{j+1} - m_1)^+ - E(U_j \vee U_{j+1} - m_1)^+$$
$$= (m_1 - a_{j+1}) \, [P(\widetilde{U}_j = a_j) \, P(\widetilde{U}_{j+1} = a_{j+1})$$
$$- P(U_j = m_j) \, P(U_{j+1} = a_{j+1})]$$
$$\geq 0 \, . \qquad\qquad\qquad\qquad\qquad \square$$

Grundlegend für die Bestimmung extremaler Verteilungen ist die folgende Aussage:

(6.6) Satz

Es seien $n \geq 2$, $(a, b) \in I_n$ und $P^{(X_1, \ldots, X_n)} \in \mathcal{P}_n^{u;a,b}$, $Y_1, \ldots, Y_n$ seien stochastisch unabhängige Zufallsgrößen mit

$$Y_1 = \begin{cases} b_1 & m.W. \ \frac{v_1 - m_1}{b_1 - m_1} \\[2mm] m_1 & m.W. \ \frac{b_1 - v_1}{b_1 - m_1} \end{cases} , \quad Y_2 = \begin{cases} b_2 & m.W. \ \frac{m_1 - a_2}{b_2 - a_2} \\[2mm] a_2 & m.W. \ \frac{b_2 - m_1}{b_2 - a_2} \end{cases} ,$$

$$Y_k = \begin{cases} b_k & m.W. \ \frac{a_{k-1} - a_k}{b_k - a_k} \\[2mm] a_k & m.W. \ \frac{b_k - a_{k-1}}{b_k - a_k} \end{cases} , \quad k = 3, \ldots, n \, ,$$

(falls $m_1 = b_1$, setze $P(Y_1 = b_1) = 1$)

wobei $v_1 = V(X_1, \ldots, X_n)$ und $m_1 = \max\{a_1, V(X_2, \ldots, X_n)\}$.
Dann gilt:

a) $P^{(Y_1,\ldots,Y_n)}$ ist Element von $\mathcal{P}_n^{u;a,b}$ und von der in (6.5) ge-
nannten Form.

b) $V(Y_1,\ldots,Y_n) = V(X_1,\ldots,X_n)$

$\quad M(Y_1,\ldots,Y_n) \geq M(X_1,\ldots,X_n)$.

Beweis:

<u>zu a)</u>: Offensichtlich gilt $P^{(Y_1,\ldots,Y_n)} \in \mathcal{P}_n^{u;a,b}$. Wegen $E(Y_k) = a_{k-1}$ für $k = 3,\ldots,n$ erhält man durch eine Rückwärtsinduktion mit Hilfe der Anmerkung (5.1)

$$V(Y_{i+1},\ldots,Y_n) = E(Y_{i+1}) = a_i \quad \text{für } i = 2,\ldots,n-1$$

und $V(Y_2,\ldots,Y_n) = E(Y_2) = m_1$. Hieraus ergeben sich direkt die Eigenschaften aus (6.5).

<u>zu b)</u>: Nach Satz (6.5) (i) gilt

$$V(Y_1,\ldots,Y_n) = E(Y_1) = v_1 = V(X_1,\ldots,X_n).$$

Aufgrund der ersten Reduktion in Lemma (6.4) können wir ohne Einschränkung annehmen, daß $X_1,\ldots,X_n$ von der in (6.5) genannten Form sind.

$\widetilde{Y}_2$ sei eine von $Y_1, Y_3,\ldots,Y_n$ unabhängige Zufallsgröße mit

$$\widetilde{Y}_2 = \begin{cases} b_2 & \text{m.W. } \frac{v_2-a_2}{b_2-a_2} \\ a_2 & \text{m.W. } \frac{b_2-v_2}{b_2-a_2} \end{cases} \quad, \; v_2 := V(X_2,\ldots,X_n) \;.$$

Wegen $P(\widetilde{Y}_2 = b_2) \leq P(Y_2 = b_2)$ gilt $M(Y_1, \widetilde{Y}_2, Y_3,\ldots,Y_n) \leq M(Y_1, Y_2, \ldots, Y_n)$. Daher genügt es $M(Y_1, \widetilde{Y}_2, Y_3,\ldots,Y_n) \geq M(X_1,\ldots,X_n)$ zu zeigen. Hierzu wählen wir Zufallsgrößen $Z_2,\ldots,Z_{n-1}, W_3,\ldots,W_n$, so daß $X_1,\ldots,X_n, Z_2,\ldots,Z_{n-1}, W_3,\ldots,W_n$ stochastisch unabhängig sind, und

$$Z_k = (X_k)_{a_k}^{b_k} \quad, \; k = 2,\ldots,n-1, \; P^{W_k} = P^{Y_k} \quad, \; k = 3,\ldots,n.$$

Mit Hilfe der Aussagen in (6.5)(iii) wird dann durch eine Rückwärtsinduktion über j

$$M(X_1,\ldots,X_{j-1}, Z_j, W_{j+1},\ldots,W_n) \geq M(X_1,\ldots,X_n) \;, j=2,\ldots,n-1$$

gezeigt. Wegen $P^{(X_1,Z_2,W_3,\ldots,W_n)} = P^{(Y_1,\tilde{Y}_2,Y_3,\ldots,Y_n)}$ folgt hieraus die zu beweisende Ungleichung. $\qquad\square$

b) Prophetenregionen bei zeitlichen Bewertungen

Der folgende Satz wird das wesentliche Hilfsmittel zur Berechnung der oberen Grenzfunktion $u_n^{u;a,b}$ sein. Trivialerweise ist $u_1^{u;a,b} = \mathrm{id}_{[a_1,b_1]}$, so daß wir $n \geq 2$ annehmen. Weiter sei darauf hingewiesen, daß der Fall $b_{i+1} = b_i$ mit $i \in \{1,\ldots,n-1\}$ auftreten kann. Hierauf wird im folgenden nicht immer speziell eingegangen. Die Resultate sind dennoch alle richtig, wenn man beachtet, daß dann Ausdrücke der Form „$[b_{i+1}, b_i)$", „$b_{i+1} < x < b_i$" u.ä. die leere Menge bedeuten.

(6.7) Satz

Es seien $n \geq 2$, $(a,b) \in I_n$ und $Y_1,\ldots,Y_n$ stochastisch unabhängige Zufallsgrößen wie in (6.6). Dafür gilt $m_1 = V(Y_2,\ldots, Y_n) =: v_2$ und weiter:

a) Falls $P(Y_1 = v_2) = 1$, ist $v := V(Y_1,\ldots,Y_n) = v_2$ und

$$M(Y_1,\ldots,Y_n) =$$
$$v + \sum_{i=2}^{n-1}\left[(v - a_i)\frac{b_2 - v}{b_2 - a_2}\prod_{k=3}^{i}\frac{b_k - a_{k-1}}{b_k - a_k}\right]1_{[b_{i+1},b_i)}(v)$$
$$+ (v - a_n)\frac{b_2 - v}{b_2 - a_2}\left(\prod_{k=3}^{n}\frac{b_k - a_{k-1}}{b_k - a_k}\right)1_{[a_1,b_n)}(v)$$
$$=: g_n^{a,b}(v) \quad, \; a_1 \leq v \leq b_2\,.$$

b) Mit $\lambda := P(Y_1 = v_2)$ gilt
$$V(Y_1,\ldots,Y_n) = \lambda v_2 + (1 - \lambda)b_1\,,$$
$$M(Y_1,\ldots,Y_n) = \lambda g_n^{a,b}(v_2) + (1 - \lambda)b_1\,.$$

Beweis: Da $Y_2,\ldots,Y_n$ ein Supermartingal ist, folgt $v_2 = m_1$ aus $E(Y_2) = m_1$.

zu a) : Die erste Aussage folgt wiederum aus der Supermartingaleigenschaft von $Y_1,\ldots,Y_n$. Es seien $i \in \{2,\ldots,n-1\}$ und $v = V(Y_1,\ldots,Y_n)$

100

$\in [b_{i+1}, b_i)$. Dann folgt

$$M(Y_1, \ldots, Y_n) \overset{\text{Vor.}}{=} M(v, Y_2, \ldots Y_n) = M(v, Y_2, \ldots, Y_i) \,, \text{ da } v \geq b_{i+1}$$

$$= \sum_{j=2}^{i} \left(b_j \left(\prod_{k=2}^{j-1} P(Y_k = a_k) \right) P(Y_j = b_j) \right)$$

$$+ a_i \prod_{k=2}^{i} P(Y_k = a_k) + (v - a_i) \prod_{k=2}^{i} P(Y_k = a_k)$$

$$= E(Y_{\tau_{1,i}^*}) + (v - a_i) \prod_{k=2}^{i} P(Y_k = a_k) \quad \text{mit } \tau_{1,i}^* \text{ aus (6.5)}$$

$$= g_n^{a,b}(v) \quad \text{nach Def. v. } P^{(Y_2,\ldots,Y_i)} \text{ und } V(Y_1, \ldots, Y_i) = E(Y_1) = v \,.$$

Analog gilt $M(Y_1, \ldots, Y_n) = g_n^{a,b}(v)$ für den Fall $v \in [a_1, b_n)$. Falls $v = b_2$, ist offensichtlich $M(Y_1, \ldots, Y_n) = b_2$.

zu b): Da $(Y_1, \ldots, Y_n)$ ein Supermartingal ist, gilt

$$V(Y_1, \ldots, Y_n) = E(Y_1) = P(Y_1 = v_2)\, v_2 + (1 - P(Y_1 = v_2))\, b_1$$

$$= \lambda\, v_2 + (1 - \lambda)\, b_1 \,,$$

$$M(Y_1, \ldots, Y_n) = E((v_2 \vee Y_2 \vee \ldots \vee Y_n)\, 1_{\{Y_1 = v_2\}})$$

$$+ E((b_1 \vee Y_2 \vee \ldots \vee Y_n)\, 1_{\{Y_1 = b_1\}})$$

$$= P(Y_1 = v_2)\, M(v_2, Y_2, \ldots, Y_n)$$

$$+ (1 - P(Y_1 = v_2))\, M(b_1, Y_2, \ldots, Y_n)$$

wegen der stochastischen Unabhängigkeit

$$= \lambda\, g_n^{a,b}(v_2) + (1 - \lambda)\, b_1 \quad \text{nach Teil a) und da } Y_j \leq b_1 \,\forall j \,. \quad \Box$$

Satz (6.7) besagt zusammen mit Satz (6.6), daß $\underline{u_n^{u;a,b}}$ gleich dem Supremum über $g_n^{a,b}$ und den Verbindungsstrecken $\overline{(v, g_n^{a,b}(v))\,(b_1, b_1)}$, $a_1 \leq v \leq b_2$, ist. Um eine genauere Darstellung von $u_n^{u;a,b}$ zu gewinnen, werden analytische Eigenschaften der Funktion $g_n^{a,b}$ benötigt; diese ergeben sich daraus, daß $g_n^{a,b}$ auf den einzelnen Teilintervallen ein Polynom ist ([Ha 96], Lemma (4.6)).

(6.8) Lemma

Es seien $n \geq 2$ und $(a, b) \in I_n$. Die Funktion $g_n^{a,b} : [a_1, b_2] \to \mathrm{I\!R}$

ist stetig und streng monoton steigend. Auf $[a_1, b_2]$ existieren die einseitigen Ableitungen und die Restriktionen von $g_n^{a,b}$ auf den Intervallen $[a_1, b_n]$, $[b_n, b_{n-1}]$, ..., $[b_3, b_2]$ sind jeweils ∞-oft differenzierbar und strikt konkav.

Der nächste Satz bestimmt nun $u_n^{u;a,b}$. Man beachte, daß wegen der stückweisen Konkavität von $g_n^{a,b}$ nur noch maximal $(n-1)$ Strecken zu betrachten sind. Daher gehört auch die obere Grenzfunktion zur Prophetenregion.

(6.9) Satz

Es seien $n \geq 2$ und $(a, b) \in I_n$.

a) Falls $b_2 = b_1$, so gilt $u_n^{u;a,b} = g_n^{a,b}$.

b) Es gelte $b_2 < b_1$. Es seien $s_i := b_1 - \sqrt{(b_1 - a_i)(b_1 - b_2)}$; ferner seien Zahlen $y_2, \ldots, y_n$ und Funktionen $h_2, \ldots, h_n, g$ auf $[a_1, b_1]$ gegeben durch

$$y_i := \begin{cases} b_{i+1} & < b_{i+1} \\ s_i & , \text{falls } s_i \in [b_{i+1}, b_i] \\ b_i & > b_i \end{cases},$$

$$i = 2, \ldots, n-1,$$

$$y_n := \begin{cases} a_1 & < a_1 \\ s_i & , \text{falls } s_i \in [a_1, b_n] \\ b_n & > b_n \end{cases},$$

$$h_i(x) := x 1_{[a_1, y_i)} + \left[g_n^{a,b}(y_i) + \frac{b_1 - g_n^{a,b}(y_i)}{b_1 - y_i} (x - y_i) \right] 1_{[y_i, b_1]}(x),$$

$$i = 2, \ldots, n,$$

$$g(x) := g_n^{a,b}(x) 1_{[a_1, b_2]}(x) + x 1_{(b_2, b_1]}(x).$$

Dann ist $u_n^{u;a,b} = \max\{g, h_2, \ldots, h_n\}$.

102

Beweis:

<u>zu a)</u>: Zu $v \in [a_1, b_1]$ sei eine beliebige Folge $P^{(X_1,\ldots,X_n)} \in \mathcal{P}_n^{u;a,b}$ gegeben mit $v = V(X_1, \ldots, X_n)$. Hierzu seien $Y_1, \ldots, Y_n$ stoch. unabh. Zufallsgrößen wie in (6.6), also $V(Y_1, \ldots, Y_n) = V(X_1, \ldots, X_n) = v$ und $M(Y_1, \ldots, Y_n) \geq M(X_1, \ldots, X_n)$. Dafür gilt

$$M(Y_1, \ldots, Y_n) = P(Y_1 = v_2)\, g_n^{a,b}(v_2) \; + \; (1 - P(Y_1 = v_2))\, b_1$$

$$\text{mit } v_2 = V(Y_2, \ldots, Y_n) = m_1$$

$$= v_2\, P(Y_1 = v_2) \; + \; b_1\,(1 - P(Y_1 = v_2))$$

$$+ \frac{b_1 - v}{b_1 - v_2}\left[\sum_{i=2}^{n-1}\left[(v_2 - a_i)\,\frac{b_2 - v_2}{b_2 - a_2}\,\prod_{k=3}^{i}\frac{b_k - a_{k-1}}{b_k - a_k}\right] 1_{[b_{i+1},b_i)}(v_2)\right.$$

$$\left. + (v_2 - a_n)\,\frac{b_2 - v_2}{b_2 - a_2}\left(\prod_{k=3}^{n}\frac{b_k - a_{k-1}}{b_k - a_k}\right) 1_{[a_1,b_n)}(v_2)\right]$$

$$\text{wegen } P(Y_1 = v_2) = \tfrac{b_1 - v}{b_1 - v_2}$$

$$\overset{b_1 = b_2}{=} E(Y_1) \; + \; \sum_{i=2}^{n-1}\left[(v_2 - a_i)\,\frac{b_2 - v}{b_2 - a_2}\,\prod_{k=3}^{i}\frac{b_k - a_{k-1}}{b_k - a_k}\right] 1_{[b_{i+1},b_i)}(v_2)$$

$$+ (v_2 - a_n)\,\frac{b_2 - v}{b_2 - a_2}\left(\prod_{k=3}^{n}\frac{b_k - a_{k-1}}{b_k - a_k}\right) 1_{[a_1,b_n)}(v_2)$$

$$\leq g_n^{a,b}(v)\,, \text{ da } E(Y_1) = v \text{ und der zweite Summand isoton in } v_2 \text{ ist}.$$

Im Fall $P(Y_1 = v_2) = 1$ gilt $M(Y_1, \ldots, Y_n) = g_n^{a,b}(v)$. Daher ist $u_n^{u;a,b} = g_n^{a,b}$.

<u>zu b)</u>: Gegeben sei die Funktionenschar

$$f_v : [a_1, b_1] \to \mathbb{R} \qquad , \; v \in [a_1, b_2]$$

$$f_v(x) \; := \; x\,1_{[a_1,v)}(x) \; + \; \left[g(v) + \frac{b_1 - g(v)}{b_1 - v}\,(x - v)\right] 1_{[v,b_1]}(x)\,.$$

f_v eingeschränkt auf $[v, b_1]$ ist gleich der Verbindungsstrecke zwischen $(v, g(v))$ und (b_1, b_1). Wie bereits erwähnt, gilt nach Satz (6.7) zusammen mit Satz (6.6)

$$u_n^{u;a,b} \; = \; \max\{g\,, \sup_{v \in [a_1,b_2]} f_v\}\,.$$

Man kann nun $u_n^{a,b}$ sukzessive auf den Intervallen $[a_1, b_n]$, $[b_n, b_{n-1}]$, ..., $[b_3, b_2]$ und $[b_2, b_1]$ bestimmen. Hierzu seien $g_n, g_{n-1}, ..., g_2$ die Restriktionen von g auf $[a_1, b_n]$, $[b_n, b_{n-1}]$, ..., $[b_3, b_2]$. Nach Lemma (6.8) sind $g_n, ..., g_2$ ∞-oft differenzierbar und strikt konkav. Direktes Überprüfen zeigt, daß die Abbildungen $v \mapsto g_n'(v) - \frac{b_1 - g(v)}{b_1 - v}$, $a_1 \leq v \leq b_n$, und $v \mapsto g_i'(v) - \frac{b_1 - g(v)}{b_1 - v}$, $b_{i+1} \leq v \leq b_i$, $i = 2, ..., n-1$ streng monoton fallend sind, d.h., daß die Differenz aus $g_j'(v)$ und der Steigung der Verbindungsstrecke f_v zwischen $(v, g_j(v))$ und (b_1, b_1) auf den jeweiligen Intervallen streng monoton in v fällt.

Der Beweis von (6.9)b) erfolgt nun durch eine (umfangreiche) Fallunterscheidung, wobei $\max\{g, f_{y_n}\} \geq \sup_{v \in [a_1, b_n]} f_v$ und $\max\{g, f_{y_i}\} \geq \sup_{v \in [b_{i+1}, b_i]} f_v$, $2 \leq i \leq n-1$, gezeigt wird ([Ha 96], S. 30-33). $\qquad \square$

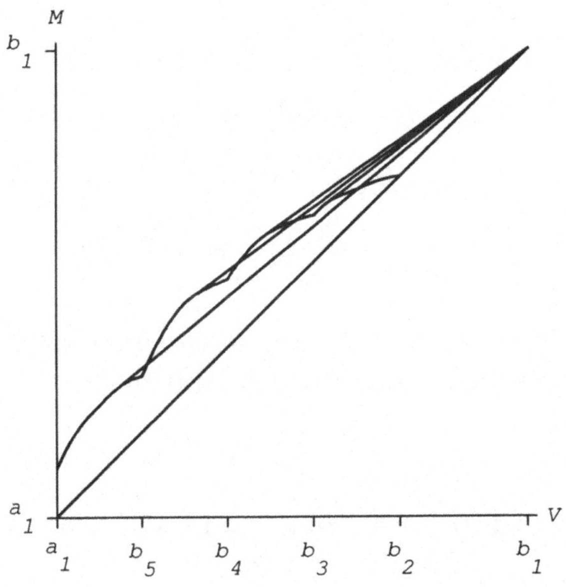

Abb. 6.1: Beispiel zur Bestimmung der oberen Grenzfunktion $u_n^{u;a,b}$. $n = 5$; $u_5^{u;a,b}$ ist das Maximum der stückweise konkaven Funktion g und der linearen Funktionen $h_2, ..., h_5$. Von unten wird die Prophetenregion $\Pi_5^{u;a,b}$ durch die Gerade $y = x$ beschränkt.

Aus dem Beweis zu Satz (6.9) läßt sich folgende Bemerkung ableiten,

104

die in speziellen Fällen eine Vereinfachung der Berechnung von $u_n^{u;a,b}$ darstellt.

(6.10) Bemerkung

Es sei $n \geq 3$ und es gelten die Voraussetzungen aus Satz (6.9)b).

(i)Falls $y_j = b_j$ für ein $j \in \{3, \ldots, n\}$, gilt

$$\max\{g, h_j\} \leq \max\{g, h_{j-1}\} \, .$$

(ii)Falls $y_k = b_{k+1}$ für ein $k \in \{2, \ldots, n-1\}$, gilt

$$\max\{g, h_k\} \leq \max\{g, h_{k+1}\} \, .$$

Beweis: Für $v \in [a_1, b_2]$ sei die Funktion f_v wie im Beweis zu Satz (6.9) definiert. Insbesondere ist $h_i = f_{y_i}, 2 \leq i \leq n$. Im Beweis zu (6.9)b) galt

$$g \vee f_{y_{i-1}} \geq f_{b_i} \qquad \forall i \in \{3, \ldots, n\}.$$

Aus $y_j = b_j$, $j \in \{3, \ldots, n\}$, folgt die Behauptung (i). Weiter galt

$$g \vee f_{y_{l+1}} \geq f_{b_{l+1}} \qquad \forall l \in \{2, \ldots, n-1\}.$$

Aus $y_k = b_{k+1}$ für $k \in \{2, \ldots, n-1\}$ folgt schließlich die Behauptung (ii). $\qquad\qquad \Box$

Auch bei der Bestimmung der Prophetenregion kann man das Problem auf Grenzen $a_1, \ldots, a_n, b_1, \ldots, b_n$ mit $b_j > a_1 \; \forall j \in \{1, \ldots, n\}$ zurückführen.

(6.11) Satz

Es seien $n \geq 2$, $(a, b) \in I$ und $k = \max\{j \leq n : b_j > a_1\}$. Dann gilt

$$\Pi_n^{u;a,b} = \Pi_k^{u;a,b} = \{(x, y) \in \mathbb{R}^2 : x \leq y \leq u_k^{u;a,b}(x), \; x \in [a_1, b_1]\} \, .$$

Beweis: Der Fall $k = 1$ ist wegen $u_1^{u;a,b} = \mathrm{id}_{|[a_1, b_1]}$ trivial. Wir nehmen somit $k \geq 2$ an. Zunächst wird

$$\Pi_k^{u;a,b} = A := \{(x, y) \in \mathbb{R}^2 : x \leq y \leq u_k^{u;a,b}(x), \; x \in [a_1, b_1]\} \, .$$

bewiesen. Wegen $V \le M$ folgt aus der Definition von $u_k^{u;a,b}$ direkt $\Pi_k^{u;a,b} \subset A$. Für die umgekehrte Inklusion wählen wir ein beliebiges $(x_0, y_0) \in A$. Nach Satz (6.9) ist

$$u_k^{u;a,b} = g_k^{a,b} \quad , \text{falls } b_2 = b_1, \quad \text{und}$$
$$u_k^{u;a,b} = \max\{g, h_2, \ldots, h_k\} \quad , \text{falls } b_2 < b_1$$
$$(g, h_2, \ldots, h_k \text{ wie in (6.9) b) definiert)} .$$

Wegen Satz (6.7) existieren stochastisch unabhängige Zufallsgrößen $Y_1, \ldots, Y_k$ wie in (6.6), u.a. ist $P^{(Y_1, \ldots, Y_k)} \in \mathcal{P}_k^{u;a,b}$, mit

$$(V(Y_1, \ldots, Y_k), M(Y_1, \ldots, Y_k)) = (x_0, u_k^{u;a,b}(x_0)) .$$

Im Fall $y_0 = u_k^{u;a,b}(x_0)$ ist also $(x_0, y_0) \in \Pi_k^{u;a,b}$. Andernfalls existiert wegen

$$x_0 = V(Y_1, \ldots, Y_k) = EY_1 \quad , \text{da } Y_1, \ldots, Y_k \text{ ein Supermartingal}$$
$$= M(Y_1) \le M(Y_1, Y_2) \le \cdots \le M(Y_1, \ldots, Y_k) = u_k^{u;a,b}(x_0)$$

und $x_0 \le y_0 < u_k^{u;a,b}(x_0)$ ein $i \in \{2, \ldots, k\}$ mit

$$M(Y_1, \ldots, Y_{i-1}) \le y_0 < M(Y_1, \ldots, Y_i) .$$

$Z_i, \ldots, Z_k$ seien Zufallsgrößen, so daß

$$P(Z_i = b_i) = \frac{y_0 - M(Y_1, \ldots, Y_{i-1})}{M(Y_1, \ldots, Y_i) - M(Y_1, \ldots, Y_{i-1})} P(Y_i = b_i)$$
$$= 1 - P(Z_i = a_i),$$
$$P(Z_j = a_j) = 1 \quad \text{für } j = i+1, \ldots, k$$

und $Y_1, \ldots, Y_{i-1}, Z_i, \ldots, Z_k$ stochastisch unabhängig sind. Dann ist $P^{(Y_1, \ldots, Y_{i-1}, Z_i, \ldots, Z_k)} \in \mathcal{P}_k^{u;a,b}$ und weiterhin wegen $Z_k \le \ldots \le Z_i$ P-f.s und $E(Z_i) \le E(Y_i) \le Y_j$ P-f.s. für $j = 1, \ldots, i-1$ sowie der stochastischen Unabhängigkeit ein Supermartingal. Somit gilt $V(Y_1, \ldots, Y_{i-1}, Z_i, \ldots, Z_k) = E(Y_1) = V(Y_1, \ldots, Y_k) = x_0$ und

$$M(Y_1, \ldots, Y_{i-1}, Z_i, \ldots, Z_k) =$$
$$= M(Y_1, \ldots, Y_{i-1}, Z_i) \quad , \text{da } Z_{i+1} \vee \ldots \vee Z_k = a_{i+1} \le Z_i \text{ } P\text{-f.s.}$$

$$= P(Z_i = b_i)\, M(Y_1, \ldots, Y_{i-1}, b_i) + P(Z_i = a_i)\, M(Y_1, \ldots, Y_{i-1}, a_i)$$

wegen der stochastischen Unabhängigkeit

$$= \frac{y_0 - M(Y_1, \ldots, Y_{i-1})}{M(Y_1, \ldots, Y_i) - M(Y_1, \ldots, Y_{i-1})}\, P(Y_i = b_i)\, M(Y_1, \ldots, Y_{i-1}, b_i)$$

$$+ \left[\frac{M(Y_1, \ldots, Y_i) - y_0}{M(Y_1, \ldots, Y_i) - M(Y_1, \ldots, Y_{i-1})} \right.$$

$$\left. + \frac{y_0 - M(Y_1, \ldots, Y_{i-1})}{M(Y_1, \ldots, Y_i) - M(Y_1, \ldots, Y_{i-1})}\, \underbrace{\left(1 - P(Y_i = b_i)\right)}_{= P(Y_i = a_i)} \right] M(Y_1, \ldots, Y_{i-1}, a_i)$$

$$= \frac{y_0 - M(Y_1, \ldots, Y_{i-1})}{M(Y_1, \ldots, Y_i) - M(Y_1, \ldots, Y_{i-1})}\, M(Y_1, \ldots, Y_i)$$

$$+ \frac{M(Y_1, \ldots, Y_i) - y_0}{M(Y_1, \ldots, Y_i) - M(Y_1, \ldots, Y_{i-1})}\, \underbrace{M(Y_1, \ldots, Y_{i-1}, a_i)}_{= M(Y_1, \ldots, Y_{i-1})\,,\ \text{da } a_i \le Y_1}$$

$$= y_0 \,.$$

Also gilt $(x_0, y_0) \in \Pi_k^{u;a,b}$ und damit $\Pi_k^{u;a,b} = A$.

Es ist noch $\Pi_n^{u;a,b} = \Pi_k^{u;a,b}$ zu zeigen. Die Beziehung $\Pi_n^{u;a,b} \subset \Pi_k^{u;a,b}$ gilt wegen $u_n^{u;a,b} = u_k^{u;a,b}$. Andererseits gilt für ein $P^{(X_1,\ldots,X_k)} \in \mathcal{P}_k^{u;a,b}$, daß $P^{(X_1,\ldots,X_k,a_{k+1},\ldots,a_n)} \in \mathcal{P}_n^{u;a,b}$ ist und

$$V(X_1, \ldots, X_k, a_{n+1}, \ldots, a_n) = V(X_1, \ldots, X_k) \,,$$
$$M(X_1, \ldots, X_k, a_{n+1}, \ldots, a_n) = M(X_1, \ldots, X_k) \,.$$

Also ist auch $\Pi_k^{u;a,b} \subset \Pi_n^{u;a,b}$ und somit gilt die Gleichheit. $\qquad\square$

(6.12) Korollar

Es seien $n \ge 2$, $(a, b) \in I$ und $k = \max\{j \in \{1, \ldots, n\} : b_j > a_1\} \ge 2$.

a) Falls $b_2 = b_1$ gilt, ist $\Pi_n^{u;a,b}$ genau dann konvex, wenn für alle $2 \le j < i \le k$ mit $b_j > b_{j+1} = \ldots = b_i$ gilt $a_j = \ldots = a_i$.

b) Es seien $b_2 < b_1$ und die Zahlen $y_2, \ldots, y_k, s_2, \ldots, s_n$ wie in Satz (6.9)b) gegeben. Weiter seien

$$l := \min\{j \in \{2, \ldots, k\} : a_k = a_{k-1} = \cdots = a_j\}$$

und

$$y := \begin{cases} a_1 & < a_1 \\[2mm] s_l & , \textit{falls } s_l \in [a_1, b_l] \\[2mm] b_l & > b_l \end{cases}$$

Dann gilt: $\Pi_n^{u;a,b}$ *ist genau dann konvex, wenn $l = 2$ oder*

$$(\star) \qquad \frac{b_1 - g_k^{a,b}(y)}{b_1 - y} \le \frac{b_1 - g_k^{a,b}(y_i)}{b_1 - y_i} \qquad \forall\, i = 2, \ldots, l-1 \,.$$

In diesem Fall ist

$$u_k^{u;a,b}(x) = \begin{cases} g_k^{a,b}(x) & , \textit{falls } x \in [a_1, y] \\[2mm] h(x) & , \textit{falls } x \in [y, b_1] \end{cases}$$

mit

$$h(x) := x\,1_{[a_1,y)} + \left[g_k^{a,b}(y) + \frac{b_1 - g_k^{a,b}(y)}{b_1 - y}\,(x - y) \right] 1_{[y,b_1]}(x) \,.$$

Beweis: Wegen $\Pi_k^{u;a,b} = \Pi_n^{u;a,b}$ genügt es, die Aussagen für $\Pi_k^{u;a,b}$ zu zeigen. Offensichtlich ist $\Pi_k^{u;a,b}$ genau dann konvex, wenn $u_k^{a,b}$ konkav ist.

zu a): Nach Satz (6.9) a) ist $u_k^{a,b} = g_k^{a,b}$. Wegen Lemma (6.8) sind die Restriktionen $g_k, \ldots, g_2$ von $g_k^{a,b}$ auf den Intervallen $[a_1, b_k], [b_k, b_{k-1}]$, $\ldots, [b_3, b_2]$ differenzierbar und strikt konkav. Man sieht leicht ein, daß $g_k^{a,b}$ genau dann konkav ist, wenn $b_2 = \ldots = b_k$ oder für alle $2 \le j < i \le k$ mit $\max\{a_1, b_{i+1}\} < b_i = b_{i-1} = \ldots = b_{j+1} < b_j$ gilt $g_i'(b_i) \ge g_j'(b_i)$.

Seien $2 \le j < i \le k$ wie oben gegeben.

$$g_i'(b_i) - g_j'(b_i) =$$

$$= 1 + \frac{-2b_i + b_2 + a_i}{b_2 - a_2} \prod_{\ell=3}^{i} \frac{b_\ell - a_{\ell-1}}{b_\ell - a_\ell} - \left(1 + \frac{-2b_i + b_2 + a_j}{b_2 - a_2} \prod_{\ell=3}^{j} \frac{b_\ell - a_{\ell-1}}{b_\ell - a_\ell} \right)$$

$$= \left(\prod_{\ell=3}^{j} \frac{b_\ell - a_{\ell-1}}{b_\ell - a_\ell}\right) \left[\frac{b_2 - b_i}{b_2 - a_2} \prod_{\ell=j+1}^{i} \frac{b_\ell - a_{\ell-1}}{b_\ell - a_\ell} - \frac{b_i - a_i}{b_2 - a_2} \prod_{\ell=j+1}^{i} \frac{b_\ell - a_{\ell-1}}{b_\ell - a_\ell}\right.$$

$$\left. - \frac{b_2 - b_i}{b_2 - a_2} + \frac{b_i - a_j}{b_2 - a_2}\right]$$

$$= \left(\prod_{\ell=3}^{j} \frac{b_\ell - a_{\ell-1}}{b_\ell - a_\ell}\right) \frac{b_2 - b_i}{b_2 - a_2} \left(\prod_{\ell=j+1}^{i} \frac{b_\ell - a_{\ell-1}}{b_\ell - a_\ell} - 1\right) \quad , \text{da } b_i = \ldots = b_{j+1} \, .$$

Daraus folgt

$$g_i'(b_i) < g_j'(b_i) \quad \Longleftrightarrow \quad \exists\, \ell \in j+1, \ldots, i \text{ mit } a_{\ell-1} > a_\ell \, ,$$

$$g_i'(b_i) = g_j'(b_i) \quad \Longleftrightarrow \quad a_j = a_{j+1} = \ldots = a_i \, .$$

Somit ist die Behauptung bewiesen.

zu b): Analog zu Teil a) läßt sich zeigen, daß $g_k^{a,b}$ auf $[a_1, b_l]$ strikt konkav ist. Es seien $h_2, \ldots, h_k, g$ wie in Satz (6.9) b) definiert. Es gilt also $u_k^{a,b} = \max\{g, h_k, \ldots, h_2\}$. Wegen $a_l = \cdots = a_k$ tritt nach Definition von $y_l, \ldots, y_k$ genau einer der folgenden Fälle auf:

(i) $l = k$.

(ii) $l < k$ und $y_j = b_{j+1}$ für $j = l, \ldots, k-1$.

(iii) $l < k-1$ und es existiert ein $r \in \{l+1, \ldots, k-1\}$ mit $y_j = b_j$ für $j = r+1, \ldots, k$ und $y_j = b_{j+1}$ für $j = l, \ldots, r-1$.

(iv) $l < k$ und $y_j = b_j$ für $j = l+1, \ldots, k$.

Nach Bemerkung (6.10) folgt

$$\max\{g, h_k, \ldots, h_l\} = \begin{cases} \max\{g, h_k\} & \text{im Fall (i) oder (ii)} \\ \max\{g, h_r\} & \text{im Fall (iii)} \\ \max\{g, h_l\} & \text{im Fall (iv)} \, . \end{cases}$$

y und h sind gerade so definiert, daß $\max\{g, h\} = \max\{g, h_k, \ldots, h_l\}$, und damit

$$u_k^{u;a,b} = \max\{g, h, h_{l-1} \ldots, h_2\} \, .$$

Genauer läßt sich analog zum Beweis von Satz (6.9) zeigen, daß

$$u_k^{u;a,b}(x) = \begin{cases} g(x) & \text{, falls} \quad x \in [a_1, y] \\ h(x) & \text{, falls} \quad x \in [y, b_l] \\ \max\{g, h, h_{l-1} \ldots, h_2\} & \text{, falls} \quad x \in [b_l, b_1] \,. \end{cases}$$

Falls $l = 2$, gilt die Aussage des Korollars direkt: Die Konkavität von $u_k^{a,b}$ folgt nämlich im Fall $y = a_1$ aus $u_k^{u;a,b} = h$ (beachte $g = $ id auf $[b_2, b_1]$), und andernfalls aus der strikten Konkavität von $g_k^{a,b}$ und der Beziehung

$$\lim_{x \uparrow y} \frac{\mathrm{d}}{\mathrm{dx}} g_k^{a,b}(x) = \lim_{x \downarrow y} \frac{\mathrm{d}}{\mathrm{dx}} h(x) \,,$$

die direkt nachrechenbar ist. Es sei jetzt $l > 2$ und $i \in \{2, \ldots, l-1\}$:

$$\begin{aligned} h \geq h_i &\iff h(x) \geq h_i(x) \quad \forall\, x \in [y_i, b_1] \\ &\iff h'(b_1) \leq h_i'(b_1) \quad \text{wegen } h(b_1) = h_i(b_1) \\ &\iff \frac{b_1 - g_k^{a,b}(y)}{b_1 - y} \leq \frac{b_1 - g_k^{a,b}(y_i)}{b_1 - y_i} \,. \end{aligned}$$

Man prüft leicht nach, daß die Abbildung $x \to \frac{b_1 - g_k^{a,b}(x)}{b_1 - x}$ auf $[b_{i+1}, b_i]$ ein globales Minimum in y_i annimmt. Daher gilt auch

$$\begin{aligned} h(x) \geq g(x) \,\forall\, x \in [b_{i+1}, b_i] &\iff \frac{b_1 - h(x)}{b_1 - x} \leq \frac{b_1 - g(x)}{b_1 - x} \,\forall\, x \in [b_{i+1}, b_i] \\ &\iff \frac{b_1 - h(x)}{b_1 - x} \leq \frac{b_1 - g(y_i)}{b_1 - y_i} \quad \forall\, x \in [b_{i+1}, b_i] \\ &\iff h'(b_1) \leq h_i'(b_1) \\ &\iff \frac{b_1 - g_k^{a,b}(y)}{b_1 - y} \leq \frac{b_1 - g_k^{a,b}(y_i)}{b_1 - y_i} \,. \end{aligned}$$

Mit diesen Aussagen kann nun Teil b) bewiesen werden: Aus $(\star)$ folgt

$$\begin{aligned} u_k^{u;a,b}(x) &= g(x) \quad \forall\, x \in [a_1, y] \quad \text{und} \\ u_k^{u;a,b}(x) &= h(x) \quad \forall\, x \in [y, b_1] \,. \end{aligned}$$

Die Konkavität von $u_k^{u;a,b}$ folgt nun analog zum Fall $l = 2$.

Ist dagegen $l > 2$ und $(\star)$ nicht erfüllt, so existiert ein $x_0 \in [b_l, b_2]$

mit $g(x_0) > h(x_0)$. Falls $y < b_l$, ist die Verbindungsstrecke $\bar{s}$ zwischen $(y, g(y))$ und $(x_0, g(x_0))$ wegen $h(y) = g(y)$ offensichtlich oberhalb von h. Daher ist $\bar{s}$ auf $[y, b_l]$ auch oberhalb von $u_k^{u;a,b}$. Also ist $u_k^{u;a,b}$ nicht konvex.

Im Fall $y = b_l$ kann man wie in Teil a) zeigen, daß die linksseitige Ableitung in b_l echt kleiner als die rechtsseitige Ableitung in b_l ist. Dieses beweist wiederum, daß $u_k^{u;a,b}$ nicht konkav ist. $\qquad\square$

Schließlich wollen wir noch eine Differenzungleichung für M und V herleiten. Ähnlich wie bei der Bestimmung der oberen Grenzfunktion wird hier jedes Intervall einzeln betrachtet. Die maximale Differenz ergibt sich dann als Maximum der einzelnen Differenzen. Was zunächst aufwendig erscheint, wird sich aber vor allem wegen Bemerkung (6.14) als gut berechenbar erweisen.

(6.13) Satz

Es seien $n \geq 2$, $(a, b) \in I$ und $k = \max\{j \in \{1, \ldots, n\} : b_j > a_1\} \geq 2$. Weiter seien die Zahlen $z_2, \ldots, z_k$ und $d_1, \ldots, d_k, d$ gegeben durch

$$z_i := \begin{cases} b_{i+1} & < b_{i+1} \\[2mm] \dfrac{b_2 + a_i}{2} & , \text{ falls } \dfrac{b_2 + a_i}{2} \in [b_{i+1}, b_i] \\[2mm] b_i & > b_i \end{cases} \quad , i = 2, \ldots, k-1,$$

$$z_k := \begin{cases} a_1 & < a_1 \\[2mm] \dfrac{b_2 + a_k}{2} & , \text{ falls } \dfrac{b_2 + a_k}{2} \in [a_1, b_k] \\[2mm] b_k & > b_k \end{cases} \quad ,$$

$$d_i := g_k^{a,b}(z_i) - z_i \quad , i = 2, \ldots, k \, , d := \max\{d_2, \ldots, d_k\} \, .$$

Dann gilt

$$M(X_1, \ldots, X_n) - V(X_1, \ldots, X_n) \leq d \ \ \forall P^{(X_1, \ldots, X_n)} \in \mathcal{P}_n^{u;a,b} \, ,$$

und die obere Schranke wird in $\mathcal{P}_n^{u;a,b}$ angenommen.

Beweis: Wegen $\Pi_k^{u;a,b} = \Pi_n^{u;a,b}$ genügt es, die Ungleichung für die Länge k zu zeigen. Um $M - V$ nach oben abzuschätzen, brauchen nur stochastisch unabhängige Zufallsgrößen $Y_1, \ldots, Y_n$ aus (6.6) betrachtet zu werden. Da hierfür nach Satz (6.7) b)

$$M(Y_1, \ldots, Y_k) - V(Y_1, \ldots, Y_k) =$$
$$P(Y_1 = v_2)\, [M(v_2, Y_2, \ldots, Y_k) - V(v_2, Y_2, \ldots, Y_k)]$$

gilt, kann man sich auf den Fall $P(Y_1 = v_2) = 1$ beschränken. Dafür gilt wiederum nach Satz (6.7) a)

$$M(v_2, Y_2, \ldots, Y_k) - V(v_2, Y_2, \ldots, Y_k) =$$
$$g_k^{a,b}(v_2) - v_2 =: D(v_2) \qquad a_1 \leq v_2 \leq b_2 \, .$$

D ist auf den einzelnen Intervallen $[a_1, b_k], [b_k, b_{k-1}], \ldots, [b_3, b_2]$ nach Lemma (6.8) jeweils differenzierbar. Eine Extremwertberechnung ergibt, daß D auf den Intervallen sein jeweiliges Maximum in $z_k, \ldots, z_2$ annimmt. Damit folgt die angegebene Ungleichung.

Um die Schärfe zu zeigen, sei $j \in \{2, \ldots, k\}$ mit $D(z_j) = d_j = \max\{d_2, \ldots, d_k\}$. Dann gilt für stochastisch unabhängige Zufallsgrößen $W_1, \ldots, W_k$ aus (6.6) mit $P(W_1 = z_j) = 1$

$$M(W_1, \ldots, W_k) - V(W_1, \ldots, W_k) = D(z_j) = d \, . \qquad \square$$

(6.14) Bemerkung

Es seien die Voraussetzungen aus Satz (6.13) mit $k \geq 3$ erfüllt.

(i) Falls $z_j = b_j$ für ein $j \in \{3, \ldots, k\}$, gilt $d_j \leq d_{j-1}$.

(ii) Falls $z_l = b_{l+1}$ für ein $l \in \{2, \ldots, k-1\}$, gilt $d_l \leq d_{l+1}$.

Beweis: Für die Differenzfunktion D aus dem Beweis zu (6.13) gilt

$$D(z_i) \geq D(v) \qquad \forall\, v \in [b_{i+1}, b_i] \quad , \ i = 2, \ldots, n-1 \, ,$$
$$D(z_n) \geq D(v) \qquad \forall\, v \in [a_1, b_n] \, .$$

Hieraus folgen (i) und (ii). $\qquad \square$

Aus diesen Resultaten ergibt sich außerdem, daß man nicht nur alle zeitlichen Bewertungen mit *stetigen* f_i erfaßt hat, sondern sogar

112

alle solche $(f_i)_{i\in\mathbb{N}}$, bei denen f_1 stetig ist: Aus dem Beweis zu Satz (6.11) folgt, daß jeder Punkt aus der Prophetenregion $\Pi_n^{u;a,b}$ durch ein $P^{(X_1,\ldots,X_n)} \in \mathcal{P}_n^{u;a,b}$ angenommen werden kann, für das gilt:

$$P(X_i \in \{a_i, b_i\}) = 1 \qquad , \; i = 2, \ldots, n \; .$$

Es spielt also keine Rolle, ob für $i = 2, \ldots, n$ die Zufallsgröße X_i in jedem Punkt des Intervalls $[a_i, b_i]$ oder nur auf einer bestimmten Teilmenge Masse tragen darf. Es ist nur wichtig, daß es einen oberen und unteren Trägerpunkt gibt. Dieses ist aber bereits durch die Monotonie von f_i gegeben. Nur für X_1 muß jeder Punkt aus $[a_1, b_1]$ Masse tragen können. Die Ergebnisse dieses Abschnitts gelten somit auch, falls nur die Stetigkeit der ersten Bewertungsfunktion f_1 vorausgesetzt wird. Dieses ist insbesondere bereits dann erfüllt, falls zum Zeitpunkt $i = 1$ noch keine Abwertung erfolgt, d.h. $f_1 = \mathrm{id}$.

c) Diskontierung

Als ersten Spezialfall der in Abschnitt a) untersuchten Bewertungen betrachten wir die in Beispiel (6.2)a) genannten Diskontierungen. Hierzu sei

$$K_{\mathrm{Disk}} := \{(1, \beta_2, \beta_3, \ldots) \in \mathbb{R}^{\mathbb{N}} : 1 \geq \beta_2 \geq \beta_3 \ldots > 0\},$$

die Menge der möglichen Diskontierungen für eine Folge $X_1, X_2, \ldots$; und zu $\overline{\beta} \in K_{\mathrm{Disk}}$ und $n \geq 2$ seien

$$\mathcal{P}_n^{u;\overline{\beta}} := \left\{ P^{(X_1, \beta_2 X_2, \ldots, \beta_n X_n)} : \begin{array}{l} X_1, \ldots, X_n \text{ stoch. unabh.,} \\ [0,1]\text{-wert. Zufallsgrößen} \end{array} \right\}$$

und

$$\mathcal{P}_\infty^{u;\overline{\beta}} := \left\{ P^{(X_1, \beta_2 X_2, \ldots)} : \begin{array}{l} X_1, X_2, \ldots \text{ stoch. unabh.,} \\ [0,1]\text{-wert. Zufallsgrößen} \end{array} \right\} .$$

Die zugehörigen Prophetenregionen werden mit $\Pi_n^{u;\overline{\beta}}$ bzw. $\Pi_\infty^{u;\overline{\beta}}$ bezeichnet.

Aus den Sätzen (6.9), (6.11) und Korollar (6.12) folgt

(6.15) Satz ([Bo 91], Theorem 2.5, Remark (ii))

Für alle $n \geq 2$ und $\overline{\beta} = (1, \beta_2, \beta_3, \ldots) \in K_{\text{Disk}}$ gilt

$$\Pi_n^{u;\overline{\beta}} := \{(x, y) \in \mathbb{R}^2 : \ x \leq y \leq u^{u;\overline{\beta}}(x), \ 0 \leq x \leq 1\},$$

wobei

$$u^{u;\overline{\beta}}(x) := \begin{cases} 2x - \dfrac{x^2}{\beta_2} & , \textit{falls } x \in [0, 1 - \sqrt{1 - \beta_2}\,] \\[2ex] 1 + 2\dfrac{\sqrt{1 - \beta_2} - (1 - \beta_2)}{\beta_2}(x - 1) & , \textit{falls } x \in [1 - \sqrt{1 - \beta_2}\,, 1] \end{cases}.$$

Beweis: Setze $a = (a_1, \ldots, a_n) = (0, \ldots, 0)$ und $b = (b_1, \ldots, b_n) = (1, \beta_2, \ldots, \beta_n)$. Dann ist $\Pi_n^{u;\overline{\beta}} = \Pi_n^{u;a,b}$ und für die in Satz (6.7) eingeführte Funktion $g_n^{a,b}$ gilt $g_n^{a,b}(x) = 2x - \frac{x^2}{\beta_2}$, $x \in [0, \beta_2]$. Falls $\beta_2 = 1$, gilt für die obere Grenzfunktion $u_n^{u;a,b}$ von $\Pi_n^{u;a,b}$ nach (6.9)a)

$$u_n^{u;a,b}(x) = g_n^{a,b}(x) = 2x - x^2 = u^{u;\overline{\beta}}(x) \qquad , x \in [0, 1].$$

Andernfalls ist mit $y = 1 - \sqrt{1 - \beta_2} = b_1 - \sqrt{(b_1 - a_2)(b_1 - b_2)}$ und (6.12) b)

$$u_n^{u;a,b}(x) = \begin{cases} g_n^{a,b}(x) & , \textit{falls } x \in [a_1, y] \\[2ex] g_n^{a,b}(y) + \dfrac{b_1 - g_n^{a,b}(y)}{b_1 - y}(x - y) & , \textit{falls } x \in [y, b_1] \end{cases}.$$

Aus

$$g_n^{a,b}(y) + \frac{b_1 - g_n^{a,b}(y)}{b_1 - y}(x - y) = b_1 + \frac{b_1 - g_n^{a,b}(y)}{b_1 - y}(x - b_1)$$

$$= 1 + \frac{1 - 2(1 - \sqrt{1 - \beta_2}) + \frac{1 - 2\sqrt{1 - \beta_2} + 1 - \beta_2}{\beta_2}}{\sqrt{1 - \beta_2}}(x - 1)$$

$$= 1 + \frac{2}{\beta_2}\frac{1 - \beta_2 - (1 - \beta_2)\sqrt{1 - \beta_2}}{\sqrt{1 - \beta_2}}(x - 1)$$

$$= 1 + 2\frac{\sqrt{1 - \beta_2} - (1 - \beta_2)}{\beta_2}(x - 1)$$

folgt $u_n^{u;a,b}(x) = u^{\overline{\beta}}(x)$. Nach Satz (6.11) ist schließlich

$$\Pi_n^{u;\overline{\beta}} = \Pi_n^{u;a,b} = \{(x, y) \in \mathbb{R}^2 : x \leq y \leq u^{u;\overline{\beta}}(x), 0 \leq x \leq 1\}. \qquad \square$$

Durch Grenzübergang erhält man die Prophetenregion bei unendlichem Horizont:

114

(6.16) Korollar [(Bo 91], Remark (i))

$F\ddot{u}r\ \overline{\beta} = (1, \beta_2, \beta_3, \ldots) \in K_{\text{Disk}}$ *gilt*

$$\Pi_\infty^{u;\overline{\beta}} := \{(x,y) \in \mathbb{R}^2 : x \le y \le u^{u;\overline{\beta}}(x)\,,\ 0 \le x \le 1\}.$$

Beweis: Offensichtlich gilt $\Pi_n^{u;\overline{\beta}} \subset \Pi_\infty^{u;\overline{\beta}}$ für alle $n \ge 2$.

Andererseits gilt für ein $(V(X_1, \beta_2 X_2, \ldots), M(X_1, \beta_2 X_2, \ldots)) \in \Pi_\infty^{u;\overline{\beta}}$

$$V(X_1, \beta_2 X_2, \ldots) \le M(X_1, \beta_2 X_2, \ldots) = E(\lim_{n\to\infty}(\max_{1\le i\le n} X_i))$$

$$= \lim_{n\to\infty} E(\max_{1\le i\le n} X_i) \quad \text{wegen mon. Konvergenz}$$

$$\le \lim_{n\to\infty} u^{\overline{\beta}}(V(X_1, \ldots, \beta_n X_n)) \quad \text{nach (6.15)}$$

$$\le u^{u;\overline{\beta}}(V(X_1, \beta_2 X_2, \ldots)) \quad , \text{da } u^{u;\overline{\beta}} \text{ isoton ist}\,.$$

Also gilt auch $\Pi_\infty^{u;\overline{\beta}} \subset \Pi_n^{u;\overline{\beta}}$ für alle $n \ge 2$. $\qquad\qquad\square$

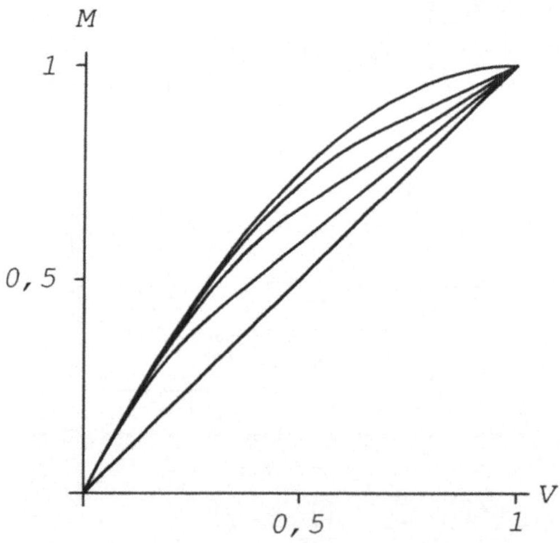

Abb. 6.2: Die Prophetenregionen $\Pi_\infty^{u;\overline{\beta}}$ mit $\beta_2 = \frac{1}{2}, \frac{3}{4}, 0.9$ und 1
(von unten)

Die Funktion $u^{u;\overline{\beta}}$ ist konkav und auf $[0, 1 - \sqrt{1 - \beta_2}]$ strikt konkav. Daher erhält man durch Anlegen der Tangenten an $u^{u;\overline{\beta}}$ folgende scharfe Prophetenungleichungen:

(6.17) Satz

$\quad$ *Es sei $\overline{\beta} = (1, \beta_2, \beta_3, \ldots) \in K_{\text{Disk}}$.*

$\quad$ *a) Es seien $n \geq 2$ und $\gamma \in [0, 1 - \sqrt{1 - \beta_2}\,]$. Dann gilt für alle stochastisch unabhängigen, $[0,1]$-wertigen Zufallsgrößen $X_1, \ldots, X_n$*

$$M(X_1, \beta_2 X_2, \ldots, \beta_n X_n) - \frac{\gamma^2}{\beta_2} \leq$$
$$(2 - 2\frac{\gamma}{\beta_2})\, V(X_1, \beta_2 X_2, \ldots, \beta_n X_n);$$

insbesondere folgt ([Bo 91])

$$M(X_1, \beta_2 X_2, \ldots, \beta_n X_n) \leq 2\, V(X_1, \beta_2 X_2, \ldots, \beta_n X_n)$$
$$M(X_1, \beta_2 X_2, \ldots, \beta_n X_n) - V(X_1, \beta_2 X_2, \ldots, \beta_n X_n) \leq \tfrac{\beta_2}{4}\,.$$

Alle Ungleichungen sind scharf.

$\quad$ *b) Es sei $\gamma \in [0, 1 - \sqrt{1 - \beta_2}\,]$. Dann gilt für alle stochastisch unabhängigen, $[0,1]$-wertigen Zufallsgrößen $X_1, X_2, \ldots$*

$$M(X_1, \beta_2 X_2, \beta_3 X_3, \ldots) - \frac{\gamma^2}{\beta_2} \leq$$
$$(2 - 2\frac{\gamma}{\beta_2})\, V(X_1, \beta_2 X_2, \beta_3 X_3, \ldots);$$

insbesondere folgt

$$M(X_1, \beta_2 X_2, \beta_3 X_3 \ldots) \leq 2\, V(X_1, \beta_2 X_2, \beta_3 X_3 \ldots)$$
$$M(X_1, \beta_2 X_2, \beta_3 X_3 \ldots) - V(X_1, \beta_2 X_2, \beta_3 X_3 \ldots) \leq \tfrac{\beta_2}{4}\,.$$

Alle Ungleichungen sind scharf.

Beweis: Wegen $\Pi_\infty^{u;\overline{\beta}} = \Pi_n^{u;\overline{\beta}}$ für alle $n \geq 2$ sind die Aussagen für den endlichen und unendlichen Horizont identisch. Für die obere Stützgerade h_γ von $u^{u;\overline{\beta}}$ in $\gamma \in [0, 1 - \sqrt{1 - \beta_2}\,]$ gilt

$$h_\gamma(x) = u^{u;\overline{\beta}}(\gamma) + (2 - 2\frac{\gamma}{\beta_2})(x - \gamma) = (2 - 2\frac{\gamma}{\beta_2})\,x + \frac{\gamma^2}{\beta_2}\,.$$

Daher folgt aus der Konkavität von $u^{u;\overline{\beta}}$ für $(V,M) \in \Pi_\infty^{u;\overline{\beta}}$

$$M \le u^{u;\overline{\beta}}(V) \le h_\gamma(V) = (2 - 2\frac{\gamma}{\beta_2})V + \frac{\gamma^2}{\beta_2}.$$

Die Schärfe der Ungleichung ergibt sich aus $u^{u;\overline{\beta}}(\gamma) = h_\gamma(\gamma)$, d.h. für $(V,M) = (\gamma, u^{u;\overline{\beta}}(\gamma)) \in \Pi_\infty^{u;\overline{\beta}}$ ist

$$M = u^{u;\overline{\beta}}(V) = h_\gamma(V) = (2 - 2\frac{\gamma}{\beta_2})V + \frac{\gamma^2}{\beta_2}.$$

Aus den Spezialfällen $\gamma = 0$ und $\gamma = \frac{\beta_2}{2}$ erhält man die angegebene Verhältnis- bzw. Differenzungleichung. Dabei ist zu beachten, daß $\frac{\beta_2}{2} \le 1 - \sqrt{1 - \beta_2}$ gilt, denn für $f(\beta) := 1 - \sqrt{1-\beta} - \frac{\beta}{2}$ ist $f(0) = 0$ und $f'(\beta) = \frac{1}{2\sqrt{1-\beta}} - \frac{1}{2} \ge 0 \ \forall \beta \in [0,1)$. $\qquad\Box$

Mit den Sätzen (6.6) und (6.7) können wir auch direkt extremale Verteilungen für die vorangegangenen Aussagen angeben:

(6.18) Anmerkung (Extremale Verteilungen)

Es seien $\overline{\beta} = (1, \beta_2, \beta_3, \dots) \in K_{\text{Disk}}$ und $n \ge 2$.

a) Zu $x \in [0, 1 - \sqrt{1 - \beta_2}]$ seien $X_1, \dots, X_n$ stochastisch unabhängige Zufallsgrößen mit

$$X_1 = x \ P\text{-f.s.}, \ X_2 = \begin{cases} 1 & \text{m.W. } \frac{x}{\beta_2} \\ 0 & \text{m.W. } 1 - \frac{x}{\beta_2} \end{cases}$$
$$(\text{beachte } \beta_2 \ge 1 - \sqrt{1 - \beta_2} \ge x)$$
$$X_3 = \dots = X_n = 0 \ P\text{-f.s.}.$$

Da $X_1, \beta_2 X_2, \dots, \beta_n X_n$ ein Supermartingal ist, gilt $V(X_1, \beta_2 X_2, \dots, \beta_n X_n) = x$. Weiter ist

$$M(X_1, \beta_2 X_2, \dots, \beta_n X_n) = \beta_2 \frac{x}{\beta_2} + x(1 - \frac{x}{\beta_2}) = 2x - \frac{x^2}{\beta_2} = u^{u;\overline{\beta}}(x).$$

Insbesondere gilt

$$M(X_1, \beta_2 X_2, \dots, \beta_n X_n) - \frac{x^2}{\beta_2} =$$
$$(2 - 2\frac{x}{\beta_2})V(X_1, \beta_2 X_2, \dots, \beta_n X_n),$$

also Gleichheit in Satz (6.17) a) (für $\gamma = x$).

Bei der Verhältnis- bzw. Differenzungleichung in (6.17) liegt Gleichheit in den Fällen $x = 0$ bzw. $x = \frac{\beta_2}{2}$ vor. Für das Verhältnis gibt es außer der Nullfolge keine extremale Verteilung. Der Quotient M/V konvergiert jedoch für $x \to 0$ gegen 2.

b) Zu $x \in [1 - \sqrt{1 - \beta_2}, 1]$ seien $X_1, \ldots, X_n$ stochastisch unabhängige Zufallsgrößen mit

$$X_1 = \begin{cases} 1 & \text{m.W. } 1 - \frac{1-x}{\sqrt{1-\beta_2}} \\ 1 - \sqrt{1-\beta_2} & \text{m.W. } \frac{1-x}{\sqrt{1-\beta_2}} \end{cases} , \quad X_2 = \begin{cases} 1 & \text{m.W. } \frac{1-\sqrt{1-\beta_2}}{\beta_2} \\ 0 & \text{m.W. } 1 - \frac{1-\sqrt{1-\beta_2}}{\beta_2} \end{cases} ,$$

$$X_3 = \ldots = X_n = 0 \; P\text{-f.s.} \;.$$

Es liegt wieder ein Supermartingal vor, also ist $V(X_1, \beta_2 X_2, \ldots, \beta_n X_n) = E(X_1) = x$. Andererseits gilt wegen $\beta_2 \geq 1 - \sqrt{1 - \beta_2}$

$$M(X_1, \beta_2 X_2, \ldots, \beta_n X_n)$$

$$= 1 - \frac{1-x}{\sqrt{1-\beta_2}} + \beta_2 \frac{1-x}{\sqrt{1-\beta_2}} \frac{1-\sqrt{1-\beta_2}}{\beta_2}$$

$$+ \left(1 - \sqrt{1-\beta_2}\right) \frac{1-x}{\sqrt{1-\beta_2}} \left(1 - \frac{1-\sqrt{1-\beta_2}}{\beta_2}\right)$$

$$= 1 + \frac{1-x}{\beta_2 \sqrt{1-\beta_2}} \left(-\beta_2 + 2\left(\beta_2 - \beta_2\sqrt{1-\beta_2}\right) - 1\right.$$

$$\left. + 2\sqrt{1-\beta_2} - (1-\beta_2)\right)$$

$$= 1 + 2\frac{1-\beta_2-\sqrt{1-\beta_2}}{\beta_2}(1-x) \quad = \quad u^{u;\overline{\beta}}(x) \;.$$

Zu $\gamma = 1 - \sqrt{1 - \beta_2}$ ist

$$u^{u;\overline{\beta}}(x) = \frac{2-\beta_2-2\sqrt{1-\beta_2}}{\beta_2} + \left(2 - 2\frac{1-\sqrt{1-\beta_2}}{\beta_2}\right)x = \frac{\gamma^2}{\beta_2} + \left(2 - 2\frac{\gamma}{\beta_2}\right)x$$

und somit

$$M(X_1, \beta_2 X_2, \ldots, \beta_n X_n) - \frac{\gamma^2}{\beta_2} = \left(2 - 2\frac{\gamma}{\beta_2}\right)V(X_1, \beta_2 X_2, \ldots, \beta_n X_n) \,,$$

d.h. Gleichheit in (6.17) a). $\square$

118

Aus den Ergebnissen dieses Abschnitts lassen sich analoge Aussagen für stochastisch unabhängige, [0,d]-wertige Zufallsgrößen, $d > 0$, gewinnen. Hierzu führt man das Problem durch Streckung mit dem Faktor $\frac{1}{d}$ auf [0,1]-wertige Zufallsgrößen zurück.

d) Lineare Beobachtungskosten

Im folgenden nehmen wir an, daß für die Beobachtung einer Zufallsgröße X_i feste Kosten $c \geq 0$ zu zahlen sind. Als Auszahlungen erhält man somit für beide Akteure die Realisierungen von $X_1 - c, X_2 - 2c, \ldots, X_n - nc$. Wir betrachten wiederum stochastisch unabhängige, [0,1]-wertige Zufallsgrößen. Hierfür sind nur Kosten $c \in [0, 1)$ von Interesse, da andernfalls immer $M = V = EX_1 - c$ gilt.

Entsprechend Abschnitt a) setzen wir für den ganzen Abschnitt

$$a_i := -ic \quad , \quad b_i := 1 - ic \quad , \ i \in \mathbb{N} .$$

Im Fall des endlichen Horizonts $n \geq 2$ schreiben wir für die Prophetenregion $\Pi_n^{u;a,b}$ und deren oberen Grenzfunktion $u_n^{u;a,b}$ auch $\Pi_n^{u;c}$ bzw. $u_n^{u;c}$.

Bei Kosten $c > 0$ erhält man die Ergebnisse für den unendlichen Horizont direkt aus denen für den Horizont $n_\infty := \max\{j \geq 1 : 1 - jc > -c\}$. Dieses beweist man durch eine zur Anmerkung (6.3) gleichwertigen Aussage für den unendlichen Horizont.

Falls $0 < c < 1$, läßt sich $u_n^{u;c}$ i.allg. nicht in einer wesentlich einfacheren Form als in Satz (6.9) b) darstellen. Generell gilt jedoch, daß nur höchstens zwei Verbindungsstrecken zur Berechnung von $u_n^{u;c}$ herangezogen werden müssen.

(6.19) Bemerkung

Es seien $0 < c < 1$ und $N \geq 2$ sowie $n := \max\{j \in \{2, \ldots, N\} : 1 - jc > -c\}$ und $r := \max\{i \in \{2, \ldots, n\} : (i - 2)(i - 1) < \frac{1}{c}\}$. Dann gilt mit den Bezeichnungen aus Satz (6.9) b)

$$u_N^{u;c} = u_n^{u;c} = \begin{cases} \max\{g, h_2\} & , \textit{falls } r = 2 \\ \max\{g, h_{r-1}, h_r\} & , \textit{falls } r > 2 \end{cases} .$$

Beweis: Die Beziehung $u_N^{u;c} = u_n^{u;c}$ ist gerade das Ergebnis von Anmerkung (6.3). Es ist also nur die zweite Gleichheit zu beweisen.

Der Fall $n = 2$ ist nach (6.9) b) trivial.

Wir übernehmen jetzt wieder die Bezeichnungen aus Abschnitt a).

Dann ist $r = \max\{i \in \{2, \ldots, n\} : y_i < b_i\}$, denn

$$
\begin{aligned}
y_i < b_i \quad &\Longleftrightarrow \quad 1 - c - \sqrt{(1 + (i-1)c)\,c} < 1 - ic \\
&\Longleftrightarrow \quad (i-1)\,c < \sqrt{(1 + (i-1)c)}\,\sqrt{c} \\
&\Longleftrightarrow \quad \sqrt{(i-1)^2 c} < \sqrt{(1 + (i-1)c)} \\
&\Longleftrightarrow \quad (i-1)^2 c < (1 + (i-1)c) \\
&\Longleftrightarrow \quad (i-2)(i-1) < \frac{1}{c} \qquad \forall\, i \in \{2, \ldots, n\}\,.
\end{aligned}
$$

Falls $n = 3$, so folgt die Aussage im Fall $r = 3$ direkt aus (6.9) b) und im Fall $r = 2$ aus $y_3 = b_3$ und Bemerkung (6.10). Im folgenden nehmen wir somit $n \geq 4$ an.

Wir beweisen zunächst eine Hilfsaussage: Falls $y_l < b_l$ für ein $l \in \{4, \ldots, n\}$, gilt $y_k = b_{k+1}$ für $k \in \{2, \ldots, l-2\}$.

Begründung: Es sei $k \in \{2, \ldots, l-2\}$. Dann gilt $y_k = b_{k+1}$ genau dann, wenn $s_k \leq b_{k+1}$, und es ist

$$
\begin{aligned}
s_k - b_{k+1} &= (s_k - s_l) + (s_l - b_l) + (b_l - b_{k+1}) \\
&\leq s_k - s_l + b_l - b_{k+1} \quad , \text{ da } s_l < b_l \text{ nach Voraussetzung} \\
&= \sqrt{(b_1 - a_l)(b_1 - b_2)} - \sqrt{(b_1 - a_k)(b_1 - b_2)} + (b_l - b_{k+1}) \\
&= \sqrt{b_1 - b_2}\,\underbrace{\left(\sqrt{b_1 - a_l} - \sqrt{b_1 - a_k}\right)}_{>\,0} + (b_l - b_{k+1}) \\
&< \sqrt{b_1 - a_k}\,\left(\sqrt{b_1 - a_l} - \sqrt{b_1 - a_k}\right) + (b_l - b_{k+1}) \\
&= \sqrt{(b_1 - a_l)(b_1 - a_k)} - (b_1 - a_k) + (b_l - b_{k+1}) \\
&\leq \frac{b_1 - a_l + b_1 - a_k}{2} - (b_1 - a_k) + (b_l - b_{k+1})
\end{aligned}
$$

, da das geometrische Mittel $\leq$ dem arithmetischen Mittel

$$= \frac{a_k - a_l}{2} + (b_l - b_{k+1})$$

$$= \frac{l - k}{2} c + (k + 1 - l) c$$

$$= \left(1 - \frac{l - k}{2}\right) c \leq 0 \quad \text{da } l - k \geq 2 \,.$$

Die Bemerkung (6.19) können wir nun mit der Bemerkung (6.10) beweisen: Falls $r = 2$ oder $r = 3$, gilt die Aussage wegen $y_j = b_j$ für $j = r + 1, \ldots, n$ (nach Def. von r).

Falls $4 \leq r \leq n - 1$, gilt die Aussage wegen $y_j = b_j$ für $j = r + 1, \ldots, n$ und $y_k = b_{k+1}$ für $k = 2, \ldots, r - 2$ (nach der Hilfsaussage).

Falls $r = n$, gilt die Aussage wegen $y_k = b_{k+1}$ für $k = 2, \ldots, n - 2$. $\square$

(6.20) Beispiel

Wir bestimmen die Prophetenregion für $c = 0,2$ und $N = 5$.

Es sind $n = 5$, $r = 3$ und somit $u_5^{0,2} = \max\{g, h_2, h_3\}$. Aus $a_i = -\frac{i}{5}$, $b_i = 1 - \frac{i}{5}$, $i = 1, \ldots, 5$, folgt

$$g(x) = x + \left(\frac{3}{5} - x\right)\Big[(x + 1)(\frac{4}{5})^3 1_{[-0,2;0)}(x) +$$

$$(x + \frac{4}{5})(\frac{4}{5})^2 1_{[0;0,2)}(x) \; (x + \frac{3}{5})\frac{4}{5} 1_{[0,2;0,4)}(x) \; + \; (x + \frac{2}{5}) 1_{[0,4;0,6)}(x)\Big] \,.$$

y_2, y_3 seien die in (6.9) b) definierten Zahlen zur Bestimmung von h_2 und h_3. Wegen

$$\frac{4}{5} - \sqrt{(1 + \frac{1}{5})\frac{1}{5}} = \frac{4 - \sqrt{6}}{5} < \frac{2}{5} = b_3$$

und

$$\frac{4}{5} - \sqrt{(1 + \frac{2}{5})\frac{1}{5}} = \frac{4 - \sqrt{7}}{5} \in [\frac{1}{5}, \frac{2}{5}] = [b_4, b_3]$$

sind $y_2 = \frac{2}{5}$ und $y_3 = \frac{4 - \sqrt{7}}{5}$. Nach der Bemerkung (6.10) ist daher $\max\{g, h_2\} \leq \max\{g, h_3\}$. Aus der Herleitung von h_2 und h_3 im Beweis zu (6.9) b) folgt

$$h_3(x) \geq g(x) \quad \forall \, x \in [y_3, b_3] \quad \text{und} \quad h_2(x) \geq g(x) \quad \forall \, x \in [y_2, b_2] \,.$$

Da $h_3(b_3) \geq g(b_3) = h_2(b_3)$ (beachte $y_2 = b_3$) und $h_3(b_1) = h_2(b_1)$, ist

$$h_3(x) \geq h_2(x) \geq g(x) \quad \forall\, x \in [b_3, b_2]\,.$$

Direktes Ausrechnen ergibt $h_3(x) = \frac{8\sqrt{7}-7}{25}x + \frac{16}{5}\frac{8-2\sqrt{7}}{25}\ \forall\, x \in [y_3, b_1]$.

Insgesamt gilt daher $\qquad u_5^{u;0,2}(x) = \begin{cases} g(x) & \text{, falls } x \in [-\frac{1}{5}, \frac{4-\sqrt{7}}{5}] \\[1mm] h_3(x) & \text{, falls } x \in [\frac{4-\sqrt{7}}{5}, \frac{4}{5}] \end{cases}\,.$

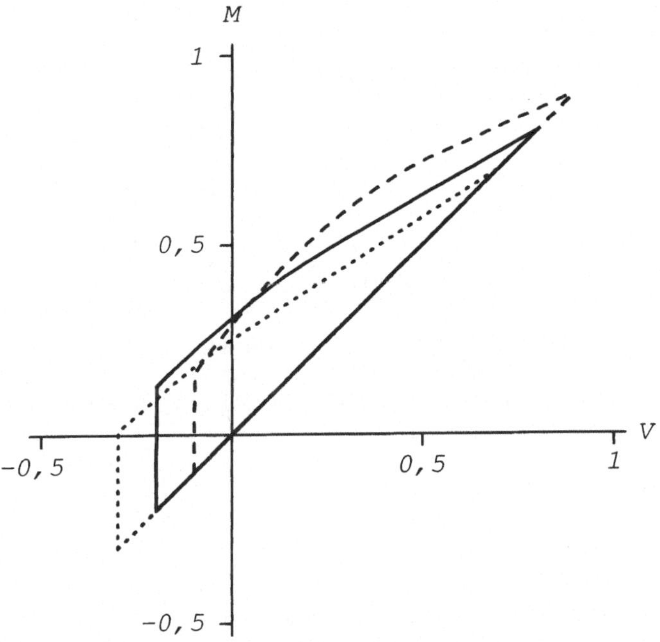

Abb. 6.3: $\Pi_5^{u;0,2}$ (——) im Vergleich zu $\Pi_5^{u;0,1}$ (– – –) und $\Pi_5^{u;0,3}$ ($\cdots$)

Alle drei Prophetenregionen sind nicht konvex. So gilt z.B. für $u_5^{u;0,2}$ $g'_-(0) < g'_+(0)$ und $g'_-(0,2) < g'_+(0,2)$. $\qquad\qquad\qquad\qquad\Box$

Mit Hilfe von Satz (6.13) beweisen wir im folgenden verschiedene Differenzungleichungen. Zunächst betrachten wir den klassischen Fall, in dem der Horizont n und die Kosten $c \in [0,1)$ fest sind.

(6.21) Satz ([Jo 90], Theorem B)
Es seien $n \geq 2$, $0 \leq c < 1$ und $X_1, \ldots, X_n$ stochastisch unabhängige, [0,1]-wertige Zufallsgrößen. Für $Y_i := X_i - ic$,

122

$1 \leq i \leq n$, *gilt*

$$M(Y_1, \ldots, Y_n) - V(Y_1, \ldots, Y_n)$$

$$\leq \begin{cases} \frac{1}{4}\left(1 + (n-2)\,c\right)^2 (1-c)^{n-2}, & \textit{falls } 0 \leq c \leq \frac{1}{n} \\[2mm] (n-1)\,c\,(1-c)^{n-1} & , \textit{falls } \frac{1}{n} \leq c \leq \frac{1}{n-1} \\[2mm] \vdots & \\[2mm] 2\,c\,(1-c)^2 & , \textit{falls } \frac{1}{3} \leq c \leq \frac{1}{2} \\[2mm] c\,(1-c) & , \textit{falls } \frac{1}{2} \leq c < 1 \,, \end{cases}$$

und die Ungleichung ist scharf.

Beweis: Wir betrachten zunächst den Fall $0 \leq c < \frac{1}{n-1}$. Wegen $b_n = 1 - nc > -c = a_1$ können wir direkt Satz (6.13) mit $k = n$ anwenden. Für die in (6.13) definierten Zahlen $z_2, \ldots, z_k$ gilt

$$
\text{(i)} \qquad z_i = b_{i+1} \quad \Longleftrightarrow \quad \frac{b_2 + a_i}{2} \leq b_{i+1}
$$

$$
\Longleftrightarrow \quad \frac{1 - (i+2)\,c}{2} \leq 1 - (i+1)\,c
$$

$$
\Longleftrightarrow \quad c \leq \frac{1}{i} \quad , \; i = 2, \ldots, k-1 \,, \quad \text{(für den Fall } k > 2\text{)}
$$

$$
\text{(ii)} \qquad z_k = a_1 \quad \Longleftrightarrow \quad \frac{b_2 + a_k}{2} \leq a_1
$$

$$
\Longleftrightarrow \quad \frac{1 - (k+2)\,c}{2} \leq -c
$$

$$
\Longleftrightarrow \quad c \geq \frac{1}{k} \,,
$$

$$
\text{(iii)} \qquad z_k = \frac{b_2 + a_k}{2} \quad \Longleftrightarrow \quad \frac{b_2 + a_k}{2} \geq a_1 \quad \text{und} \quad \frac{b_2 + a_k}{2} \leq b_k
$$

$$
\overset{\text{(ii)}}{\Longleftrightarrow} \quad c \leq \frac{1}{k} \quad \text{und} \quad \frac{1 - (k+2)\,c}{2} \leq 1 - kc
$$

$$
\Longleftrightarrow \quad c \leq \frac{1}{k} \quad \text{und} \quad (k-2)\,c \leq 1
$$

$$
\Longleftrightarrow \quad c \leq \frac{1}{k} \,.
$$

Wegen (i) und $c < \frac{1}{k-1}$ ist $z_i = b_{i+1}$ für $i = 2, \ldots, k-1$. Aufgrund der Bemerkung (6.14) folgt somit aus (6.13) und $n = k$

$$M(Y_1, \ldots, Y_n) - V(Y_1, \ldots, Y_n)$$

$$\leq \; g_n^{a,b}(z_n) - z_n$$

$$= \begin{cases} g_n^{a,b}\left(\frac{b_2+a_n}{2}\right) - \frac{b_2+a_n}{2} & \text{, falls } 0 \leq c \leq \frac{1}{n} \\ g_n^{a,b}(a_1) - a_1 & \text{, falls } \frac{1}{n} \leq c < \frac{1}{n-1} \end{cases}$$

$$= \begin{cases} \left(\frac{b_2-a_n}{2}\right)^2 (1-c)^{n-2} & \text{, falls } 0 \leq c \leq \frac{1}{n} \\ (a_1 - a_n)(b_2 - a_1)(1-c)^{n-2} & \text{, falls } \frac{1}{n} \leq c < \frac{1}{n-1} \end{cases}$$

$$= \begin{cases} \frac{1}{4}(1 + (n-2)c)^2 (1-c)^{n-2} & \text{, falls } 0 \leq c \leq \frac{1}{n} \\ (n-1)c(1-c)^{n-1} & \text{, falls } \frac{1}{n} \leq c < \frac{1}{n-1} \end{cases} \; .$$

Im Fall $\frac{1}{n-1} \leq c < \frac{1}{n-2}$ gilt $b_n \leq a_1 < b_{n-1}$, und die obere Schranke für den Horizont n ist nach Satz (6.13) dieselbe Schranke wie für den Horizont $n-1$. Mit den gleichen Überlegungen wie oben erhält man

$$M(Y_1, \ldots, Y_n) - V(Y_1, \ldots, Y_n) \leq (n-2)c(1-c)^{n-2}$$

für $\frac{1}{n-1} \leq c < \frac{1}{n-2}$. Analog findet man die oberen Schranken für die weiteren Fälle. Die Schärfe der Ungleichung folgt aus der Optimalität der oberen Schranke in (6.13). $\qquad\qquad\qquad\qquad\qquad\qquad\qquad \square$

Indem man den Horizont n und die Kosten c variabel läßt, kommt man zu allgemeineren Ungleichungen:

(6.22) Satz [(Jo 90], Theorem A)
Es seien X_i, $i \in \mathbb{N}$, stochastisch unabhängige, $[0,1]$-wertige Zufallsgrößen und für $c \in [0,1)$ $Y_i := X_i - ic$, $i \in \mathbb{N}$. Zu $x \in \mathbb{R}$ sei $[x] := \sup\{k \in \mathbb{Z}: \; k < x\}$. Dann gilt:

a) Für festes $c \in (0,1)$ und alle $n \geq 1$ ist

$$M(Y_1, \ldots, Y_n) - V(Y_1, \ldots, Y_n) \leq \left[\frac{1}{c}\right] c(1-c)^{\left[\frac{1}{c}\right]} \; .$$

b) Für alle $c \in [0,1)$ und festes $n \geq 1$ ist

$$M(Y_1, \ldots, Y_n) - V(Y_1, \ldots, Y_n) \leq \left(1 - \frac{1}{n}\right)^n \; .$$

124

c) Für alle $c \in [0,1)$ und alle $n \geq 1$ ist

$$M(Y_1, \ldots, Y_n) - V(Y_1, \ldots, Y_n) < \frac{1}{e} \,.$$

Alle oberen Schranken sind die kleinstmöglichen.

Beweis: Im Fall $n = 1$ gelten die Ungleichungen trivialerweise. Wir nehmen daher $n \geq 2$ an. Der Beweis erfolgt nun mit Satz (6.21):

zu a): Setze $m := \left[\frac{1}{c}\right] + 1$.

Dann gilt einerseits $\frac{1}{m} \leq c < \frac{1}{m-1}$; andererseits ist $Y_j \leq -c \leq Y_1$ P-f.s. für alle $j > m$ und daher für alle $n > m$

$$M(Y_1, \ldots, Y_n) - V(Y_1, \ldots, Y_n) \leq M(Y_1, \ldots, Y_m) - V(Y_1, \ldots, Y_m).$$

Nach Satz (6.21) gilt

$$M(Y_1, \ldots, Y_m) - V(Y_1, \ldots, Y_m) \leq$$
$$(m - 1)\, c\, (1 - c)^{m-1} \leq \left[\frac{1}{c}\right] c\, (1 - c)^{\left[\frac{1}{c}\right]} \,.$$

Da diese Ungleichung insbesondere im Fall $X_i \equiv 0$ für $n < i \leq m$, $n \in \{2, \ldots, m - 1\}$, gilt, folgt auch

$$M(Y_1, \ldots, Y_n) - V(Y_1, \ldots, Y_n) \leq \left[\frac{1}{c}\right] c\, (1 - c)^{\left[\frac{1}{c}\right]} \qquad \forall\, n < m \,.$$

zu b): Die Abbildung $c \mapsto \frac{1}{4}(1 + (n - 2)c)^2 (1 - c)^{n-2}$ ist isoton auf $[0, \frac{1}{n}]$ und die Abbildungen $c \mapsto (i - 1)c(1 - c)^{i-1}$, $i = 2, \ldots, n$, sind jeweils antiton auf $[\frac{1}{i}, \frac{1}{i-1}]$, $i = 2, \ldots, n$. Daher wird für festes $n \geq 2$ die Differenz $M(Y_1, \ldots, Y_n) - V(Y_1, \ldots, Y_n)$ nach Satz (6.21) maximal für $c = \frac{1}{n}$. Hieraus ergibt sich die obere Schranke in b).

zu c): Die Behauptung folgt aus der isotonen Konvergenz von $\left(1 - \frac{1}{n}\right)^n$ gegen $\frac{1}{e}$ für $n \to \infty$ und Teil b).

Die Grenzen in a) und b) sind nach (6.21) scharf. Mit dem obigen Beweis folgt daher auch die Schärfe in c). $\qquad\qquad\square$

Extremale Verteilungen für die Ungleichungen in (6.21) und (6.22) lassen sich wiederum mit den Sätzen (6.6) und (6.7) herleiten.

(6.23) Anmerkung (Extremale Verteilungen)

Im folgenden sei $Y_i = X_i - ic$ für $i \in \mathbb{N}$ und $c \in [0, 1)$.

a) Es seien $n \geq 2$, $0 \leq c \leq \frac{1}{n}$ und $X_1, \ldots, X_n$ stoch. unabhängige Zufallsgrößen mit

$$X_1 = \frac{1-nc}{2} \ P\text{-f.s.} \quad , \quad X_2 = \begin{cases} 1 \ \text{m.W.} \ \frac{1-(n-2)c}{2} \\ 0 \ \text{m.W.} \ \frac{1+(n-2)c}{2} \end{cases} ,$$

$$X_k = \begin{cases} 1 \ \text{m.W.} \ c \\ 0 \ \text{m.W.} \ 1-c \end{cases} , \ k = 3, \ldots, n \ .$$

$Y_1, \ldots, Y_n$ besitzen somit eine Verteilung der Form aus (6.6) und nach (6.7)a) gilt

$$V(Y_1, \ldots, Y_n) = \frac{1-nc}{2} - c = \frac{1-(n+2)c}{2} \ ,$$

$$M(Y_1, \ldots, Y_n) = \frac{1-(n+2)c}{2} +$$
$$\left(\frac{1-(n+2)c}{2} + nc \right) \left(1 - 2c - \frac{1-(n+2)c}{2} \right) (1-c)^{n-2}.$$

Daher folgt

$$M(Y_1, \ldots, Y_n) - V(Y_1, \ldots, Y_n) = \frac{1}{4} \left(1 + (n-2) c \right)^2 (1-c)^{n-2} \ ,$$

also Gleichheit in (6.21).

b) Zu $n \geq 2$, $i \in \{2, \ldots, n\}$ und $\frac{1}{i} \leq c < \frac{1}{i-1}$ seien $X_1, \ldots, X_n$ stochastisch unabhängige Zufallsgrößen mit

$$X_1 = 0 \ P\text{-f.s.} \quad , \quad X_k = \begin{cases} 1 \ \text{m.W.} \ c \\ 0 \ \text{m.W.} \ 1-c \end{cases} , \ k = 2, \ldots, i \ ,$$

$$X_{i+1} = \ldots = X_n = 0 \ P\text{-f.s.} \ .$$

$Y_1, \ldots, Y_i$ genügen wieder der Form aus (6.6) und mit (6.7) gilt

$$V(Y_1, \ldots, Y_n) = V(Y_1, \ldots, Y_i) = -c \ ,$$

$$M(Y_1, \ldots, Y_n) = M(Y_1, \ldots, Y_i) =$$
$$= -c + (-c + ic) (1 - 2c + c) (1-c)^{i-2}$$
$$= -c + (i-1) c (1-c)^{i-1} \ .$$

Also folgt

$$M(Y_1, \ldots, Y_n) - V(Y_1, \ldots, Y_n) = (i - 1)\, c\, (1 - c)^{i-1} ,$$

d.h. wiederum Gleichheit in (6.21).

c) Wir übernehmen im wesentlichen das Beispiel in b).
Zu $c \in [0, 1)$ seien $X_1, X_2, \ldots$ stochastisch unabhängige Zufallsgrößen mit

$$X_1 = 0 \;\; P\text{-f.s.} \;\; , \quad X_k = \begin{cases} 1 & \text{m.W. } c \\[2mm] 0 & \text{m.W. } 1 - c \end{cases} , \;\; k \geq 2 .$$

(i) Für festes $c \in (0, 1)$ und $n = \left[\frac{1}{c}\right] + 1$ ([.] wie in (6.22) def.) gilt $\frac{1}{n} \leq c < \frac{1}{n-1}$ und somit nach Beispiel b)

$$M(Y_1, \ldots, Y_n) - V(Y_1, \ldots, Y_n) =$$

$$(n - 1)\, c\, (1 - c)^{n-1} = \left[\frac{1}{c}\right] c\, (1 - c)^{\left[\frac{1}{c}\right]} .$$

Dieses ist gleich der oberen Schranke in (6.22) a).

(ii) Für festes $n \geq 1$ und $c = \frac{1}{n}$ folgt nach Beispiel b)

$$M(Y_1, \ldots, Y_n) - V(Y_1, \ldots, Y_n) =$$

$$(n - 1)\, \frac{1}{n} \left(1 - \frac{1}{n}\right)^{n-1} = \left(1 - \frac{1}{n}\right)^n .$$

Dieses ist gleich der oberen Schranke in (6.22) b). $\qquad \square$

e) Diskontierung und Beobachtungskosten

In diesem Abschnitt werden die bereits behandelten Bewertungsarten Diskontierung und Beobachtungskosten kombiniert. Zu jeder Zeitstufe gehen wir dabei von konstanter Diskontierung um einen Faktor $\beta \in (0, 1]$ und konstanten Beobachtungskosten $c \in [0, 1)$ aus. Da neben den Zufallsgrößen auch die Kosten diskontiert werden, erhält man als Auszahlungen (vgl. Beispiel (6.2)c))

$$X_1 - c, \; \beta X_2 - c \sum_{l=1}^{2} \beta^{l-1}, \; \ldots, \; \beta^{n-1} X_n - c \sum_{l=1}^{n} \beta^{l-1} .$$

Wir betrachten wiederum unabhängige, $[0,1]$-wertige Zufallsgrößen $X_1, \ldots, X_n$, $n \geq 2$. Überträgt man dieses Problem auf die Bezeichnungen von Abschnitt a), so gilt für die Grenzen a_i, b_i

$$a_i = -c \sum_{l=1}^{i} \beta^{l-1} \quad , \quad b_i = \beta^{i-1} - c \sum_{l=1}^{i} \beta^{l-1} \quad , i \in \mathbb{N}.$$

Wie im Abschnitt d) erhält man auch hier für $c > 0$ die Ergebnisse für den unendlichen Horizont aus denen für den Horizont $n_\infty = \max\{j \geq 1 : \beta^{j-1} - c\sum_{l=1}^{j} \beta^{l-1} > -c\}$. Ebenfalls werden auch hier zur Berechnung der oberen Grenzfunktion $u_n^{u;c,\beta} := u_n^{u;a,b}$ der Prophetenregion $\Pi_n^{u;c,\beta} := \Pi_n^{u;a,b}$ höchstens zwei Verbindungsstrecken benötigt:

(6.24) Bemerkung

Es seien $c \in (0,1)$, $\beta \in (0,1]$, $n \geq 2$ sowie

$$k := \max\{j \in \{2,\ldots,n\} : \ \beta^{j-1} - c\Sigma_{l=1}^{j} \beta^{l-1} > -c\} \quad und$$

$$r := \max\left\{i \in \{2,\ldots,k\} : \ \frac{(1 - \beta + \beta c)\left(\Sigma_{l=1}^{i-1} \beta^{l-1}\right)^2}{-\beta c \Sigma_{l=1}^{i-1} \beta^{l-1}} < 1\right\}.$$

Dann gilt mit den Bezeichnungen aus Satz (6.9) b)

$$u_n^{u;c,\beta} = u_k^{u;c,\beta} = \begin{cases} \max\{g, h_2\} & , \text{ falls } r = 2 \\ \max\{g, h_{r-1}, h_r\} & , \text{ falls } r > 2 \,. \end{cases}$$

Beweis: Die Aussage wird völlig analog zur Bemerkung (6.19) bewiesen. $\qquad\qquad\square$

Mit erheblichem analytischen Aufwand läßt sich auch eine scharfe Differenzungleichung bestimmen ([Ha 96], §7). Zu vorgegebenem Horizont n und Diskontierungsfaktor β wird dabei eine Fallunterscheidung bei den Kosten $c \in [0,1)$ vorgenommen. Im folgenden wird die Herleitung kurz skizziert und das Ergebnis angegeben:

Es seien $n \geq 2$, $\beta \in (0,1]$ und $c \in [0,1)$. Aus Satz (6.13) folgt für die maximale Differenz

$$D_{n,\beta}(c) := \sup\{M(X_1 - c, \ldots, \beta^{n-1}X_n - c\sum_{l=1}^{n} \beta^{l-1})$$

$$- V(X_1 - c, \ldots, \beta^{n-1} X_n - c \sum_{l=1}^{n} \beta^{l-1}) : P^{(X_1,\ldots,X_n)} \in \mathcal{P}_n^u\},$$

daß

$$D_{n,\beta}(c) = \max\{d_2, \ldots, d_k\},$$

wobei $k = \max\{j \in \{1, \ldots, n\} : b_j > a_1\}$ und $d_1, \ldots, d_k$ wie in (6.13) definiert seien. In einem ersten Schritt läßt sich mit der Bemerkung (6.14) zeigen, daß

$$D_{n,\beta}(c) = \begin{cases} d_s & , \text{ falls } \quad s = 2 \\ d_s \vee d_{s-1} & , \text{ falls } \quad s \geq 3 \end{cases},$$

wobei $s := \max\{i \in \{2, \ldots, k\} : \frac{b_2 + a_i}{2} < b_i\}$.

Um dieses Resultat zu verschärfen, wird das Kostenintervall $[0,1)$ unterteilt. Hierzu benötigen wir einige Definitionen und Hilfsaussagen:

(6.25) Definitionen

Es sei $\beta \in (0, 1]$.

a)Die Funktion $F_\beta : \mathrm{IR} \to \mathrm{IR}$ sei definiert durch

$$F_\beta(c) := (1 - c)^3 - \frac{1}{4}(1 - c + \frac{1 - 2c}{\beta})^2 .$$

b)Die Funktionen $G_{i,\beta} : \mathrm{IR} \to \mathrm{IR}$, $i \geq 3$, seien definiert durch

$$G_{i,\beta}(c) := (1 + c \sum_{l=2}^{i-1} \beta^{l-1})^2 (1 - c) - (1 + c \sum_{l=2}^{i-2} \beta^{l-1})^2 .$$

c)Die Zahlen $E_{i,\beta}$, $i \geq 2$, seien definiert durch

$$E_{i,\beta} := \frac{1}{1 + \sum\limits_{l=1}^{i-1} \beta^{l-1}} .$$

d)Die Funktionen $H_{i,\beta} : \mathrm{IR} \to \mathrm{IR}$, $i \geq 3$, seien definiert durch

$$H_{i,\beta}(c) := c(1 - c)^2 \sum_{l=1}^{i-1} \beta^{l-1} - \frac{1}{4}(1 - c + c \sum_{l=1}^{i-2} \beta^{l-1})^2 .$$

(6.26) Lemma

Es sei $\beta \in (0,1]$.

    a)F_β besitzt auf $[0,\frac{1}{2})$ genau eine Nullstelle A_β.

    b)Es sei $i \geq 3$ mit $\beta^{i-1} > \frac{\beta}{2}$. Dann besitzt $G_{i,\beta}$ auf $(0,1)$ genau eine Nullstelle $B_{i,\beta}$ und es gilt

$$0 < B_{i,\beta} < B_{i-1,\beta} < \ldots < B_{3,\beta} < 1 \,.$$

    c)Für $i \geq 3$ gilt

$$0 < E_{i,\beta} < E_{i-1,\beta} < \ldots < E_{3,\beta} < E_{2,\beta} = \frac{1}{2} \,.$$

    d)Für $i \geq 3$ mit $\beta^{i-1} > \frac{\beta}{2}$ ist $B_{i,\beta} \leq E_{i,\beta}$ genau dann, wenn $E_{i,\beta} \leq A_\beta$.

    e)Es sei $i \geq 3$ mit $E_{i,\beta} > A_\beta$. Dann besitzt $H_{i,\beta}$ auf $(E_{i,\beta}, E_{i-1,\beta}]$ genau eine Nullstelle $C_{i,\beta}$.

Zu $n \geq 2$ und $\beta \in (0,1]$ seien Konstanten K und L gegeben durch

$$K := \max\{i \in \{2,\ldots,n\} : \beta^{i-1} > \frac{\beta}{2}\}$$
$$L := \max\{i \in \{2,\ldots,n\} : E_{i,\beta} > A_\beta\}.$$

Für $i \in \{3,\ldots,K\}$ ist dann die Voraussetzung zu (6.26)b) und für $i \in \{3,\ldots,L\}$ die Voraussetzung zu (6.26)e) erfüllt. Da $K \geq L$, läßt sich das Beobachtungskostenintervall nun folgendermaßen unterteilen:

$$0 < B_{K,\beta} < \ldots < B_{L+1,\beta} \leq A_\beta < E_{L,\beta}$$
$$< C_{L,\beta} \leq E_{L-1,\beta} < \ldots < C_{3,\beta} \leq E_{2,\beta} < 1.$$

Hiermit gilt

(6.27) Satz

Es seien $n \geq 2, \beta \in (0,1]$ und $c \in [0,1)$. Dann gilt

$$D_{n,\beta}(c) = \begin{cases} d_K, & \text{falls} \quad 0 \leq c \leq B_{K,\beta}, L < K \\ d_{i-1}, & \text{falls} \quad B_{i,\beta} \leq c \leq B_{i-1,\beta} \text{ für ein } L+2 \leq i \leq K \\ d_L, & \text{falls} \quad B_{L+1,\beta} \leq c \leq E_{L,\beta}, L < K \text{ oder} \\ & \quad\quad\quad 0 \leq c \leq E_{L,\beta}, L = K \\ d_j, & \text{falls} \quad E_{j,\beta} \leq c \leq C_{j,\beta} \text{ für ein } 3 \leq j \leq L \\ d_{j-1}, & \text{falls} \quad C_{j,\beta} \leq c \leq E_{j-1,\beta} \text{ für ein } 3 \leq j \leq L \\ d_2, & \text{falls} \quad E_{2,\beta} \leq c \leq 1. \end{cases}$$

Ausrechnen der d_i liefert schließlich als Resultat:

(6.28) Satz
   Es seien $n \geq 2$ und $\beta \in (0,1]$.
   Im Fall $L < K$ gilt

$$D_{n,\beta}(c) = \begin{cases} \frac{1}{4}\beta\,(1-c)^{K-2}\left(1 + c\sum_{l=2}^{K-1}\beta^{l-1}\right)^2 & ,\text{ falls } c \in [0, B_{K,\beta}] \\[2ex] \frac{1}{4}\beta\,(1-c)^{K-3}\left(1 + c\sum_{l=2}^{K-2}\beta^{l-1}\right)^2 & ,\text{ falls } c \in [B_{K,\beta}, B_{K-1,\beta}] \\[2ex] \vdots & \\[1ex] \frac{1}{4}\beta\,(1-c)^{L-2}\left(1 + c\sum_{l=2}^{L-1}\beta^{l-1}\right)^2 & ,\text{ falls } c \in [B_{L+1,\beta}, E_{L,\beta}] \\[2ex] c\,(1-c)^{L-1}\sum_{l=2}^{L}\beta^{l-1} & ,\text{ falls } c \in [E_{L,\beta}, C_{L,\beta}] \\[2ex] \frac{1}{4}\beta\,(1-c)^{L-3}\left(1 + c\sum_{l=2}^{L-2}\beta^{l-1}\right)^2 & ,\text{ falls } c \in [C_{L,\beta}, E_{L-1,\beta}] \\[2ex] \vdots & \\[1ex] c\,(1-c)^2\,(\beta + \beta^2) & ,\text{ falls } c \in [E_{3,\beta}, C_{3,\beta}] \\[2ex] \frac{1}{4}\beta & ,\text{ falls } c \in [C_{3,\beta}, E_{2,\beta}] \\[2ex] c\,(1-c)\,\beta & ,\text{ falls } c \in [E_{2,\beta}, 1) \end{cases}$$

   Im Fall $L = K$ gilt

$$D_{n,\beta}(c) = \begin{cases} \frac{1}{4}\beta\,(1-c)^{L-2}\left(1 + c\sum_{l=2}^{L-1}\beta^{l-1}\right)^2 & ,\text{ falls } c \in [0, E_{L,\beta}] \\[2ex] c\,(1-c)^{L-1}\sum_{l=2}^{L}\beta^{l-1} & ,\text{ falls } c \in [E_{L,\beta}, C_{L,\beta}] \\[2ex] \frac{1}{4}\beta\,(1-c)^{L-3}\left(1 + c\sum_{l=2}^{L-2}\beta^{l-1}\right)^2 & ,\text{ falls } c \in [C_{L,\beta}, E_{L-1,\beta}] \\[2ex] \vdots & \\[1ex] c\,(1-c)^2\,(\beta + \beta^2) & ,\text{ falls } c \in [E_{3,\beta}, C_{3,\beta}] \\[2ex] \frac{1}{4}\beta & ,\text{ falls } c \in [C_{3,\beta}, E_{2,\beta}] \\[2ex] c\,(1-c)\,\beta & ,\text{ falls } c \in [E_{2,\beta}, 1) \end{cases}$$

Zur Illustration geben wir ein numerisches Beispiel an:

(6.29) Beispiel

Es sei $\beta = 0,94$.

Hieraus ergibt sich $A_\beta = 0,2158$ und für $n \in \{2,\ldots,6\}$

$$K = n \quad \text{und} \quad L = \min\{4,n\} \, .$$

Die Zahlen $B_{3,\beta},\ldots,B_{6,\beta}$, $E_{2,\beta},\ldots,E_{6,\beta}$ und $C_{3,\beta},C_{4,\beta}$ sind in folgender Tabelle aufgelistet:

i	2	3	4	5	6
$B_{i,\beta}$	–	$0,5824$	$0,3321$	$0,2137$	$0,1462$
$E_{i,\beta}$	$0,5$	$0,3401$	$0,2615$	$0,2149$	$0,1840$
$C_{i,\beta}$	–	$0,4840$	$0,3096$	–	–

Hiermit können wir die Funktionen $D_{n,\beta}$, $n \in \{2,\ldots,6\}$, graphisch darstellen:

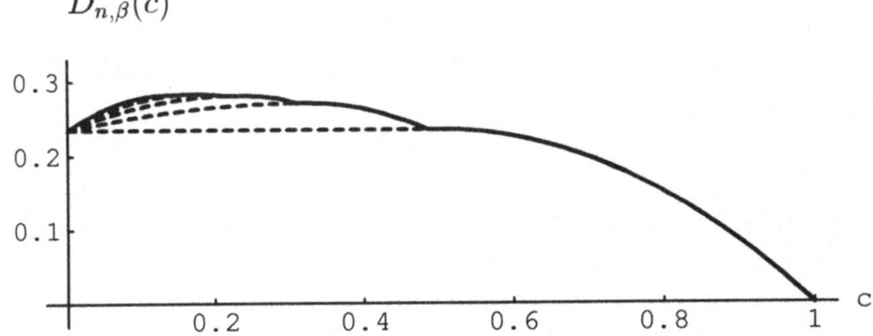

Abb. 6.4 : Die obere Differenzschranke $D_{n,\beta}(c)$ für $\beta = 0,94$ und $n = 2,3,4,5,6$ (von unten).

III. Unabhängige Versuchswiederholungen (der iid-Fall)

7. Folgen von stochastisch unabhängigen, identisch verteilten Zufallsgrößen

Im Anschluß an den unabhängigen Fall liegt es nahe, die Strategienmenge des Propheten noch weiter auf Folgen von stochastisch unabhängigen, *identisch verteilten* Zufallsgrößen einzuschränken (*iid-Fall*). Während dieser Fall für wahrscheinlichkeitstheoretische Untersuchungen (z.B. Gesetze der großen Zahlen, Zentraler Grenzwertsatz, Satz vom iterierten Logarithmus) häufig besonders einfach ist, verkompliziert die zusätzliche Bedingung der identischen Verteilung die Prophetentheorie ganz erheblich; insbesondere hat man nicht mehr so weitreichende Reduktionsmöglichkeiten wie in den vorherigen Kapiteln.

a) Reduktion auf diskrete Verteilungen; analytische Hilfsfunktionen

Analog zum allgemeinen Fall (vgl. das Beispiel (1.3)) kann man auch hier ohne Beschränktheitsvoraussetzungen keine aussagekräftigen Resultate erwarten:

(7.1) Beispiel
Es seien $x > 0$, $K > 0$, $n \geq 2$ und $X_1, \ldots, X_n$ stochastisch unabhängige, identisch verteilte (*iid*) Zufallsgrößen mit

$$P\left(X_1 = \left(\frac{2}{3}\right)^{n-1} K - 2K\right) = P\left(X_1 = \left(\frac{2}{3}\right)^{n-1} K - K\right)$$

$$= P\left(X_1 = \left(\frac{2}{3}\right)^{n-1} K + x\right) = \frac{1}{3}.$$

Eine Induktion liefert dann für alle $j \in \{0, \ldots, n-1\}$

$$V(X_{n-j}, \ldots, X_n) = \left(\frac{2}{3}\right)^{n-1} K - \left(\frac{2}{3}\right)^{j} K + x\left(1 - \left(\frac{2}{3}\right)^{j+1}\right):$$

Im Fall $j = 0$ hat man

$$V(X_n) = E(X_n) = \left(\frac{2}{3}\right)^{n-1} K - K + \frac{x}{3}.$$

Gilt die Aussage für ein $j < n - 1$, so folgt

$$V(X_{n-(j+1)}, \ldots, X_n) = E(X_{n-j-1} \vee V(X_{n-j}, \ldots, X_n)) \quad \text{nach (5.1)}$$

$$= E\left(X_{n-j-1} \vee \left[\left(\frac{2}{3}\right)^{n-1} K - \left(\frac{2}{3}\right)^{j} K + x(1 - \left(\frac{2}{3}\right)^{j+1})\right]\right)$$

$$= \frac{2}{3}\left(\left(\frac{2}{3}\right)^{n-1} K - \left(\frac{2}{3}\right)^{j} K + x(1 - \left(\frac{2}{3}\right)^{j+1})\right) + \frac{1}{3}\left(\left(\frac{2}{3}\right)^{n-1} K + x\right)$$

$$= \left(\frac{2}{3}\right)^{n-1} K - \left(\frac{2}{3}\right)^{j+1} K + x\left[1 - \left(\frac{2}{3}\right)^{j+2}\right].$$

Insbesondere ist $V(X_1, \ldots, X_n) = x\left[1 - \left(\frac{2}{3}\right)^n\right]$. Für den erwarteten Gewinn des Propheten gilt

$$E(\max_{1 \leq i \leq n} X_i) = \left(\left(\frac{2}{3}\right)^{n-1} K - 2K\right)\left(\frac{1}{3}\right)^n + \left(\left(\frac{2}{3}\right)^{n-1} K - K\right)\left(\left(\frac{2}{3}\right)^n - \left(\frac{1}{3}\right)^n\right)$$

$$+ \left(\left(\frac{2}{3}\right)^{n-1} K + x\right)\left(1 - \left(\frac{2}{3}\right)^n\right)$$

$$= \left(\frac{1}{3}\right)^n (2^{n-1} - 1) K + x\left(1 - \left(\frac{2}{3}\right)^n\right),$$

insbesondere also $\lim_{K \to \infty} M(X_1, \ldots, X_n) = \infty$. Mit wachsendem K werden somit sowohl die Differenz als auch der Quotient von M und V beliebig groß. $\qquad\square$

Daher betrachten wir im folgenden wiederum gleichmäßig beschränkte – vornehmlich $[0, 1]$-wertige – Zufallsgrößen.

In einem ersten Schritt zeigen wir, daß sich der Prophet bei endlichem Horizont n auf Verteilungen mit $n + 1$ Trägerpunkten beschränken kann.

(7.2) Satz ([H/K 82], Lemma 2.4)

$X_1, \ldots, X_n, n \geq 2$, *seien* $[0, 1]$-*wertige, iid-Zufallsgrößen und es* *bezeichne $v_i := V(X_i, \ldots, X_n), 1 \leq i \leq n$. Dann existieren $[0,1]$-wertige, iid-Zufallsgrößen $Y_1, \ldots, Y_n$ mit*

$$P(Y_1 \in \{0, v_n, v_{n-1}, \ldots, v_2, 1\}) = 1,$$

so daß
(i) $V(Y_i, \ldots, Y_n) = V(X_i, \ldots, X_n)$ für alle $i \in \{1, \ldots, n\}$,
(ii) $M(Y_1, \ldots, Y_n) \geq M(X_1, \ldots, X_n)$.

Beweis: Es sei X eine Zufallsgröße mit $P^X = P^{X_1}$. Falls $X = c$ P-f.s. folgen die Behauptungen mit $Y_i := X_i, 1 \leq i \leq n$. Andernfalls wird zunächst mit einer Rückwärtsinduktion $v_{i+1} < v_i \; \forall i \in \{1, \ldots, n\}$, $v_{n+1} := 0$, bewiesen: Für $i = n$ ist $v_n = E(X_n) > 0 = v_{n+1}$, da X_n nicht P-f.s. konstant ist. Es sei nun $v_{i+1} < v_i$ für ein $i \in \{2, \ldots, n\}$. Dann folgt

$$\begin{aligned}
v_{i-1} &= E(X_{i-1} \vee v_i) \quad \text{nach (5.1)} \\
&> E(X_{i-1} \vee v_{i+1}) \text{, da } v_{i+1} < v_i \\
&\quad \text{und } P(X_{i-1} < v_i) \geq P(X_{i-1} < E(X_{i-1})) > 0 \\
&= E(X_i \vee v_{i+1}) = v_i.
\end{aligned}$$

Wegen $v_2 < v_1 \leq 1$ gilt also

$$0 < v_n < v_{n-1} < \ldots < v_2 < 1.$$

Definiert man nun induktiv Zufallsgrößen

$$\begin{aligned}
W^{(1)} &:= (X)^1_{v_2}, \\
W^{(k)} &:= (W^{(k-1)})^{v_k}_{v_{k+1}}, \quad k = 2, \ldots, n,
\end{aligned}$$

so folgt für iid-Zufallsgrößen $Y_1, \ldots, Y_n$ mit $P^{Y_1} = P^{W^{(n)}}$ aufgrund der Definition eines Balayage

$$P(Y_1 \in \{0, v_n, \ldots, v_2, 1\}) = 1,$$

und es gelten die Aussagen (i) und (ii):
(i) erhält man mit einer Rückwärtsinduktion: Zunächst gilt $V(Y_n) = E(W^{(n)}) = E(W^{(n-1)}) = \ldots = EW^{(1)} = E(X) = v_n$ nach der

Anmerkung (2.2). Aus $V(Y_i, \ldots, Y_n) = V(X_i, \ldots, X_n) = v_i$ für ein $i \in \{2, \ldots, n\}$ folgt dann mit (5.1) und sukzessiver Anwendung von (2.5)

$$
\begin{aligned}
V(Y_{i-1}, \ldots, Y_n) &= E(Y_{i-1} \vee V(Y_i, \ldots, Y_n)) \\
&= E(W^{(n)} \vee v_i) = E(W^{(n-1)} \vee v_i) \\
&\vdots \\
&= E(W^{(1)} \vee v_i) = E(X \vee v_i) \\
&= V(X_{i-1}, \ldots, X_n) = v_{i-1}.
\end{aligned}
$$

Zum Beweis von (ii) definieren wir uns zu jedem $k \in \{1, \ldots, n\}$ iid-Zufallsgrößen $W_1^{(k)}, \ldots, W_n^{(k)}$ mit $P^{W_1^{(k)}} = P^{W^{(k)}}$, so daß $X_1, \ldots, X_n$, $W_1^{(1)}, \ldots, W_n^{(1)}, \ldots, W_1^{(n)}, \ldots, W_n^{(n)}$ stochastisch unabhängig sind. Dann ergibt eine sukzessive Anwendung von Satz (2.3)

$$
\begin{aligned}
E(X_1 \vee \ldots \vee X_n) &\leq E(X_1 \vee \ldots \vee X_{n-1} \vee W_n^{(1)}) \leq \ldots \\
&\vdots \\
&\leq E(W_1^{(1)}, \ldots, W_n^{(1)}) \leq \ldots \\
&\leq E(W_1^{(2)} \vee \ldots \vee W_n^{(2)}) \leq \ldots \\
&\leq E(W_1^{(n)}, \ldots, W_n^{(n)}) = E(Y_1 \vee \ldots \vee Y_n). \qquad \square
\end{aligned}
$$

Zur Charakterisierung der extremalen Verteilungen dient die folgende Aussage:

(7.3) Korollar

   $X_1, \ldots, X_n, n \geq 2$ *seien* $[0,1]$-*wertige iid Zufallsgrößen*, $v_i :=$ $V(X_i, \ldots, X_n), 1 \leq i \leq n$, *und es gelte*

$$
P(X_1 \in \{0, v_n, v_{n-1}, \ldots, v_2, 1\}) < 1.
$$

Dann existieren $[0,1]$-*wertige iid-Zufallsgrößen* $Y_1, \ldots, Y_n$ *mit* $P(Y_1 \in \{0, v_n, \ldots, v_2, 1\}) = 1$, *so daß*
(i) $V(Y_1, \ldots, Y_n) = V(X_1, \ldots, X_n)$
(ii) $M(Y_1, \ldots, Y_n) > M(X_1, \ldots, X_n)$.

Beweis durch Analyse des Beweises zu Satz (7.2): X sei wiederum eine Zufallsgröße mit $P^X = P^{X_1}$. Nach Voraussetzung ist X nicht

P-f.s. konstant und daher gilt $0 < v_n < v_{n-1} < \ldots < v_i < 1$. Aus der Definition von $W^{(1)}, \ldots, W^{(n)}$ und $P(X \in \{0, v_n, \ldots, v_2, 1\}) < 1$ folgt, daß mindestens eine der Wahrscheinlichkeiten $P(X \in (v_2, 1))$, $P(W^{(k-1)} \in (v_{k+1}, v_k))$, $k = 2, \ldots, n$, größer als 0 ist. Zusammen mit Korollar (2.4) bedeutet dies, daß in der Ungleichungskette zum Beweis von (7.2)(ii) mindestens ein „$<$" auftritt. $\qquad\qquad\square$

Für $[0, 1]$-wertige iid-Zufallsgrößen $X_1, \ldots, X_n$ mit $P(X_1 \in \{0, v_n, \ldots, v_2, 1\}) = 1$ lassen sich $V(X_i, \ldots, X_n), 1 \leq i \leq n$, und $M(X_1, \ldots, X_n)$ direkt aus den Werten der Verteilungsfunktion berechnen:

(7.4) Lemma ([H/K 82], Lemma 2.5)
   Es seien $X, X_1, \ldots, X_n, n \geq 2$, $[0, 1]$-wertige iid-Zufallsgrößen, $v_i := V(X_i, \ldots, X_n), 1 \leq i \leq n$, X nicht P-f.s. konstant und $P(X \in \{0, v_n, \ldots, v_2, 1\}) = 1$. Setzt man $s_{-1} := 1$, $s_0 := P(X = 0)$, $s_j := P(X \leq v_{n+1-j})$, $j = 1, \ldots, n-1$, so gilt $0 < s_0 \leq s_1 \leq \ldots \leq s_{n-1} < 1$ und

$$(i) \qquad V(X_{n+1-j}, \ldots, X_n) = EX \sum_{k=-1}^{j-2} \prod_{\ell=-1}^{k} s_\ell \qquad \text{für } j = 1, \ldots, n$$

$$(ii) \qquad EX = \frac{1 - s_{n-1}}{(1 - s_{n-1})(\sum_{k=-1}^{n-3} \prod_{\ell=-1}^{k} s_\ell) + \prod_{\ell=0}^{n-2} s_\ell}$$

$$(iii) \quad M(X_1, \ldots, X_n) = EX \left[\sum_{k=-1}^{n-3} \prod_{\ell=-1}^{k} s_\ell + \left(\prod_{\ell=0}^{n-2} s_\ell \right) \left(\sum_{i=0}^{n-1} s_{n-1}^i \right) \right.$$
$$\left. - \sum_{k=0}^{n-2} \left(\prod_{\ell=-1}^{k-1} s_\ell \right) s_k^n \right].$$

Beweis: Es ist $s_0 = P(X = 0) = P(X < EX) > 0$, da X nicht konstant ist. Offensichtlich gilt $s_0 \leq s_1 \leq \ldots \leq s_{n-1}$; $s_{n-1} = P(X \leq v_2) < 1$ folgt aus $E(X \vee v_2) = v_1 > v_2$, wobei $v_1 > v_2$ bereits für den Satz (7.2) bewiesen wurde.

Setzen wir $w_i := V(X_1, \ldots, X_i)$, $1 \leq i \leq n, w_0 := 0$, so gilt $w_i = v_{n+1-i}$, da $X_1, \ldots, X_n$ iid sind; X besitzt den Träger $\{0, w_1, \ldots, w_{n-1}, 1\}$. Teil (i) erhält man aus einer Induktion über j: Für $j = 1$ gilt offensichtlich $V(X_n) = EX$. Angenommen die Aussage gilt für alle

$k \in \{1, \ldots, j\}, j < n$; dann schließt man wie folgt:

$$
\begin{aligned}
V(X_{n+1-(j+1)}, \ldots, X_n) &= E(X \vee w_j) \quad \text{nach (5.1)} \\
&= EX + E(w_j - X)^+.
\end{aligned}
$$

Für die Verteilungsfunktion F_j von $(w_j - X)^+$ gilt

$$
F_j(t) = \begin{cases} 0 & t < 0 \\ 1 - s_k & \text{,falls} \quad w_j - w_{k+1} \leq t < w_j - w_k, 0 \leq k \leq j-1, \\ 1 & t > w_j \end{cases}
$$

also

$$
\begin{aligned}
E(X) + E(w_j - X)^+ &= E(X) + \int_{[0,\infty)} 1 - F_j(t)\, dt \\
&= E(X) + \sum_{k=0}^{j-1} (w_{k+1} - w_k)\, s_k \\
&= E(X) + \sum_{k=0}^{j-1} EX \Big(\prod_{\ell=-1}^{k-1} s_\ell \Big) s_k \qquad \text{nach I.V.} \\
&= E(X) \sum_{k=-1}^{j-1} \prod_{\ell=-1}^{k} s_\ell.
\end{aligned}
$$

(ii) ergibt sich mit Hilfe von (i):

$$
\begin{aligned}
1 - s_{n-1} &= E(X) - \sum_{k=1}^{n-1} w_k (s_k - s_{k-1}) \\
&= E(X) + w_1 s_0 - \sum_{k=1}^{n-2} (w_k - w_{k+1}) s_k - w_{n-1}\, s_{n-1} \\
&= E(X) + E(X) s_0 + E(X) \sum_{k=1}^{n-2} \Big(\prod_{\ell=-1}^{k-1} s_\ell \Big) s_k \\
&\qquad - \Big(E(X) \sum_{k=-1}^{n-3} \prod_{\ell=-1}^{k} s_\ell \Big) s_{n-1} \qquad \text{nach Teil (i)} \\
&= E(X) \Big((1 - s_{n-1}) \sum_{k=-1}^{n-3} \prod_{\ell=-1}^{k} s_\ell + \prod_{\ell=-1}^{n-2} s_\ell \Big).
\end{aligned}
$$

Da die rechte Seite ungleich 0 ist, folgt (ii).

Zu (iii): F sei die Verteilungsfunktion von X, also F^n die Verteilungsfunktion von $\max_{1 \le i \le n} X_i$. Dann folgt

$$E(\max_{1 \le i \le n} X_i) = \int_{[0,\infty)} 1 - F^n(t)\,dt$$

$$= \sum_{k=0}^{n-2} (w_{k+1} - w_k)(1 - s_k^n) + (1 - w_{n-1})(1 - s_{n-1}^n)$$

$$= - \sum_{k=0}^{n-2} (w_{k+1} - w_k)s_k^n - (1 - w_{n-1})s_{n-1}^n + 1$$

$$= -E(X) \sum_{k=0}^{n-2} \left(\prod_{\ell=-1}^{k-1} s_\ell \right) s_k^n + s_{n-1}^n E(X) \left(\sum_{k=-1}^{n-3} \prod_{\ell=-1}^{k} s_\ell \right) + 1 - s_{n-1}^n$$

$$\text{nach Teil (i)}$$

$$= E(X) \left[- \sum_{k=0}^{n-2} \left(\prod_{\ell=-1}^{k-1} s_\ell \right) s_k^n + s_{n-1}^n \left(\sum_{k=-1}^{n-3} \prod_{\ell=-1}^{k} s_\ell \right) \right.$$

$$\left. + (1 - s_{n-1}^n) \frac{(1 - s_{n-1}) \sum_{k=-1}^{n-3} \prod_{\ell=-1}^{k} s_\ell + \prod_{\ell=0}^{n-2} s_\ell}{(1 - s_{n-1})} \right] \quad \text{nach (ii)}$$

$$= E(X) \left[- \sum_{k=0}^{n-2} \left(\prod_{\ell=-1}^{k-1} s_\ell \right) s_k^n + \sum_{k=-1}^{n-3} \prod_{\ell=-1}^{k} s_\ell + \left(\sum_{i=0}^{n-1} s_{n-1}^i \right) \prod_{\ell=0}^{n-2} s_\ell \right].$$

$$\square$$

Lemma (7.4) ermöglicht es, die Funktionale $V(X_1, \ldots, X_n)$ und $M(X_1, \ldots, X_n)$ als Funktionen auf

$$\{(s_0, \ldots, s_{n-1}) \in \mathrm{I\!R}^n : 0 < s_0 \le s_1 \le \ldots \le s_{n-1} < 1\}$$

aufzufassen. Bevor wir jedoch hiermit in Abschnitt b) die Prophetenregion berechnen, bedarf es noch der Bereitstellung mehrerer Hilfsfunktionen:

(7.5) Definition

Für $n \ge 2$ sei die Funktion $\varphi_n : [0, \infty) \times [0, \infty) \to \mathrm{I\!R}$ definiert durch

$$\varphi_n(w, x) := \frac{n}{n-1} w^{\frac{n-1}{n}} + \frac{x}{n-1}.$$

Die Funktionen $\eta_{j,n} : [0, \infty) \to \mathrm{I\!R}, j = 0, \ldots, n$, seien dann rekursiv definiert durch

$$\eta_{0,n}(\alpha) := \varphi_n(0, \alpha),$$

$$\eta_{j,n}(\alpha) \; := \; \varphi_n(\eta_{j-1,n}(\alpha),\alpha), \; j = 1, \ldots, n.$$

(7.6) Lemma

Die Funktionen $\eta_{j,n}$ $(0 \le j \le n, \; n > 1)$ besitzen folgende Eigenschaften:

a) $\eta_{j,n}(0) = 0$, $\eta_{j,n}(\alpha) > 0$ $\;\forall \alpha > 0$.

b) $\lim\limits_{\alpha \to \infty} \eta_{j,n}(\alpha) = \infty$.

c) $\eta_{j,n}$ *ist stetig, streng monoton steigend und konkav.*

d) $\eta_{j,n}$ *ist auf $(0, \infty)$ beliebig oft differenzierbar.*

e) *Für ein $\alpha > 0$ mit $\eta_{n-1,n}(\alpha) < 1$ gilt*

$$0 < \eta_{0,n}(\alpha) < \eta_{1,n}(\alpha) < \ldots < \eta_{n-1,n}(\alpha) < 1.$$

Beweis: Für festes $n \ge 2$ wird der Beweis zu a)-d) durch eine Induktion nach j geführt: Im Fall $j = 0$ ist

$$\eta_{0,n}(\alpha) = \varphi_n(0, \alpha) = \frac{1}{n-1}\alpha$$

eine lineare Funktion, und die Eigenschaften a)-d) lassen sich direkt ablesen.

Angenommen a)-d) seien für ein $j < n$ erfüllt. Dann gilt

$$\eta_{j+1,n}(\alpha) = \varphi(\eta_{j,n}(\alpha), \alpha) = \frac{n}{n-1}(\eta_{j,n}(\alpha))^{\frac{n-1}{n}} + \frac{\alpha}{n-1}.$$

Mit der Induktionsvoraussetzung ergeben sich hieraus für $\eta_{j+1,n}$ die Teile a), b), die Stetigkeit und d). Die strikte Isotonie und Konkavität von $\eta_{j+1,n}$ folgen zusammen mit der Stetigkeit aus der Betrachtung der ersten und zweiten Ableitung auf $(0, \infty)$:

$$\eta'_{j+1,n}(\alpha) = \underbrace{(\eta_{j,n}(\alpha))^{-\frac{1}{n}}}_{\ge 0 \; (\text{I.V.})} \cdot \underbrace{\eta'_{j,n}(\alpha)}_{>0 \; (\text{I.V.})} + \frac{1}{n-1} > 0,$$

$$\eta''_{j+1,n}(\alpha) = -\frac{1}{n}\underbrace{(\eta_{j,n}(\alpha))^{-\frac{n+1}{n}}}_{>0 \; (\text{I.V.})} \underbrace{(\eta'_{j,n}(\alpha))^2}_{>0 \; (\text{I.V.})} + \underbrace{(\eta_{j,n}(\alpha))^{-\frac{1}{n}}}_{>0 \; (\text{I.V.})} \cdot \underbrace{\eta''_{j,n}(\alpha)}_{\le 0 \; (\text{I.V.})} < 0.$$

Zum Beweis des Teils e) geben wir uns ein $\alpha > 0$ mit $\eta_{n-1,n}(\alpha) < 1$ vor. Wegen $\eta_{j,n}(\alpha) > 0, 0 \leq j \leq n-1$, (siehe a)) genügt es zu zeigen, daß $\eta_{j,n}(\alpha) > \eta_{j-1,n}(\alpha)$ für $j = 1, \ldots, n-1$:

$$
\begin{aligned}
\eta_{j,n}(\alpha) &= \frac{n}{n-1}(\eta_{j-1,n}(\alpha))^{\frac{n-1}{n}} + \frac{\alpha}{n-1} \\
&> \eta_{j-1,n}(\alpha) \text{ , da } x^{\frac{n-1}{n}} > x \quad \forall\, x \in (0,1) \text{ .} \qquad \square
\end{aligned}
$$

(7.7) Definition

Für $n \geq 2$ sei die Funktion $H_n : [0,\infty) \to \mathrm{IR}$ definiert durch

$$
H_n(\alpha) := (n-1)(\eta_{n,n}(\alpha) - \eta_{n-1,n}(\alpha)) \text{ .}
$$

(7.8) Lemma (vgl. [H/K 82], [Ke 86b])

Für jedes $n \geq 2$ gilt:

> *a) H_n ist auf $(0,\infty)$ beliebig oft differenzierbar, und es existiert genau ein $\alpha_n > 0$, das die folgenden drei äquivalenten Bedingungen erfüllt:*
>
> > *(i) $H_n(\alpha) = 1 + \alpha$*
> > *(ii) $\eta_{n-1,n}(\alpha) = 1$*
> > *(iii) $H_n'(\alpha) = 1$.*
>
> *Es gilt $\alpha_n \in (0,1)$.*
>
> *b) H_n ist auf $[0,\alpha_n]$ stetig, streng monoton wachsend und strikt konkav mit*
>
> $$
> 0 < H_n(\alpha) < 1 + \alpha \quad \forall\, \alpha \in (0,\alpha_n) \text{ .}
> $$
>
> *c) H_n' ist auf $(0,\alpha_n]$ stetig und streng monoton fallend mit*
>
> $$
> \lim_{\alpha \searrow 0} H_n'(\alpha) = \infty \quad , \quad H_n'(\alpha_n) = 1 \text{ .}
> $$

Beweis: <u>zu a)</u>: Da $\eta_{n-1,n}$ und $\eta_{n,n}$ auf $(0,\infty)$ beliebig oft differenzierbar sind, gilt gleiches für H_n. Es ist

$$
H_n(\alpha) - \alpha = n(\eta_{n-1,n}(\alpha))^{\frac{n-1}{n}} - (n-1)\eta_{n-1,n}(\alpha) \text{ .}
$$

Definiert man also eine Funktion

$$f_n : [0, \infty) \to \mathrm{IR} \ , \ f_n(x) := nx - (n-1)x^{\frac{n}{n-1}} \ ,$$

so erhält man

$$H_n(\alpha) - \alpha = f_n((\eta_{n-1,n}(\alpha))^{\frac{n-1}{n}}) \ .$$

Eine Extremwertuntersuchung zeigt, daß f_n auf $(0, \infty)$ genau ein Extremum besitzt, und zwar ein globales Maximum in 1 mit $f_n(1) = 1$. Für ein $\alpha > 0$ ergibt sich nun aus $\eta_{n-1,n}(\alpha) > 0$ und $\eta'_{n-1,n}(\alpha) > 0$ (Lemma (7.6)):

$$H_n(\alpha) - \alpha = 1 \iff f_n((\eta_{n-1,n}(\alpha))^{\frac{n-1}{n}}) = 1$$

$$\iff \eta_{n-1,n}(\alpha) = 1$$

$$\iff (H_n(\alpha) - \alpha)' = (n-1)\eta'_{n-1,n}(\alpha)[(\eta_{n-1,n}(\alpha))^{-\frac{1}{n}} - 1] = 0$$

$$\iff H'_n(\alpha) = 1 \ .$$

Die Aussagen (i)−(iii) sind also äquivalent.

$\eta_{n-1,n}$ ist stetig und streng isoton mit $\eta_{n-1,n}(0) = 0$ sowie $\lim\limits_{\alpha \to \infty} \eta_{n-1,n}(\alpha) = \infty$ (Lemma (7.6) a)-c)). Daher existiert wegen des Zwischenwertsatzes genau ein $\alpha_n \in (0, \infty)$ mit $\eta_{n-1,n}(\alpha_n) = 1$. Um $\alpha_n < 1$ zu zeigen, genügt aufgrund der Isotonie von $\eta_{n-1,n}$ die Aussage $\eta_{n-1,n}(1) > 1$ zu beweisen. Dieses erhält man mit folgender

Behauptung: $\eta_{j,n}(1) \geq \frac{j+1}{n-1} \quad$ für $j = 0, \ldots, n-1$.

Beweis durch Induktion über j: Im Fall $j = 0$ ist

$$\eta_{0,n}(1) = \varphi(0,1) = \frac{1}{n-1} \ .$$

Angenommen die Behauptung gilt für ein $j < n - 1$; dann erhält man:

$$\begin{aligned}
\eta_{j+1,n}(1) &= \varphi(\eta_{j,n}(1), 1) \\
&= \frac{n}{n-1}(\eta_{j,n}(1))^{\frac{n-1}{n}} + \frac{1}{n-1} \\
&\geq \frac{n}{n-1}\left(\frac{j+1}{n-1}\right)^{\frac{n-1}{n}} + \frac{1}{n-1} \quad \text{nach I.V.} \\
&> \frac{j+1}{n-1} + \frac{1}{n-1} = \frac{j+2}{n-1} \ .
\end{aligned}$$

142

Damit ist Teil a) bewiesen.

<u>zu b)</u>: Die Stetigkeit von H_n folgt aus der Stetigkeit von $\eta_{n-1,n}$ und $\eta_{n,n}$. H_n ist beliebig oft differenzierbar auf $(0,\infty)$ und für die ersten beiden Ableitungen gilt:

$$H_n'(\alpha) = 1 + (n-1)\,\eta_{n-1,n}'(\alpha) \cdot ((\eta_{n-1,n}(\alpha))^{-\frac{1}{n}} - 1)\;.$$

$$
\begin{aligned}
H_n''(\alpha) \;=\;& (n-1)((\eta_{n-1,n}(\alpha))^{-\frac{1}{n}} - 1)\cdot \eta_{n-1,n}''(\alpha)\\
&+ (n-1)\eta_{n-1,n}'(\alpha)\cdot\big(-\frac{1}{n}(\eta_{n-1,n}(\alpha))^{-\frac{n+1}{n}}\cdot\eta_{n-1,n}'(\alpha)\big).
\end{aligned}
$$

Aus (7.6)a),c) und $\eta_{n-1,n}(\alpha_n) = 1$ folgt $\eta_{n-1,n}(\alpha) < 1$, $\eta_{n-1,n}'(\alpha) > 0$ und $\eta_{n-1,n}''(\alpha) \leq 0$ für alle $\alpha \in (0,\alpha_n)$. Damit ist $H_n'(\alpha) > 1$ und $H_n''(\alpha) < 0$ für alle $\alpha \in (0,\alpha_n)$ leicht zu verifizieren, womit insbesondere die strenge Isotonie und strikte Konkavität von H_n auf $[0,\alpha_n)$ bewiesen ist. Die Beziehung

$$0 < H_n(\alpha) < 1 + \alpha \quad \forall\, \alpha \in (0,\alpha_n)$$

ergibt sich aus

$$H_n(0) = 0 \quad,\quad H_n(\alpha_n) - \alpha_n = 1$$

und der strengen Isotonie von $H_n(\alpha) - \alpha$ auf $(0,\alpha_n)$ (wegen $H_n'(\alpha) > 1$).

<u>zu c)</u>: Die Stetigkeit von H_n' auf $(0,\alpha_n]$ ist klar, und die strenge Antitonie folgt aus der strikten Konkavität von H_n auf $(0,\alpha_n)$. Nach Teil a) gilt $H_n'(\alpha_n) = 1$.

Es bleibt zu zeigen: $\lim\limits_{\alpha\searrow 0} H_n'(\alpha) = \infty$. Dies ergibt sich aus

$$H_n'(\alpha) = 1 + (n-1)\eta_{n-1,n}'(\alpha)\,((\eta_{n-1,n}(\alpha))^{-\frac{1}{n}} - 1)$$

und $\lim\limits_{\alpha\searrow 0}\eta_{n-1,n}(\alpha) = \eta_{n-1,n}(0) = 0$, $\lim\limits_{\alpha\searrow 0}\eta_{n-1,n}'(\alpha) > \eta_{n-1,n}'(1) > 0$ (da $\eta_{n-1,n}$ stetig, konkav und isoton). Lemma (7.8) ist nun vollständig bewiesen. $\qquad\square$

(7.9) Satz ([Ke 86b], Proposition 3.5. (b))

Zur Funktion $H_n : [0, \alpha_n] \to \mathrm{IR}$ existiert die Umkehrfunktion

$$J_n : [0, \gamma_n] \to [0, \alpha_n] \quad , \gamma_n := H_n(\alpha_n) = 1 + \alpha_n \, ,$$

mit folgenden Eigenschaften:

   a) J_n ist stetig, streng monoton steigend und strikt konvex.

   b) $J_n(0) = 0$ und $\max\{0, \gamma - 1\} < J_n(\gamma) < \alpha_n < 1$ für
    $0 < \gamma < \gamma_n$.

   c) J_n ist differenzierbar (beliebig oft differenzierbar auf $(0, \gamma_n]$),
    und J_n' ist stetig und streng monoton wachsend mit

$$0 = J_n'(0) < J_n'(\gamma) < J_n'(\gamma_n) = 1 \quad \forall\, 0 < \gamma < \gamma_n \, .$$

Beweis: Weil $H_n : [0, \alpha_n] \to [0, \gamma_n]$ streng monoton steigend ist mit $H_n(0) = 0$ und $H_n(\alpha_n) = \gamma_n$, existiert die Umkehrfunktion $J_n : [0, \gamma_n] \to [0, \alpha_n]$.

zu a): Die Stetigkeit und strenge Isotonie von H_n werden auf die Umkehrfunktion J_n übertragen. Die strikte Konvexität von J_n ergibt sich aus der strengen Isotonie von J_n' (siehe Teil c)).

zu b): Aus der strengen Isotonie von J_n sowie $H_n(0) = 0$ und $H_n(\alpha_n) = \gamma_n$ folgt

$$0 = J_n(0) < J_n(\gamma) < J_n(\gamma_n) = \alpha_n \quad \forall\, \gamma \in (0, \gamma_n) \, .$$

Für $\gamma \in (0, 1]$ gilt $J_n(\gamma) > 0 > \gamma - 1$ und für $\gamma \in (1, \gamma_n)$ folgt:

$$\gamma - 1 \in (0, \alpha_n) \qquad \text{denn } \gamma - 1 < \gamma_n - 1 = \alpha_n$$
$$\Longrightarrow \quad H_n(\gamma - 1) < \gamma \qquad \text{nach Lemma (7.8) b)}$$
$$\Longrightarrow \quad J_n(H_n(\gamma - 1)) < J_n(\gamma) \quad \text{,da } J_n \text{ isoton}$$
$$\Longrightarrow \quad \gamma - 1 < J_n(\gamma) \, .$$

zu c): Da H_n auf $(0, \alpha_n]$ beliebig oft differenzierbar und H_n' dort positiv ist, ist J_n auf $(0, \gamma_n]$ beliebig oft differenzierbar und es gilt (mit $\alpha = J_n(\gamma)$)

$$J_n'(\gamma) \;=\; \frac{1}{H_n'(\alpha)} > 0 \quad \text{und}$$

$$J_n''(\gamma) \;=\; -\frac{H_n''(\alpha)}{(H_n'(\alpha))^3} > 0 \quad (\text{da } H_n \text{ strikt konkav}) \, .$$

144

J_n' ist also auf $(0, \gamma_n]$ stetig und streng monoton steigend mit

$$0 < J_n'(\gamma) < J_n'(\gamma_n) = \frac{1}{H_n'(\alpha_n)} = 1 \ .$$

Zum Schluß muß die Stelle $\gamma = 0$ untersucht werden: Weil J_n in 0 stetig ist und

$$\lim_{\gamma \searrow 0} J_n'(\gamma) = \lim_{\alpha \searrow 0} \frac{1}{H_n'(\alpha)} = 0 \quad (\text{wegen } \lim_{\alpha \searrow 0} H_n'(\alpha) = \infty, \ (7.8)\,\text{c}))$$

existiert, folgt

$$\begin{aligned}
\lim_{h \searrow 0} &\frac{J_n(0 + h) - J_n(0)}{h} \\
&= \lim_{h \searrow 0} \lim_{\substack{x \searrow 0 \\ x > 0}} \frac{J_n(x + h) - J_n(x)}{h} \quad \text{da } J_n \text{ stetig} \\
&= \lim_{\substack{x \searrow 0 \\ x > 0}} \lim_{h \searrow 0} \frac{J_n(x + h) - J_n(x)}{h} \quad \text{\footnotesize (Vertauschung ist erlaubt,} \\
&\qquad\qquad\qquad\qquad\qquad\qquad\qquad\ \text{\footnotesize da beide Limes existieren)} \\
&= \lim_{\substack{x \searrow 0 \\ x > 0}} J_n'(x) = 0 \ .
\end{aligned}$$

Also ist J_n in 0 differenzierbar mit $J_n'(0) = 0$ und J_n' in 0 stetig. $\quad\square$

b) Prophetenregionen und Prophetenungleichungen

Es seien

$$\mathcal{P}_n^{\text{iid}} := \{P^{(X_1, \ldots, X_n)} : X_1, \ldots, X_n \ [0,1]\text{-wertige iid-Zufallsgrößen}\}$$

bzw.

$$\mathcal{P}_\infty^{\text{iid}} := \{P^{(X_1, \ldots, X_n)} : X_i, i \in \mathbb{N}, \ [0,1]\text{-wertige iid-Zufallsgrößen}\}$$

und Π_n^{iid} bzw. Π_∞^{iid} die zugehörigen Prophetenregionen. Wir bestimmen zunächst für $n \geq 2$ die obere Grenzfunktion

$$u_n^{\text{iid}}(x) := \sup\{M(X_1, \ldots, X_n) : P^{(X_1, \ldots, X_n)} \in \mathcal{P}_n^{\text{iid}}, V(X_1, \ldots, X_n) = x\}.$$

(7.10) Lemma

u_n^{iid} *ist stetig auf* $[0,1]$ *mit* $0 = u_n^{\text{iid}}(0) \le u_n^{\text{iid}}(x) \le u_n^{\text{iid}}(1) = 1$ *und es gilt*

$$u_n^{\text{iid}}(x) = \max\left\{ M(X_1,\ldots,X_n) : \begin{array}{l} P^{(X_1,\ldots,X_n)} \in \mathcal{P}_n^{\text{iid}}, \\ V(X_1,\ldots,X_n) = x \end{array} \right\}$$

für alle $x \in [0,1]$.

Beweis: Es sei T die Menge aller Wahrscheinlichkeitsverteilungen auf $([0,1], \mathbb{B}_{|[0,1]})$. Hierauf betrachten wir die schwache Topologie.

<u>Behauptung:</u> T ist zusammenhängend und kompakt.

Begründung: T ist konvex und somit zusammenhängend. Die Menge der W-Maße mit einem Träger in $[0,1]$ ist abgeschlossen bzgl. der schwachen Konvergenz und straff. Aufgrund der Straffheit ist T relativ kompakt (Satz von Prohorov, [Bi], Theorem 6.1), und zusammen mit der Abgeschlossenheit folgt die Kompaktheit.

Auf T seien die reellwertigen Funktionen V_n und M_n definiert durch

$$V_n(Q) := V(X_1,\ldots,X_n), \quad M_n(Q) := M(X_1,\ldots,X_n)$$

für Zufallsgrößen $X_1,\ldots,X_n$ mit $P^{(X_1,\ldots,X_n)} \in \mathcal{P}_n^{\text{iid}}$ und $Q = P^{X_1}$. V_n und M_n sind hierdurch wohldefiniert.

<u>Behauptung:</u> V_n und M_n sind stetig bzgl. der schwachen Konvergenz.

Begründung: Es sei $(Q_k)_{k\in\mathbb{N}}$ eine Folge in T mit $Q_k \to Q_0$. Hierzu ist die schwache Konvergenz von $(\otimes_{i=1}^n Q_k)_{k\in\mathbb{N}}$ gegen $\otimes_{i=1}^n Q_0$ äquivalent ([Bi], Theorem 3.2). Die Stetigkeit von V_n, d.h. $V_n(Q_k) \to V_n(Q_0)$, ergibt sich aus Theorem 2.1 des Artikels von Elton ([El]) über die Stetigkeit des Wertes. Die Stetigkeit von M_n folgt aus der Stetigkeit und Beschränktheit der Abbildung $(x_1,\ldots,x_n) \mapsto \max_{1\le i\le n} x_i$ auf $[0,1]^n$.

V_n ist stetig auf der kompakten zusammenhängenden Menge T. Demnach ist das Bild von V_n, also der Definitionsbereich von u_n^{iid}, ein kompaktes Intervall $[c,d] \subset \mathbb{R}$. Offensichtlich gilt $[c,d] = [0,1]$.

Auf $[0,1] \times T$ sei die Korrespondenz Γ definiert durch

$$\Gamma(x) := \{Q \in T : V_n(Q) = x\} \qquad , \; x \in [0,1]\,.$$

Aufgrund der Stetigkeit von V_n auf dem Kompaktum T ist Γ stetig (vgl. [Hd], S. 28) und jedes $x \in [0,1]$ besitzt ein kompaktes Bild.

Weiter sei die Funktion $f : [0,1] \times T \to \mathrm{IR}$, $f(x,Q) := M(Q)$ gegeben.

Hierauf kann man jetzt das Maximierungstheorem von Hildenbrand ([Hd], S. 30) anwenden und man erhält: Für jedes $x \in [0,1]$ ist die Menge

$$\{Q \in \Gamma(x) : \ f(x,Q) = \max\{f(x,Q') : \ Q' \in \Gamma(x)\}\} =$$

$$\{Q \in T : \ V_n(Q) = x, M_n(Q) = \max\{M_n(Q') : Q' \in T, \ V_n(Q') = x\}\}$$

nicht-leer und kompakt, und die Abbildung

$$x \mapsto \max\{M_n(Q) : \ Q \in T, \ V_n(Q) = x\}$$

ist stetig.

Es ist noch $0 = u_n^{\mathrm{iid}}(0) \leq u_n^{\mathrm{iid}}(x) \leq u_n^{\mathrm{iid}}(1) = 1$ zu zeigen. Dazu seien $X_1, \ldots, X_n$ $[0,1]$-wertige Zufallsgrößen. Wegen $0 \leq EX_1 \leq V(X_1, \ldots, X_n) \leq M(X_1, \ldots, X_n) \leq 1$ folgt $0 \leq u_n^{\mathrm{iid}}(x) \leq 1$ für alle $x \in [0,1]$ und

$$V(X_1, \ldots, X_n) = 0 \iff E(X_1) = 0 \iff X_1 = 0 \ \ P\text{-f.s.} \quad \text{und}$$

$$V(X_1, \ldots, X_n) = 1 \iff M(X_1, \ldots, X_n) = 1 \iff X_1 = 1 \ \ P\text{-f.s.} \ .$$

Also gilt $u_n^{\mathrm{iid}}(0) = 0$, $u_n^{\mathrm{iid}}(1) = 1$. $\qquad\qquad\qquad\qquad\qquad\square$

Im folgenden seien ein $n \geq 2$ und $x_0 \in (0,1)$ fest vorgegeben. Hierfür berechnen wir

$$u_n^{\mathrm{iid}}(x_0) = \max\{M(X_1, \ldots, X_n), P^{(X_1, \ldots, X_n)} \in \mathcal{P}_n^{\mathrm{iid}}, V(X_1, \ldots, X_n) = x_0\}.$$

Aufgrund der Reduktion in Satz (7.2) genügt es, ausschließlich über iid-Zufallsgrößen $X_1, \ldots, X_n$ mit $P(X_1 \in \{0, v_n, \ldots, v_2, 1\}) = 1$ zu maximieren, wobei $v_i := V(X_i, \ldots, X_n), 1 \leq i \leq n$, wie bereits früher gegeben sind. Zunächst betrachten wir hierzu nur nicht-konstante Zufallsgrößen. Die konstanten Zufallsgrößen werden wir ab Satz (7.15) wieder berücksichtigen.

Für nicht-konstante $[0,1]$-wertige iid-Zufallsgrößen $X_1, \ldots, X_n$ seien analog zu Lemma (7.4) $(v_{n+1} := 0)$

$$s_{-1} := 1, \quad s_j := P(X_1 \leq v_{n+1-j}), j = 0, \ldots, n-1.$$

Hierfür wurde $(s_0, \ldots, s_{n-1}) \in \Delta_n$ mit

$$\Delta_n := \{(s_0, \ldots, s_{n-1}) \in \mathbb{R}^n : 0 < s_0 \leq s_1 \leq \ldots \leq s_{n-1} < 1\}$$

bewiesen, und es existieren gemäß den Darstellungen in Lemma (7.4) reellwertige Funktionen $f, g : \Delta_n \to [0, 1]$ mit

$$\begin{aligned}
f(s_0, \ldots, s_{n-1}) &= M(X_1, \ldots, X_n) \\
g(s_0, \ldots, s_{n-1}) &= V(X_1, \ldots, X_n).
\end{aligned}$$

Zur Bestimmung von $u_n^{\text{iid}}(x_0)$ ist daher f auf Δ_n unter der Nebenbedingung $g = x_0$ zu maximieren.

f und g sind auf Δ_n stetig differenzierbar, und es gilt grad $g(s) \neq 0 \ \forall s \in \Delta_n$. So ist z.B.

$$\frac{\partial g(s_0, \ldots, s_{n-1})}{\partial s_{n-2}} = \frac{(1 - s_{n-1})(\Pi_{\ell=-1}^{n-3} s_\ell)[-s_{n-1} \sum_{k=-1}^{n-3} \Pi_{\ell=-1}^{k} s_\ell]}{[(1 - s_{n-1}) \sum_{k=-1}^{n-3} \Pi_{\ell=-1}^{k} s_\ell + \Pi_{\ell=0}^{n-2} s_\ell]^2} \neq 0$$

für $(s_0, \ldots, s_{n-1}) \in \Delta_n$.

Die Lagrangesche Multiplikatorenregel besagt nun: Falls f in einem Punkt $(\sigma_0, \ldots, \sigma_{n-1})$ aus dem Innern von Δ_n ein lokales Extremum unter der Nebenbedingung $g - x_0 = 0$ besitzt, existiert ein $\lambda_0 \in \mathbb{R}$ mit

$$\lambda_0 \, \text{grad} \, g(\sigma_0, \ldots, \sigma_{n-1}) - \text{grad} \, f(\sigma_0, \ldots, \sigma_{n-1}) = 0.$$

Wir betrachten somit auf Δ_n die Gradienten der Abbildungen

$$D_n^\lambda(s_0, \ldots, s_{n-1}) := \lambda V(X_1, \ldots, X_n) - M(X_1, \ldots, X_n), \ \lambda \in \mathbb{R},$$

also grad $D_n^\lambda = \lambda$ grad $g-$ grad f.

Zunächst gilt für jedes $\lambda \in \mathbb{R}$

$$D_n^\lambda(s_0, \ldots, s_{n-1}) = s_{n-1}^n - 1 - \mu Q_n^\lambda(s_0, \ldots, s_{n-1}),$$

wobei $\mu = \mu(s_0, \ldots, s_{n-1}) := EX$ (siehe die Darstellung (7.4)(ii)) – X sei eine Zufallsgröße mit $P^X = P^{X_1}$ –, und

$$Q_n^\lambda = Q_n^\lambda(s_0, \ldots, s_{n-1}) := (s_{n-1}^n - \lambda) \sum_{k=-1}^{n-2} \prod_{\ell=-1}^{k} s_\ell - \sum_{k=0}^{n-1} \left(\prod_{\ell=-1}^{k-1} s_\ell \right) s_k^n.$$

148

Begründung: Es ist nach (7.4)(ii)

$$EX = \frac{1 - s_{n-1}}{(1 - s_{n-1}) \sum_{k=-1}^{n-3} \prod_{\ell=-1}^{k} s_\ell + \prod_{\ell=0}^{n-2} s_\ell} \cdot \frac{\frac{1 - s_{n-1}^n}{1 - s_{n-1}}}{\frac{1 - s_{n-1}^n}{1 - s_{n-1}}}$$

$$= \frac{1 - s_{n-1}^n}{(1 - s_{n-1}^n) \sum_{k=-1}^{n-3} \prod_{\ell=-1}^{k} s_\ell + (\prod_{\ell=0}^{n-2} s_\ell) \sum_{i=0}^{n-1} s_{n-1}^i},$$

$$\text{also} \quad EX \left[\sum_{k=-1}^{n-3} \prod_{\ell=-1}^{k} s_\ell + \left(\prod_{\ell=0}^{n-2} s_\ell \right) \sum_{i=0}^{n-1} s_{n-1}^i \right]$$

$$= (1 - s_{n-1}^n) + EX \, s_{n-1}^n \sum_{k=-1}^{n-3} \prod_{\ell=-1}^{k} s_\ell.$$

Hiermit folgt:

$$\lambda V(X_1, \ldots, X_n) - M(X_1, \ldots, X_n)$$

$$= \lambda \, EX \sum_{k=-1}^{n-2} \prod_{\ell=-1}^{k} s_\ell$$

$$- EX \left[\sum_{k=-1}^{n-3} \prod_{\ell=-1}^{k} s_\ell + \left(\prod_{\ell=0}^{n-2} s_\ell \right) \left(\sum_{i=0}^{n-1} s_{n-1}^i \right) - \sum_{k=0}^{n-2} \left(\prod_{\ell=-1}^{k-1} s_\ell \right) s_k^n \right]$$

$$\text{nach (7.4)}$$

$$\overset{\text{s.o}}{=} \lambda \, EX \sum_{k=-1}^{n-2} \prod_{\ell=-1}^{k} s_\ell - (1 - s_{n-1}^n)$$

$$- EX \left[s_{n-1}^n \sum_{k=-1}^{n-3} \prod_{\ell=-1}^{k} s_\ell - \sum_{k=0}^{n-2} \left(\prod_{\ell=-1}^{k-1} s_\ell \right) s_k^n \right]$$

$$= s_{n-1}^n - 1 - \mu \, Q_n^\lambda(s_0, \ldots, s_{n-1}).$$

(7.12) Lemma

Für die partiellen Ableitungen von D_n^λ, $\lambda \in \mathbb{R}$, gelten auf Δ_n folgende Beziehungen:

$$a) \quad \frac{\partial D_n^\lambda(s_0, \ldots, s_{n-1})}{\partial s_0} = \frac{\mu}{s_0} \left[-\mu \, Q_n^\lambda + s_{n-1}^n - \lambda + (n-1) \, s_0^n \right]$$

$$b) \quad j = 0, \ldots, n-3:$$

$$s_{j+1} \frac{\partial D_n^\lambda(s_0, \ldots, s_{n-1})}{\partial s_{j+1}} - s_j \frac{\partial D_n^\lambda(s_0, \ldots, s_{n-1})}{\partial s_j} =$$

$$\mu \prod_{l=0}^{j} s_l \left[- \mu Q_n^\lambda + s_{n-1}^n - \lambda - n s_j^{n-1} + (n-1)\, s_{j+1}^n \right]$$

c) $\quad s_{n-1}(1 - s_{n-1}) \dfrac{\partial D_n^\lambda(s_0, \ldots, s_{n-1})}{\partial s_{n-1}} - s_{n-2} \dfrac{\partial D_n^\lambda(s_0, \ldots, s_{n-1})}{\partial s_{n-2}}$

$$= \mu \prod_{l=0}^{n-2} s_l \left[- \mu Q_n^\lambda - \lambda - n s_{n-2}^{n-1} + n s_{n-1}^n \right]$$

d) $\quad \dfrac{\partial D_n^\lambda(s_0, \ldots, s_{n-1})}{\partial s_{n-1}} =$

$$\dfrac{-\mu \prod\limits_{l=0}^{n-2} s_l}{(1 - s_{n-1})^2} \left[- \mu Q_n^\lambda + n s_{n-1}^n - n s_{n-1}^{n-1} \right] .$$

Beweis: Exemplarisch werden a) und d) bewiesen:

$$\dfrac{\partial \mu(s_0, \ldots, s_{n-1})}{\partial s_0}$$

$$= \dfrac{\mu^2}{(1 - s_{n-1})^2} \left[- (1 - s_{n-1})\big((1 - s_{n-1}) \sum_{k=0}^{n-3} \prod_{\substack{l=-1 \\ l \neq 0}}^{k} s_l + \prod_{l=1}^{n-2} s_l \big) \right]$$

$$= - \dfrac{\mu^2}{s_0\,(1 - s_{n-1})} \left[(1 - s_{n-1})\big(\sum_{k=-1}^{n-3} \prod_{l=-1}^{k} s_l - 1 \big) + \prod_{l=0}^{n-2} s_l \right]$$

$$= - \dfrac{\mu^2}{s_0\,(1 - s_{n-1})} \left[\dfrac{1 - s_{n-1}}{\mu} - (1 - s_{n-1}) \right] = \dfrac{\mu(\mu - 1)}{s_0}$$

$$\dfrac{\partial \mu(s_0, \ldots, s_{n-1})}{\partial s_{n-1}}$$

$$= \dfrac{\mu^2}{(1 - s_{n-1})^2} \left[(1 - s_{n-1})\big(- \dfrac{1}{\mu} + \sum_{k=-1}^{n-3} \prod_{l=-1}^{k} s_l \big) \right]$$

$$= \dfrac{\mu^2}{1 - s_{n-1}} \left[- \dfrac{\prod\limits_{l=0}^{n-2} s_l}{1 - s_{n-1}} \right] = - \dfrac{\mu^2 \prod\limits_{l=0}^{n-2} s_l}{(1 - s_{n-1})^2} .$$

$$\dfrac{\partial Q_n^\lambda(s_0, \ldots, s_{n-1})}{\partial s_0} = (s_{n-1}^n - \lambda) \sum_{k=0}^{n-2} \prod_{\substack{l=-1 \\ l \neq 0}}^{k} s_l - n s_0^{n-1} - \sum_{k=1}^{n-1} \prod_{\substack{l=-1 \\ l \neq 0}}^{k-1} s_l\, s_k^n$$

$$= \frac{1}{s_0} \left[(s_{n-1}^n - \lambda) \sum_{k=-1}^{n-2} \prod_{l=-1}^{k} s_l - (s_{n-1}^n - \lambda) \right.$$

$$\left. - n s_0^n - \sum_{k=0}^{n-1} \prod_{l=-1}^{k-1} s_l \, s_k^n + s_0^n \right]$$

$$= \frac{1}{s_0} \left[Q_n^\lambda(s_0, \ldots, s_{n-1}) - (s_{n-1}^n - \lambda) - (n-1)\, s_0^n \right].$$

$$\frac{\partial Q_n^\lambda(s_0, \ldots, s_{n-1})}{\partial s_{n-1}} \;=\; n s_{n-1}^{n-1} \sum_{k=-1}^{n-2} \prod_{l=-1}^{k} s_l - n s_{n-1}^{n-1} \prod_{l=-1}^{n-2} s_l$$

$$=\; n s_{n-1}^{n-1} \sum_{k=-1}^{n-3} \prod_{l=-1}^{k} s_l.$$

Mit der Produktregel gilt dann:

$$\frac{\partial D_n^\lambda(s_0, \ldots, s_{n-1})}{\partial s_0} =$$

$$- \frac{\mu}{s_0} \left[(\mu - 1)Q_n^\lambda + Q_n^\lambda - (s_{n-1}^n - \lambda) - (n-1)s_0^n \right]$$

$$= \frac{\mu}{s_0} \left[-\mu Q_n^\lambda + s_{n-1}^n - \lambda + (n-1)s_0^n \right],$$

$$\frac{\partial D_n^\lambda(s_0, \ldots, s_{n-1})}{\partial s_{n-1}} =$$

$$= n s_{n-1}^{n-1} + \frac{\mu^2 \prod_{l=0}^{n-2} s_l}{(1 - s_{n-1})^2} Q_n^\lambda - \mu \, n s_{n-1}^{n-1} \sum_{k=-1}^{n-3} \prod_{\ell=-1}^{k} s_l$$

$$= \frac{-\mu \prod_{l=0}^{n-2} s_l}{(1 - s_{n-1})^2} \left[-\mu Q_n^\lambda - n s_{n-1}^{n-1} \frac{(1 - s_{n-1})^2}{\prod_{l=0}^{n-2} s_l} \left(\frac{1}{\mu} - \sum_{k=-1}^{n-3} \prod_{l=-1}^{k} s_l \right) \right]$$

$$= \frac{\mu \prod_{l=0}^{n-2} s_l}{(1 - s_{n-1})^2} \left[-\mu Q_n^\lambda - n s_{n-1}^{n-1}(1 - s_{n-1}) \right]. \qquad \Box$$

Die nächsten beiden Lemmata identifizieren die möglichen lokalen Extrema von f unter der Nebenbedingung $g = x_0$ im Innern von Δ_n:

(7.13) Lemma

$(s_0, \ldots, s_{n-1})$ *sei ein Punkt aus dem Innern von* Δ_n, $\alpha :=$ $(n-1)\, s_0^n$ *und* $\lambda \in \mathbb{R}$. *Dann sind folgende Aussagen für die Funktion* D_n^λ *äquivalent:*

(i) *grad* $D_n^\lambda(s_0, \ldots, s_{n-1}) = 0$

(ii) a) $\mu Q_n^\lambda(s_0, \ldots, s_{n-1}) = s_{n-1}^n - \lambda + (n-1)\, s_0^n$

      b) $(n-1)\, s_{j+1}^n - n s_j^{n-1} - (n-1)\, s_0^n = 0 \quad$ *für* $0 \le j \le n-2$

      c) $(n-1)\, s_{n-1}^n - n s_{n-1}^{n-1} - (n-1)\, s_0^n + \lambda = 0$

(iii) $\eta_{j,n}(\alpha) = s_j^n$ *für* $j = 0, \ldots, n-1$, $H_n(\alpha) = \lambda$.

Erfüllt ein Punkt $(s_0, \ldots, s_{n-1})$ *aus dem Innern von* Δ_n *diese Bedingungen, so gilt:*

$$\lambda \in (0, \gamma_n) \quad \text{und } D_n^\lambda(s_0, \ldots, s_{n-1}) = \lambda - 1 - J_n(\lambda)$$

Die Funktionen $\eta_{j,n}$, $j = 1, \ldots, n-1$, H_n, J_n *sowie* $\gamma_n \in (1,2)$ *sind hierbei wie in (7.5), (7.7) und (7.9) definiert.*

Beweis: Es ist zu beachten, daß

$$0 < s_0 < s_1 < \ldots < s_{n-1} < 1 \quad \text{, falls } (s_0, \ldots, s_{n-1}) \in \overset{\circ}{\Delta}_n .$$

(i) $\Longleftrightarrow$ (ii) :

Mit Hilfe von Lemma (7.12) erhält man direkt für $(s_0, \ldots, s_{n-1}) \in \overset{\circ}{\Delta}_n$:

grad $D_n^\lambda(s_0, \ldots, s_{n-1}) = 0$

$\Longleftrightarrow$

1. $\mu Q_n^\lambda(s_0, \ldots, s_{n-1}) = s_{n-1}^n - \lambda + (n-1)\, s_0^n$

2. $\underbrace{-\mu Q_n^\lambda(s_0, \ldots, s_{n-1}) + s_{n-1}^n - \lambda}_{= -(n-1)\, s_0^n \quad \text{nach 1.}} - n s_j^{n-1} + (n-1) s_{j+1}^n = 0$

$$\text{für } j = 0, \ldots, n-3$$

3. $\underbrace{-\mu Q_n^\lambda(s_0, \ldots, s_{n-1}) - \lambda}_{= -s_{n-1}^n - (n-1)\, s_0^n \quad \text{nach 1.}} - n s_{n-2}^{n-1} + n s_{n-1}^n = 0$

4. $\quad\underbrace{-\mu Q_n^\lambda(s_0,\ldots,s_{n-1})}_{=-s_{n-1}^n+\lambda-(n-1)s_0^n \text{ nach } 1.}+n\,s_{n-1}^n - n\,s_{n-1}^{n-1} = 0.$

(i) und (ii) sind somit äquivalent.

$\underline{\text{(ii)}\Longrightarrow\text{(iii)}:}$

Durch Induktion über j wird $\eta_{j,n}(\alpha) = s_j^n$ für $j = 0,\ldots,n-1$ gezeigt:

$j = 0:\quad \eta_{0,n}(\alpha) = \frac{\alpha}{n-1} = s_0^n$

$j \to j+1:$

$$\begin{aligned}
\eta_{j+1,n}(\alpha) &= \varphi_n(\eta_{j,n}(\alpha),\alpha)\\
&= \tfrac{n}{n-1}\left(s_j^n\right)^{\frac{n-1}{n}} + \tfrac{\alpha}{n-1} \quad \text{nach I.V. und Def. von } \varphi\\
&= \tfrac{1}{n-1}\left[ns_j^{n-1} + (n-1)\,s_0^n\right]\\
&= \tfrac{1}{n-1}\cdot(n-1)\,s_{j+1}^n = s_{j+1}^n \quad \text{mit (ii) b}\,.
\end{aligned}$$

Mit $\eta_{n,n}(\alpha) = \varphi_n(\eta_{n-1,n}(\alpha),\alpha) = \frac{n}{n-1}s_{n-1}^{n-1} + s_0^n$ folgt schließlich

$$\begin{aligned}
H_n(\alpha) &= (n-1)\left(\eta_{n,n}(\alpha) - \eta_{n-1,n}(\alpha)\right)\\
&= ns_{n-1}^{n-1} + (n-1)\,s_0^n - (n-1)\,s_{n-1}^n\\
&= \lambda \qquad\qquad \text{nach (ii)c)}.
\end{aligned}$$

$\underline{\text{(iii)}\Longrightarrow\text{(ii)}:}$

Für $j = 0,\ldots,n-2$ gilt

$$\begin{aligned}
(n-1)\,s_{j+1}^n &- ns_j^{n-1} - (n-1)\,s_0^n\\
&= (n-1)\left[s_{j+1}^n - \tfrac{n}{n-1}(s_j^n)^{\frac{n-1}{n}} - s_0^n\right]\\
&= (n-1)\left[\eta_{j+1,n}(\alpha) - \tfrac{n}{n-1}(\eta_{j,n}(\alpha))^{\frac{n-1}{n}} - \tfrac{\alpha}{n-1}\right] \quad \text{nach Vor. (iii)}\\
&= (n-1)\left[\eta_{j+1,n}(\alpha) - \eta_{j+1,n}(\alpha)\right] \qquad \text{nach Def. von } \eta_{j+1,n}\\
&= 0\,.
\end{aligned}$$

Weiter gilt:

$(n-1)\,s_{n-1}^n - ns_{n-1}^{n-1} - (n-1)\,s_0^n + \lambda$

$\qquad = (n-1)\,\eta_{n-1,n}(\alpha) - n\,(\eta_{n-1,n}(\alpha))^{\frac{n-1}{n}} - \alpha + H_n(\alpha) \text{ wegen (iii)}$

$$= (n-1)\,\eta_{n-1,n}(\alpha) - n\,(\eta_{n-1,n}(\alpha))^{\frac{n-1}{n}} - \alpha$$

$$(\star) \qquad\qquad + (n-1)\,(\eta_{n,n}(\alpha) - \eta_{n-1,n}(\alpha)) \quad \text{nach Def. von } H_n$$

$$= (n-1)\left[\, -\tfrac{n}{n-1}\,(\eta_{n-1,n}(\alpha))^{\frac{n-1}{n}} - \tfrac{\alpha}{n-1} + \eta_{n,n}(\alpha)\,\right]$$

$$= 0 \qquad\qquad \text{nach Def. von } \eta_{n,n}.$$

Für diese Richtung bleibt noch zu zeigen:

$$\mu\,Q_n^{\lambda}(s_0,\ldots,s_{n-1}) = s_{n-1}^n - \lambda + (n-1)\,s_0^n\ .$$

Wegen $(\star)$ ist diese Aussage äquivalent zu

$$\mu Q_n^{\lambda}(s_0,\ldots,s_{n-1}) = n s_{n-1}^n - n s_{n-1}^{n-1} = -n s_{n-1}^{n-1}\,(1 - s_{n-1})\ .$$

Nach Definition von μ und Q_n^{λ} ist daher

$$\sum_{k=-1}^{n-2}\Big(\prod_{l=-1}^{k} s_l\Big)\,(s_{n-1}^n - \lambda) - \sum_{k=0}^{n-1}\Big(\prod_{l=-1}^{k-1} s_l\Big)\,s_k^n$$

$$(\star\star)\qquad\qquad = \left[(1 - s_{n-1})\Big(\sum_{k=-1}^{n-3}\prod_{l=-1}^{k} s_l\Big) + \prod_{l=0}^{n-2} s_l\right](-\,n s_{n-1}^{n-1})$$

zu beweisen. Dazu wird zunächst

$$(\star\star\star)\qquad s_k^n \prod_{l=-1}^{k-1} s_l = s_0^n\left[\sum_{j=0}^{k}\Big(\tfrac{n}{n-1}\Big)^{k-j}\prod_{l=-1}^{j-1} s_l\right]\quad \text{für } k = 0,\ldots,n-1$$

gezeigt: Induktion über k

$$k = 0:\quad s_0^n \prod_{l=-1}^{-1} s_l = s_0^n = s_0^n \sum_{j=0}^{0}\Big(\tfrac{n}{n-1}\Big)^{-j}\prod_{l=-1}^{j-1} s_l$$

$k \to k+1$: Unter der Voraussetzung (iii) gilt

$$s_{k+1}^n \prod_{l=-1}^{k} s_l = \eta_{k+1,n}(\alpha)\prod_{l=-1}^{k} s_l = \Big(\tfrac{n}{n-1}\,(\eta_{k,n}(\alpha))^{\frac{n-1}{n}} + \tfrac{\alpha}{n-1}\Big)\prod_{l=-1}^{k} s_l$$

$$= \Big(\tfrac{n}{n-1}\,s_k^{n-1} + s_0^n\Big)\prod_{l=-1}^{k} s_l$$

$$= \tfrac{n}{n-1}\,s_k^n \prod_{l=-1}^{k-1} s_l + s_0^n \prod_{l=-1}^{k} s_l$$

$$= \frac{n}{n-1} s_0^n \left[\sum_{j=0}^{k} \left(\tfrac{n}{n-1}\right)^{k-j} \prod_{l=-1}^{j-1} s_l \right] + s_0^n \prod_{l=-1}^{k} s_l \quad \text{nach I.V.}$$

$$= s_0^n \left[\sum_{j=0}^{k+1} \left(\tfrac{n}{n-1}\right)^{k+1-j} \prod_{l=-1}^{j-1} s_l \right].$$

Für die rechte Seite von $(\star\star)$ ergibt sich nun:

$$\left[(1 - s_{n-1}) \left(\sum_{k=-1}^{n-3} \prod_{l=-1}^{k} s_l \right) + \prod_{l=0}^{n-2} s_l \right] \left(- n s_{n-1}^{n-1} \right)$$

$$= \left(- n s_{n-1}^{n-1} + n s_{n-1}^{n} \right) \left(\sum_{k=-1}^{n-3} \prod_{l=-1}^{k} s_l \right) - n s_{n-1}^{n-1} \prod_{l=0}^{n-2} s_l$$

$$= \left(s_{n-1}^{n} + (n-1) s_0^n - \lambda \right) \sum_{k=-1}^{n-3} \prod_{l=-1}^{k} s_l$$

$$+ \left(- (n-1) s_{n-1}^{n} + (n-1) s_0^n - \lambda \right) \prod_{l=0}^{n-2} s_l \quad \text{nach } (\star)$$

$$= \left(s_{n-1}^{n} - \lambda \right) \sum_{k=-1}^{n-2} \prod_{l=-1}^{k} s_l + \underbrace{(n-1) s_0^n \sum_{k=-1}^{n-2} \prod_{l=-1}^{k} s_l - n s_{n-1}^{n} \prod_{l=0}^{n-2} s_l}_{=: A}$$

mit

$$A = (n-1) s_0^n \sum_{k=-1}^{n-2} \prod_{l=-1}^{k} s_l - n s_0^n \left[\sum_{j=0}^{n-1} \left(\tfrac{n}{n-1}\right)^{n-1-j} \prod_{l=-1}^{j-1} s_l \right] \text{nach } (\star\star\star)$$

$$= s_0^n \left[\sum_{j=0}^{n-1} \underbrace{\left((n-1) - n\left(\tfrac{n}{n-1}\right)^{n-1-j} \right)}_{\begin{array}{l} = (n-1)\left(1-\left(\tfrac{n}{n-1}\right)^{n-j}\right) \\ = (n-1)\left(1-\tfrac{n}{n-1}\right) \sum\limits_{k=0}^{n-j-1} \left(\tfrac{n}{n-1}\right)^{k} \\ \quad\ (\text{geom. Reihe}) \\ = - \sum\limits_{k=0}^{n-j-1} \left(\tfrac{n}{n-1}\right)^{k} \end{array}} \prod_{l=-1}^{j-1} s_l \right]$$

$$= - s_0^n \left[\sum_{j=0}^{n-1} \left(\sum_{k=0}^{n-j-1} \left(\tfrac{n}{n-1}\right)^{k} \right) \prod_{l=-1}^{j-1} s_l \right]$$

$$\begin{aligned}
&= -s_0^n \sum_{k=0}^{n-1} \left(\sum_{j=0}^{n-1-k} \left(\tfrac{n}{n-1}\right)^k \prod_{l=-1}^{j-1} s_l \right) \quad \text{(Umordnung)} \\
&= -s_0^n \sum_{k=0}^{n-1} \left(\sum_{j=0}^{k} \left(\tfrac{n}{n-1}\right)^{k-j} \prod_{l=-1}^{j-1} s_l \right) \quad \text{(weitere Umordnung)} \\
&= -\sum_{k=0}^{n-1} \left(\prod_{l=-1}^{k-1} s_l \right) s_k^n \quad \text{nach } (\star\star\star).
\end{aligned}$$

Die Gleichung $(\star\star)$ und somit die letzte Richtung (iii)$\Longrightarrow$(ii) ist jetzt bewiesen.

Aus $0 < \eta_{n-1,n}(\alpha) = s_{n-1}^n < 1$, der Isotonie von $\eta_{n-1,n}$ und Lemma (7.8) folgt $0 < \alpha < \alpha_n$ und damit $0 < H_n(\alpha) = \lambda < 1 + \alpha_n = \gamma_n$ (α_n wie in (7.8) gegeben). Weiter ist

$$\begin{aligned}
D_n^\lambda(s_0, \dots, s_{n-1}) &= s_{n-1}^n - 1 - \mu Q_n^\lambda(s_0, \dots, s_{n-1}) \\
&= s_{n-1}^n - 1 - (s_{n-1}^n - \lambda + (n-1)s_0^n) \quad \text{nach (ii)a)} \\
&= \lambda - 1 + \alpha \\
&= \lambda - 1 - J_n(\lambda). \qquad\qquad \square
\end{aligned}$$

Mit (7.13) und der Lagrangeschen Multiplikatorenregel läßt sich nachweisen, daß die Funktion f im Innern von Δ_n höchstens ein lokales Extremum unter der Nebenbedingung $g = x_0 \in (0,1)$ besitzt:

(7.14) Lemma

Das Gleichungssystem

(i) $\lambda\, grad\, g(s_0, \dots, s_{n-1}) - grad\, f(s_0, \dots, s_{n-1}) = 0$

(ii) $g(s_0, \dots, s_{n-1}) = x_0$

$$(s_0, \dots, s_{n-1}) \in \overset{\circ}{\Delta}_n, \ \lambda \in \mathbb{R}$$

besitzt <u>genau eine Lösung</u> $(\tilde{s}_0, \dots, \tilde{s}_{n-1}, \lambda_0)$. Diese Lösung ist folgendermaßen gegeben:

$$\lambda_0 = k_n(x_0) \quad, \ \textit{wobei } k_n : [0,1] \to [0, \gamma_n] \textit{ die Umkehrfunktion zu } 1 - J_n' \textit{ sei (Existenz nach (7.9)c)),}$$

$$\tilde{s}_j = \sqrt[n]{\eta_{j,n}(J_n(\lambda_0))} \quad \textit{für } j = 0, \dots, n-1 \,.$$

Beweis: Nach Lemma (7.13) ist $(s_0, \ldots, s_{n-1}, \lambda)$ eine Lösung von (i) genau dann wenn

$$(\star) \qquad \begin{aligned} &\lambda \in (0, \gamma_n) \\ &H_n(\alpha) = \lambda \qquad (\alpha := (n-1)\, s_0^n > 0) \\ &s_j^n = \eta_{j,n}(\alpha) \qquad \text{für } j = 0, \ldots, n-1 \,. \end{aligned}$$

Hierfür ist die Bedingung (ii)

$$g(s_0, \ldots, s_{n-1}) = x_0$$

zu überprüfen. Dazu wird zunächst folgende Behauptung bewiesen:

$$\eta'_{j,n}(\alpha) = \frac{1}{n-1} \sum_{k=-1}^{j-1} \prod_{l=k+1}^{j-1} \frac{1}{s_l} \qquad \text{für } j = 0, \ldots, n$$
$$\text{(leeres Produkt} := 1) \,.$$

Beweis durch Induktion über j

$j = 0$: $\quad \eta'_{0,n}(\alpha) = \left(\frac{\alpha}{n-1}\right)' = \frac{1}{n-1} = \frac{1}{n-1} \sum_{k=-1}^{-1} \prod_{l=k+1}^{-1} \frac{1}{s_l}$

$j \to j+1$:

$$\begin{aligned} \eta'_{j+1,n}(\alpha) &= \left(\eta_{j,n}(\alpha)\right)^{-\frac{1}{n}} \cdot \eta'_{j,n}(\alpha) + \frac{1}{n-1} \\ &= \frac{1}{s_j} \cdot \frac{1}{n-1} \sum_{k=-1}^{j-1} \prod_{l=k+1}^{j-1} \frac{1}{s_l} + \frac{1}{n-1} \qquad \text{nach } (\star) \text{ und I.V.} \\ &= \frac{1}{n-1} \sum_{k=-1}^{j} \prod_{l=k+1}^{j} \frac{1}{s_l} \,. \end{aligned}$$

Eine direkte Folgerung hieraus ist

$$(\star\star) \qquad \left(\prod_{l=-1}^{j-1} s_l\right) \eta'_{j,n}(\alpha) = \frac{1}{n-1} \sum_{k=-1}^{j-1} \prod_{l=-1}^{k} s_l \qquad , \, j = 0, \ldots, n \,.$$

Damit können wir nun $g(s_0, \ldots, s_{n-1})$ berechnen:

$$g(s_0, \ldots, s_{n-1}) = \frac{(1 - s_{n-1}) \sum\limits_{k=-1}^{n-2} \prod\limits_{l=-1}^{k} s_l}{(1 - s_{n-1}) \sum\limits_{k=-1}^{n-3} \prod\limits_{l=-1}^{k} s_l + \prod\limits_{l=0}^{n-2} s_l} \qquad \text{nach (7.4);}$$

für den Nenner ergibt sich

$$(1 - s_{n-1}) \sum_{k=-1}^{n-3} \prod_{l=-1}^{k} s_l + \prod_{l=0}^{n-2} s_l$$

$$= (1 - s_{n-1}) \sum_{k=-1}^{n-2} \prod_{l=-1}^{k} s_l + \prod_{l=-1}^{n-1} s_l$$

$$= (1 - s_{n-1})\,(n-1) \left(\prod_{l=-1}^{n-2} s_l \right) \eta'_{n-1,n}(\alpha) + \prod_{l=-1}^{n-1} s_l \quad \text{nach } (\star\star)$$

$$= \left(\prod_{l=-1}^{n-1} s_l \right) \left[(n-1)\left(\tfrac{1}{s_{n-1}} - 1 \right) \eta'_{n-1,n}(\alpha) + 1 \right]$$

$$= \left(\prod_{l=-1}^{n-1} s_l \right) (n-1) \left[(\eta_{n-1,n}(\alpha))^{-\frac{1}{n}} \eta'_{n-1,n}(\alpha) + \tfrac{1}{n-1} - \eta'_{n-1,n}(\alpha) \right]$$

$$\text{nach } (\star)$$

$$= \left(\prod_{l=-1}^{n-1} s_l \right) (n-1) \left[\eta'_{n,n}(\alpha) - \eta'_{n-1,n}(\alpha) \right]$$

$$= \left(\prod_{l=-1}^{n-1} s_l \right) H'_n(\alpha) \,,$$

und daher für den Zähler analog

$$(1 - s_{n-1}) \sum_{k=-1}^{n-2} \prod_{l=-1}^{k} s_l = \left(\prod_{l=-1}^{n-1} s_l \right) H'_n(\alpha) - \prod_{l=-1}^{n-1} s_l \,.$$

Mit $J'_n(\lambda) = \frac{1}{H'_n(\alpha)}$ (J_n Umkehrfunktion zu H_n, $H_n(\alpha) = \lambda$) folgt:

$$g(s_0, \ldots, s_{n-1}) = \frac{\left(\prod\limits_{l=-1}^{n-1} s_l \right) H'_n(\alpha) - \prod\limits_{l=-1}^{n-1} s_l}{\left(\prod\limits_{l=-1}^{n-1} s_l \right) H'_n(\alpha)} = 1 - J'_n(\lambda).$$

Somit folgt für ein Tupel $(s_0, \ldots, s_{n-1}, \lambda)$, welches die Bedingung (i) bzw. $(\star)$ erfüllt:

$$g(s_0, \ldots, s_{n-1}) = x_0 \iff \lambda = k_n(x_0) \,.$$

Als nächstes wird gezeigt, daß zu $\lambda_0 = k_n(x_0)$ genau ein $(\tilde{s}_0, \ldots, \tilde{s}_{n-1})$ aus dem Innern von Δ_n existiert, so daß

158

(i') $\operatorname{grad} D_n^{\lambda_0}(s_0,\ldots,s_{n-1}) = \lambda_0 \operatorname{grad} g(s_0,\ldots,s_{n-1}) -$
$$\operatorname{grad} f(s_0,\ldots,s_{n-1}) = 0$$

gilt. Setze hierzu (beachte $\lambda_0 \in (0,\gamma_n)$)

$$\tilde{s}_0 := \sqrt[n]{\frac{J_n(\lambda_0)}{n-1}}\,,$$

was äquivalent ist zu

$$H_n(\tilde{\alpha}) = \lambda_0 \quad \text{mit } \tilde{\alpha} := (n-1)\,\tilde{s}_0^n\ .$$

Weiter setzte

$$\tilde{s}_j := \sqrt[n]{\eta_{j,n}(\tilde{\alpha})}\quad,\ j = 0,\ldots,n-1\ .$$

$\tilde{s}_0$ ist hierbei wohldefiniert, da

$$\sqrt[n]{\eta_{0,n}(\tilde{\alpha})} = \sqrt[n]{\varphi_n(0,\tilde{\alpha})} = \sqrt[n]{\frac{\tilde{\alpha}}{n-1}} = \sqrt[n]{\frac{J_n(\lambda_0)}{n-1}}.$$

Wegen $\tilde{\alpha} = J_n(\lambda_0) \in (0,\alpha_n) \subset (0,1)$ (α_n wie in Lemma (7.8)), gilt $\tilde{s}_0 \in (0,1)$.

Aufgrund der strengen Isotonie von $\eta_{n-1,n}$ und $\eta_{n-1,n}(\alpha_n) = 1$, folgt

$$\tilde{s}_{n-1} = \sqrt[n]{\eta_{n-1,n}(\tilde{\alpha})} < 1\ .$$

Zusammen mit der Eigenschaft

$$\eta_{j,n}(\tilde{\alpha}) < \eta_{j+1,n}(\tilde{\alpha}) \qquad \text{für } j = 0,\ldots,n-2 \quad (\text{Lemma } (7.6)\ \text{e}))$$

gilt $0 < \tilde{s}_0 < \tilde{s}_1 < \ldots < \tilde{s}_{n-1} < 1$.

Also ist $(\tilde{s}_0,\ldots,\tilde{s}_{n-1}) \in \overset{\circ}{\Delta}_n$ und erfüllt wegen Lemma (7.13) die Bedingung (i'). Da der Lagrangesche Multiplikator λ durch die Beziehung $\lambda = k_n(x_0)$ festgelegt ist, sind $\tilde{s}_0,\ldots,\tilde{s}_{n-1}$ durch die Bedingung (7.13) (iii) eindeutig bestimmt. $\qquad\square$

Die Lösung $(\tilde{s}_0,\ldots,\tilde{s}_{n-1})$ des Lagrangeschen Gleichungssystems in (7.14) erweist sich nun als Stelle des Maximums von f unter $g = x_0$ auf Δ_n. Hierzu wird folgende allgemeinere Aussage bewiesen, die auch wieder die konstanten Zufallsgrößen berücksichtigt.

(7.15) Satz

Es sei $(\tilde{s}_0, \ldots, \tilde{s}_{n-1}, \lambda_0)$ die Lösung des Gleichungssystems in Lemma (7.14). Dann gilt

$$D_n^{\lambda_0}(\tilde{s}_0, \ldots, \tilde{s}_{n-1}) =$$
$$\min\{\lambda_0 V(X_1, \ldots, X_n) - M(X_1, \ldots, X_n) : P^{(X_1, \ldots, X_n)} \in \mathcal{P}_n^{\text{iid}}\}.$$

Beweis: Da nach Lemma (7.10)

$$u_n^{\text{iid}}(x) = \sup\{M(X_1, \ldots, X_n) \; : \; P^{(X_1, \ldots, X_n)} \in \mathcal{P}_n^{\text{iid}}, V(X_1, \ldots, X_n) = x\}$$
$$= \max\{M(X_1, \ldots, X_n) \; : \; P^{(X_1, \ldots, X_n)} \in \mathcal{P}_n^{\text{iid}}, V(X_1, \ldots, X_n) = x\}$$

für alle $x \in [0, 1]$, wird das Infimum der Menge

$$\{\lambda_0 V(X_1, \ldots, X_n) - M(X_1, \ldots, X_n) : P^{(X_1, \ldots, X_n)} \in \mathcal{P}_n^{\text{iid}}\}$$

angenommen.

Zur Bestimmung des Minimums brauchen wiederum nur $[0, 1]$-wertige iid-Zufallsgrößen mit

$$P(X_1 \in \{0, v_n, \ldots, v_2, 1\}) = 1$$

betrachtet zu werden.

Falls $X_1 = c \in [0, 1]$ P-f.s, folgt aus $0 < \lambda_0 < \gamma_n$

$$\begin{aligned}
\lambda_0 V(X_1, \ldots, X_n) \; - \; M(X_1, \ldots, X_n) &= c\,(\lambda_0 - 1) \\
&> \lambda_0 - 1 - J_n(\lambda_0) \quad {\scriptstyle \text{wegen } J_n(\lambda_0) > \max\{0, \lambda_0 - 1\} \; ((7.9)\text{b})} \\
&= D_n^{\lambda_0}(\tilde{s}_0, \ldots, \tilde{s}_{n-1}) \quad \text{nach (7.13)}.
\end{aligned}$$

Das Minimum wird also durch nicht-konstante Zufallsgrößen angenommen.

Die Bestimmung des Minimums entspricht nun einer Minimierung von $D_n^{\lambda_0}$ auf Δ_n. Eine Untersuchung der Randpunkte zeigt, daß das Minimum im Innern von Δ_n angenommen wird:

Sei $(s_0, \ldots, s_{n-1})$ ein Randpunkt von Δ_n. Im Fall

$$-\mu Q_n^{\lambda_0}(s_0, \ldots, s_{n-1}) \geq \lambda_0 - s_{n-1}^n$$

160

(siehe S. 147 zur Definition von μ und $Q_n^{\lambda_0}$) gilt

$$
\begin{aligned}
D_n^{\lambda_0}(s_0,\ldots,s_{n-1}) &= s_{n-1}^n - 1 - \mu\, Q_n^{\lambda_0}(s_0,\ldots,s_{n-1}) \\
&\geq -1 + \lambda_0 \\
&> -1 + \lambda_0 - J_n(\lambda_0) \\
&= D_n^{\lambda_0}(\tilde{s}_0,\ldots,\tilde{s}_{n-1}).
\end{aligned}
$$

Wir können also

$$
-\mu\, Q_n^{\lambda_0}(s_0,\ldots,s_{n-1}) < \lambda_0 - s_{n-1}^n
$$

annehmen. Es werden mehrere Fälle unterschieden:

1. Fall: $0 < s_0 < \ldots < s_j = s_{j+1} < s_{j+2} < \ldots < s_{n-1} < 1$ für ein $j \in \{0,\ldots,n-3\}$.

Für die Richtungsableitung von $D_n^{\lambda_0}(s_0,\ldots,s_{n-1})$ in Richtung $v = (v_0,\ldots,v_{n-1})$, mit $v_j = -1$, $v_{j+1} = 1$ und $v_k = 0$ sonst, gilt:

$$
\frac{\partial D_n^{\lambda_0}(s_0,\ldots,s_{n-1})}{\partial v} = -\frac{\partial D_n^{\lambda_0}}{\partial s_j} + \frac{\partial D_n^{\lambda_0}}{\partial s_{j+1}}
$$

$$
= \frac{1}{s_j}\left(-s_j\frac{\partial D_n^{\lambda_0}}{\partial s_j} + s_{j+1}\frac{\partial D_n^{\lambda_0}}{\partial s_{j+1}} \right) \quad \text{(beachte } s_j = s_{j+1})
$$

$$
= \frac{1}{s_j}\mu\left(\prod_{l=0}^{j} s_l \right)\left[-\mu Q_n^{\lambda_0} + s_{n-1}^n - \lambda_0 - ns_j^{n-1} + (n-1)\,s_{j+1}^n \right]
$$

nach (7.12)

< 0, da nach Annahme $\mu Q_n^{\lambda_0} + s_{n-1}^n - \lambda_0 < 0$ und $s_j = s_{j+1}$.

Es existiert also ein Punkt $(\bar{s}_0,\ldots,\bar{s}_{n-1})$ aus dem Innern von Δ_n mit

$$
\bar{s}_j \in (s_{j-1},s_j),\ \bar{s}_{j+1} \in (s_{j+1},s_{j+2}),\ \bar{s}_k = s_k \text{ für } k \notin \{j,j+1\}
$$

und $D_n^{\lambda_0}(\bar{s}_0,\ldots,\bar{s}_{n-1}) < D_n^{\lambda_0}(s_0,\ldots,s_{n-1})$.

2. Fall: $0 < s_0 < \ldots < s_{n-3} < s_{n-2} = s_{n-1} < 1$.

Hier verfährt man analog zum 1. Fall mit $v = (0,\ldots,0,-1,1-s_{n-1})$.

3. Fall: $0 < s_0 \leq \ldots \leq s_{j-1} < s_j = \ldots = s_k < s_{k+1} \leq \ldots \leq s_{n-1} < 1$

für $0 \leq j < k \leq n-1$.

Wegen

$$-\frac{\partial D_n^{\lambda_0}}{\partial s_j} + \frac{\partial D_n^{\lambda_0}}{\partial s_k} = \sum_{l=j}^{k-1} \left(\frac{\partial D_n^{\lambda_0}}{\partial s_{l+1}} - \frac{\partial D_n^{\lambda_0}}{\partial s_l} \right)$$

$$= \frac{1}{s_j} \sum_{l=j}^{k-1} \left(s_{l+1} \frac{\partial D_n^{\lambda_0}}{\partial s_{l+1}} - s_l \frac{\partial D_n^{\lambda_0}}{\partial s_l} \right) \quad , \text{ da } s_j = s_{j+1} = \ldots = s_k$$

$$< 0 \text{ , falls } k < n-1,$$

und entsprechend $\quad -\dfrac{\partial D_n^{\lambda_0}}{\partial s_j} + (1 - s_{n-1}) \dfrac{\partial D_n^{\lambda_0}}{\partial s_{n-1}} < 0$

existieren $\bar{s}_j$ und $\bar{s}_k$ mit

$$0 < s_0 \le \ldots \le s_{j-1} < \bar{s}_j < s_{j+1} =$$
$$\ldots = s_{k-1} < \bar{s}_k < s_{k+1} \le \ldots \le s_{n-1} < 1$$

und

$$D_n^{\lambda_0}(s_0, \ldots, s_{j-1}, \bar{s}_j, s_{j+1}, \ldots, s_{k-1}, \bar{s}_k, s_{k+1}, \ldots, s_{n-1})$$
$$< D_n^{\lambda_0}(s_0, \ldots, s_{n-1}).$$

Dieses Verfahren wird wiederholt, so daß man in endlich vielen Schritten zu einem Punkt $(\bar{s}_0, \ldots, \bar{s}_{n-1})$ aus dem Innern von Δ_n gelangt mit

$$D_n^{\lambda_0}(\bar{s}_0, \ldots, \bar{s}_{n-1}) < D_n^{\lambda_0}(s_0, \ldots, s_{n-1}) \, .$$

$D_n^{\lambda_0}$ nimmt also sein absolutes Minimum auf $\overset{\circ}{\Delta}_n$ an.

Weil $(\tilde{s}_0, \ldots, \tilde{s}_{n-1})$ der einzige Punkt in $\overset{\circ}{\Delta}_n$ mit verschwindenem Gradienten ist (vgl. Lemma (7.13) und den Beweis der Eindeutigkeitsaussage in Lemma (7.14)), folgt die Behauptung. $\qquad \square$

Anhand der Aussagen (7.13)-(7.15) kann man $u_n^{\mathrm{iid}}(x)$ berechnen. Insgesamt läßt sich folgendes Resultat formulieren:

(7.16) Satz [vgl. [Ke 86b], Cor. 4.9, Prop. 4.8]

> *a) Zu $x \in [0,1]$ existiert genau eine Verteilung $P^{(X_1,\ldots,X_n)} \in \mathcal{P}_n^{\mathrm{iid}}$, so daß gilt*
>
> $$V(X_1, \ldots, X_n) = x \quad \text{und} \quad M(X_1, \ldots, X_n) = u_n^{\mathrm{iid}}(x) \, .$$
>
> *Diese extremale Verteilung ist folgendermaßen gegeben:*

Im Fall $x \in \{0,1\}$ gilt $P(X_1 = x) = 1$.
Für $0 < x < 1$ setze

$$\lambda := k_n(x) \quad (= (u_n^{\text{iid}})'(x))$$
$$s_j := \sqrt[n]{\eta_{j,n}(J_n(\lambda))} \qquad , j = 0, \ldots, n-1$$
$$p_0 := s_0$$
$$p_j := (s_j - s_{j-1}) \qquad , j = 1, \ldots, n-1$$
$$p_n := 1 - s_{n-1} \, .$$

P^{X_1} ist dann eine endliche diskrete Verteilung mit den Trägerpunkten $0 < v_n < \ldots < v_2 < 1$ und den entsprechenden Wahrscheinlichkeiten $p_0, \ldots, p_n$, wobei $v_j = V(X_j, \ldots, X_n)$, $j = 1, \ldots, n-1$, wie in Lemma (7.4) aus $s_0, \ldots, s_{n-1}$ berechnet werden.

b) $u_n^{\text{iid}} : [0,1] \to [0,1]$ besitzt die Darstellung

$$u_n^{\text{iid}}(x) = \begin{cases} 0 & x = 0 \\ 1 + J_n(k_n(x)) - (1-x)\,k_n(x) & \text{falls } 0 < x < 1 \\ 1 & x = 1 \end{cases},$$

wobei $\eta_{n-1,n}$, J_n und k_n wie in (7.5), (7.9) und (7.14), definiert sind.
u_n^{iid} ist streng monoton steigend, strikt konkav und differenzierbar (auf $(0,1)$ beliebig oft differenzierbar) mit $(u_n^{\text{iid}})' = k_n$ und

$$\frac{d}{dx} u_n^{\text{iid}}(0) = \gamma_n, \quad \frac{d}{dx} u_n^{\text{iid}}(1) = 0 \quad (\gamma_n \text{ wie in (7.9) definiert}) \, .$$

Beweis: Es sei $x \in [0,1]$ vorgegeben.

Im Fall $x \in \{0,1\}$ ergeben sich die Aussagen in a) und b) direkt aus Lemma (7.10).

Andernfalls wird die Verteilung von $(X_1, \ldots, X_n)$ bzw. $(s_0, \ldots, s_{n-1}, \lambda)$ in a) analog zu Lemma (7.14) definiert, es gilt also

$$\text{grad } D_n^{\lambda}(s_0, \ldots, s_{n-1}) = 0,$$

$$V(X_1, \ldots, X_n) = g(s_0, \ldots, s_{n-1}) = x$$

und

$$\lambda V(X_1, \ldots, X_n) - M(X_1, \ldots, X_n)$$
$$= D_n^\lambda(s_0, \ldots, s_{n-1})$$
$$\overset{(7.15)}{=} \min\{\lambda V(Y_1, \ldots, Y_n) - M(Y_1, \ldots, Y_n) : P^{(Y_1, \ldots, Y_n)} \in \mathcal{P}_n^{\text{iid}}\}$$
$$= \min\{\lambda V(Y_1, \ldots, Y_n) - M(Y_1, \ldots, Y_n) :$$
$$P^{(Y_1, \ldots, Y_n)} \in \mathcal{P}_n^{\text{iid}}, V(Y_1, \ldots, Y_n) = x\} \ .$$

Hieraus folgt direkt

$$M(X_1, \ldots, X_n) =$$
$$\max\{M(Y_1, \ldots, Y_n) : P^{(Y_1, \ldots, Y_n)} \in \mathcal{P}_n^{\text{iid}} : V(Y_1, \ldots, Y_n) = x\}$$
$$= u_n^{\text{iid}}(x) \ .$$

Wegen grad $D_n^\lambda(s_0, \ldots, s_{n-1}) = 0$ und $(s_0, \ldots, s_{n-1}) \in \overset{\circ}{\Delta}_n$ erhält man mit Lemma (7.13) für $u_n^{\text{iid}}(x)$ folgende Darstellung:

$$u_n^{\text{iid}}(x) = \lambda V(X_1, \ldots, X_n) - D_n^\lambda(s_0, \ldots, s_{n-1}) \quad \text{nach Def. von } D_n^\lambda$$
$$= \lambda x - \lambda + 1 + J_n(\lambda) \quad \text{nach (7.13)}$$
$$= 1 + J_n(k_n(x)) - (1 - x)\, k_n(x) \ , \ \text{da } \lambda = k_n(x) \ .$$

Für Teil a) ist noch die Eindeutigkeit zu zeigen: Aus dem Beweis zu Satz (7.15) folgt, daß $P^{(X_1, \ldots, X_n)}$ die einzige Verteilung aus $\mathcal{P}_n^{\text{iid}}$ mit $P(X_1 \in \{0, v_n, \ldots, v_2, 1\}) = 1$ ist, die $\lambda V - M$ minimiert. Korollar (7.3) besagt, daß die extremalen Verteilungen nur unter diesen zu finden sind. Die Eindeutigkeit ist somit bewiesen.

Zu b) sind noch die Eigenschaften von u_n^{iid} zu überprüfen: k_n und J_n sind auf $(0, 1)$ bzw. $(0, \gamma_n)$ ∞-oft differenzierbar. Somit gilt dasselbe für u_n^{iid} auf $(0, 1)$:

$$\frac{d}{dx} u_n^{\text{iid}}(x) = (k_n)'(x) \cdot J_n'(k_n(x)) + k_n(x) - (1 - x)\,(k_n)'(x)$$
$$= k_n(x) > 0 \quad , \text{da } k_n \text{ Umkehrfunktion zu } 1 - J_n' .$$

u_n^{iid} ist also auf $(0,1)$ streng monoton steigend und wegen der strengen Antitonie von k_n (J_n' ist streng isoton) zusätzlich strikt konkav. Es bleibt die Differenzierbarkeit in den Stellen 0 und 1 zu zeigen:

Nach (7.10) ist u_n^{iid} stetig. Es existieren

$$\lim_{x\searrow 0}(u_n^{\mathrm{iid}})'(x) = \lim_{x\searrow 0} k_n(x) = \gamma_n \quad \text{und}$$

$$\lim_{x\nearrow 1}(u_n^{\mathrm{iid}})'(x) = \lim_{x\nearrow 1} k_n(x) = 0 \ .$$

Für $x = 0$ folgt somit:

$$\lim_{h\searrow 0} \frac{u_n^{\mathrm{iid}}(0+h) - u_n^{\mathrm{iid}}(0)}{h} = \lim_{h\searrow 0} \lim_{\substack{x\searrow 0 \\ x>0}} \frac{u_n^{\mathrm{iid}}(x+h) - u_n^{\mathrm{iid}}(x)}{h}$$

$$\text{\footnotesize beide Limiten ex.} = \lim_{\substack{x\searrow 0 \\ x>0}} \lim_{h\searrow 0} \frac{u_n^{\mathrm{iid}}(x+h) - u_n^{\mathrm{iid}}(x)}{h}$$

$$= \lim_{\substack{x\searrow 0 \\ x>0}}(u_n^{\mathrm{iid}})'(x) = \gamma_n.$$

u_n^{iid} ist demnach in 0 differenzierbar mit $(u_n^{\mathrm{iid}})'(0) = \gamma_n$.

Analog folgt die Differenzierbarkeit in 1 mit $(u_n^{\mathrm{iid}})'(1) = 0$. $\qquad\square$

Hieraus kann jetzt direkt auf die Prophetenregion Π_n^{iid} geschlossen werden:

(7.17) Satz ([Ke 86b], Theorem A)

$$\Pi_n^{\mathrm{iid}} = \{(x,y) \in \mathrm{I\!R}^2 : \ x \le y \le u_n^{\mathrm{iid}}(x) , \ x \in [0,1]\} \ .$$

Beweis: Für jedes $P^{(X_1,\dots,X_n)} \in \mathcal{P}_n^{\mathrm{iid}}$ gilt

$$V(X_1,\dots,X_n) \in [0,1] \quad \text{und} \quad M(X_1,\dots,X_n) \ge V(X_1,\dots,X_n)$$

Aus der Definition von Π_n^{iid} folgt nunmehr

$$\Pi_n^{\mathrm{iid}} \subseteq \{(x,y) \in \mathrm{I\!R}^2 : \ x \le y \le u_n^{\mathrm{iid}}(x) , \ x \in [0,1]\} \ .$$

Die Punkte $(0,0)$ und $(1,1)$ sind in Π_n^{iid} enthalten, da

$$V(X_1,\dots,X_n) = x = M(X_1,\dots,X_n) \text{ für } X_i = x \ P\text{-f.s.}.$$

Es sei $(x_0, y_0) \in \{(x,y) \in \mathrm{I\!R}^2 : \; x \le y \le u_n^{\text{iid}}(x)\,, \; x \in [0,1]\} \setminus \{(0,0),(1,1)\}$.

Nach (7.16)a) existiert ein $P^{(Y_1,\ldots,Y_n)} \in \mathcal{P}_n^{\text{iid}}$ mit

$$(V(Y_1,\ldots,Y_n),\ M(Y_1,\ldots,Y_n)) = (x_0, u_n^{\text{iid}}(x_0)).$$

Dann gilt für $Z_i := \alpha\, Y_i + (1-\alpha)x_0, \alpha = \frac{y_0 - x_0}{u_n^{\text{iid}}(x_0) - x_0}, i = 1, \ldots, n,$

$$V(Z_1,\ldots,Z_n) = \alpha V(Y_1,\ldots,Y_n) + (1-\alpha)x_0 = x_0$$

$$M(Z_1,\ldots,Z_n) = \alpha\, M(Y_1,\ldots,Y_n) + (1-\alpha)x_0 = y_0,$$

d.h. $(x_0, y_0) \in \Pi_n^{\text{iid}}$. Insgesamt folgt somit die Behauptung. $\qquad\square$

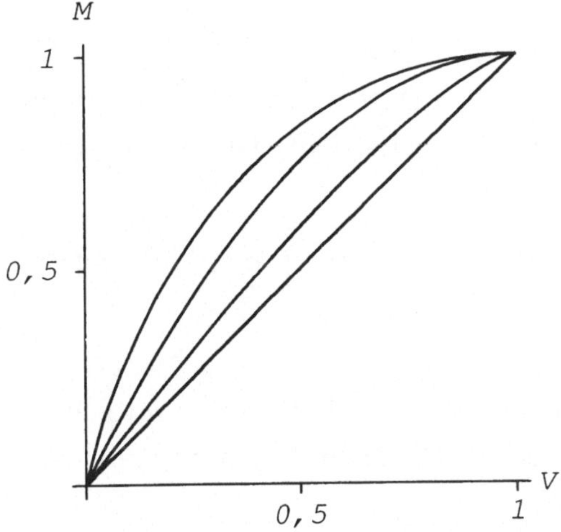

Abb. 7.1: Π_{10}^{iid} im Vergleich zu Π_{10}^n und Π_{10} (von unten).

Aus der Konkavität von u_n^{iid} können wir wieder scharfe Prophetenungleichungen ableiten:

(7.18) Satz (vgl. [Ke 86b], Theorem B)
Für alle $P^{(X_1,\ldots,X_n)} \in \mathcal{P}_n^{iid}$ und $\lambda \in [0, \gamma_n]$ gilt:

$$M(X_1,\ldots,X_n) - [1 - \lambda + J_n(\lambda)] \le \lambda V(X_1,\ldots,X_n)\,.$$

Es gilt Gleichheit genau dann, wenn $X_1 = 0$ P-f.s für $\lambda = \gamma_n$,

$X_1 = 1$ P-f.s für $\lambda = 0$, und für $\lambda \in (0, \gamma_n)$ X_1 die in $(7.16)\,a)$ definierte Verteilung besitzt (also $\lambda = k_n(x)$ für ein $x \in (0,1)$).

Beweis: Für die obere Tangente h_x von u_n^{iid} in $x \in [0,1]$ gilt

$$
\begin{aligned}
h_x(y) &= u_n^{\mathrm{iid}}(x) + (u_n^{\mathrm{iid}})'(x)\,(y - x) \\
&= u_n^{\mathrm{iid}}(x) + k_n(x)\,(y - x)\ .
\end{aligned}
$$

Daher folgt für $(V, M) \in \Pi_n^{\mathrm{iid}}$ aus der Konkavität von u_n^{iid}

$$
M \ \leq\ u_n^{\mathrm{iid}}(V) \ \leq\ h_x(V) \ =\ u_n^{\mathrm{iid}}(x) + k_n(x)\,(V - x)\ ,
$$

und wegen der strikten Konkavität gilt Gleichheit genau dann, wenn $V = x$ und $M = u_n^{\mathrm{iid}}(x)$.

Aufgrund der Aussage $(7.16)\,a)$ existiert genau ein $P^{(X_1,\ldots,X_n)} \in \mathcal{P}_n^{\mathrm{iid}}$ mit $V(X_1,\ldots,X_n) = x$ und $M(X_1,\ldots,X_n) = u_n^{\mathrm{iid}}(x)$. $P^{(X_1,\ldots,X_n)}$ besitzt für $\lambda = k_n(x)$ die im Satz angegebene Gestalt. Den Satz erhält man somit aus

$$
M \ -\ [u_n^{\mathrm{iid}}(x) - x\,k_n(x)] \ \leq\ k_n(x)\,V \qquad \forall\, x \in [0,1] \ \forall\, (V, M) \in \Pi_n^{\mathrm{iid}}\ ,
$$

und der Umparametrisierung $\lambda = k_n(x) \in [0, \gamma_n]$. $\qquad\square$

Insbesondere ergeben sich die Verhältnis- und Differenzungleichungen, die bereits 1982 von HILL und KERTZ [H/K 82] bewiesen wurden:

(7.19) Satz ([H/K 82])

Zu $n \geq 2$ seien $a_n := 1 + \alpha_n = \gamma_n$ und $b_n := J_n(1)$.

a)Für alle $P^{(X_1,\ldots,X_n)} \in \mathcal{P}_n^{\mathrm{iid}}$ gilt

$$
M(X_1,\ldots,X_n) \ \leq\ a_n\,V(X_1,\ldots,X_n)\ ,
$$

und im Fall $0 < EX_1 \leq 1$ gilt

$$
M(X_1,\ldots,X_n) \ <\ a_n\,V(X_1,\ldots,X_n)\ .
$$

a_n ist die kleinstmögliche Schranke.

b)Für alle $P^{(X_1,\ldots,X_n)} \in \mathcal{P}_n^{\text{iid}}$ gilt

$$M(X_1,\ldots,X_n) - V(X_1,\ldots,X_n) \leq b_n \,,$$

und es existieren [0,1]-wertige iid-Zufallsgrößen $\widehat{X}_1,\ldots,\widehat{X}_n$ mit

$$M(\widehat{X}_1,\ldots,\widehat{X}_n) - V(\widehat{X}_1,\ldots,\widehat{X}_n) = b_n$$

HILL und KERTZ [H/K 82] geben überdies Berechnungsverfahren für die Konstanten a_n, b_n an und schätzten diese durch

$$1,1 < a_n < 1,6 \quad , \quad 0 < b_n < \frac{1}{4}$$

ab. KERTZ [Ke 86b] konnte schließlich die Konvergenz der Folge $(a_n)_{n\in\mathbb{N}}$ zeigen mit

$$\lim_{n\to\infty} a_n = 1 + \alpha_0 \approx 1,341 \,,$$

wobei α_0 die einzige Lösung der Gleichung

$$\int\limits_0^1 [y - y \ln y + \alpha]^{-1} \, dy = 1$$

ist (vgl. [Ke 86b], Lemma 6.2 (b)).

(7.20) Beispiele

Wir geben numerische Ergebnisse für die Schranken und extremalen Verteilungen in Satz (7.19) an:

a) Einige Werte der Konstanten a_n und b_n:

n	2	5	10	20	100	1000
a_n	$1,1716$	$1,2650$	$1,3010$	$1,3206$	$1,3375$	$1,3411$
b_n	$1/16$	$0,0902$	$0,1003$	$0,1056$	$0,1101$	$0,1111$

b) Extremale Verteilungen $P^{(\hat{X}_1,\ldots,\hat{X}_n)}$ für die Differenzungleichung:
(T = Trägerpunkte, W = Wahrscheinlichkeiten)
Die extremalen Verteilungen erhält man aus Satz (7.16) a) mit
$\lambda = (u_n^{iid})'(x) = 1$.

$n = 2$: Verteilung von $\hat{X}_1$:

		$v_n = E\hat{X}_1$	
T	0	$\frac{1}{2}$	1
W	$\frac{1}{4}$	$\frac{1}{2}$	$\frac{1}{4}$

Hierfür gilt $V(\hat{X}_1, \hat{X}_2) = \frac{5}{8}$ und $M(\hat{X}_1, \hat{X}_2) = \frac{11}{16}$.

$n = 5$: Verteilung von $\hat{X}_1$:

		v_5	v_4	v_3	v_2	
T	0	$0,2832$	$0,4158$	$0,4964$	$0,5543$	1
W	$0,4684$	$0,1391$	$0,1120$	$0,0946$	$0,0801$	$0,1059$

Hierfür gilt $V(\hat{X}_1,\ldots,\hat{X}_5) = 0,6015$ und $M(\hat{X}_1,\ldots,\hat{X}_5) = 0,6917$. $\qquad\square$

Die Übertragung der bisherigen Ergebnisse auf $[c,d\,]$-wertige iid-Zufallsgrößen, $c < d$, ist evident: Für die Prophetenregion $\Pi_n^{iid,[c,d]}$ gilt

$$\Pi_n^{iid,[c,d]} = \{(x,y) \in \mathrm{I\!R}^2 : x \leq y \leq (d-c)u_n^{iid}\left(\frac{x-c}{d-c}\right) + c, c \leq x \leq d\},$$

und aus (7.19)b) folgt

(7.21) Korollar ([H/K 82])
Für $[c,d]$-wertige iid-Zufallsgrößen $X_1,\ldots,X_n$ gilt

$$M(X_1,\ldots,X_n) - V(X_1,\ldots,X_n) \leq (d-c)\cdot b_n,$$

und es existieren $[c,d]$-wertige iid-Zufallsgrößen $\hat{X}_1,\ldots,\hat{X}_n$ mit

$$M(\hat{X}_1,\ldots,\hat{X}_n) - V(\hat{X}_1,\ldots,\hat{X}_n) = (d-c)\,b_n.$$

Bei der Verhältnisungleichung kann man wie im allgemeinen und im unabhängigen Fall auf die Beschränktheit der X_i verzichten:

(7.22) Satz ([H/K 82])

Für nicht-negative iid-Zufallsgrößen $X_1, \ldots, X_n$ gilt

$$M(X_1, \ldots, X_n) \leq a_n \, V(X_1, \ldots, X_n),$$

und im Fall $0 < EX_1 < \infty$ gilt

$$M(X_1, \ldots, X_n) < a_n \, V(X_1, \ldots, X_n).$$

Beweis: In den Fällen $EX_1 = 0$ und $EX_1 = \infty$ sind offensichtlich beide Seiten der Ungleichung gleich 0 bzw. ∞. Wir nehmen somit $0 < EX_1 < \infty$ an. Zunächst gilt

$$0 < EX_1 \leq V(X_1, \ldots, X_n) \leq M(X_1, \ldots, X_n)$$
$$\leq E(X_1 + \ldots + X_n) = \sum_{j=1}^{n} EX_1 < \infty.$$

Zu $s > 0$ seien die gestutzten Zufallsgrößen

$$X_j^{(s)} := \begin{cases} X_j & \text{, falls } X_j \leq s \\ 0 & \text{sonst} \end{cases} \quad , \quad j = 1, \ldots, n,$$

gegeben, und $X_1^{(s)}, \ldots, X_n^{(s)}$ sind natürlich wieder unabhängig und identisch verteilt. Wegen $E(X_1 \vee \ldots \vee X_n) < \infty$ existiert zu jedem $\epsilon > 0$ ein $t > 0$ mit $E((X_1 \vee \ldots \vee X_n)1_{\{X_1 \vee \ldots \vee X_n > t\}}) < \epsilon$, und hierfür ist

$$E(X_1 \vee \ldots \vee X_n) \leq E(X_1^{(t)} \vee \ldots \vee X_n^{(t)}) + \epsilon.$$

Andererseits kann man t so groß wählen, daß $EX_1^{(t)} > 0$, also

$$0 < EX_1^{(t)} \leq V(X_1^{(t)}, \ldots, X_n^{(t)}) \leq V(X_1, \ldots, X_n).$$

Für die $[0,1]$-wertigen iid-Zufallsgrößen $Y_j^{(t)} := \frac{1}{t}X_j^{(t)}, j = 1, \ldots, n,$ gilt

$$M(Y_1^{(t)}, \ldots, Y_n^{(t)}) = \frac{1}{t}M(X_1^{(t)}, \ldots, X_n^{(t)}),$$
$$V(Y_1^{(t)}, \ldots, Y_n^{(t)}) = \frac{1}{t}V(X_1^{(t)}, \ldots, X_n^{(t)}).$$

170

Insgesamt folgt

$$\frac{M(X_1,\ldots,X_n)}{V(X_1,\ldots,X_n)} \le \frac{M(X_1^{(t)},\ldots,X_n^{(t)}) + \epsilon}{V(X_1^{(t)},\ldots,X_n^{(t)})}$$

$$= \frac{M(Y_1^{(t)},\ldots,Y_n^{(t)})}{V(Y_1^{(t)},\ldots,Y_n^{(t)})} + \frac{\epsilon}{V(X_1^{(t)},\ldots,X_n^{(t)})}$$

$$\le a_n + \frac{\epsilon}{V(X_1^{(t)},\ldots,X_n^{(t)})} \qquad \text{nach Satz (7.19)a).}$$

Mit fallendem ϵ kann t monoton steigend gewählt werden, so daß insbesondere auch $V(X_1^{(t)},\ldots,X_n^{(t)})$ monoton steigt. Daher gilt

$$\lim_{\epsilon \searrow 0} \frac{\epsilon}{V(X_1^{(t)},\ldots,X_n^{(t)})} = 0,$$

und weil bei den obigen Überlegungen $\epsilon > 0$ beliebig war, folgt

$$(\star) \qquad \frac{M(X_1,\ldots,X_n)}{V(X_1,\ldots,X_n)} \le a_n.$$

Es bleibt noch die strikte Ungleichung in $(\star)$ zu zeigen: Falls X_1 beschränkt ist, erhält man wegen $EX_1 > 0$ mittels einer Skalierung der X_i aus (7.19)a) die strikte Ungleichung. Andernfalls existiert ein $b > v_2 = V(X_2,\ldots,X_n)$ mit $P(X_1 \in (v_2,b)) > 0$. Es seien nun $Z_1,\ldots,Z_n$ iid-Zufallsgrößen mit

$$Z_1 = (X_1)_{v_2}^b;$$

darüber hinaus sei angenommen, daß $Z_1,\ldots,Z_n,X_1,\ldots,X_n$ stochastisch unabhängig sind. Durch eine Rückwärtsinduktion erhält man dann $V(Z_1,\ldots,Z_n) = V(X_1,\ldots,X_n)$: Zunächst gilt nach der Anmerkung (2.2) $EZ_n = EX_n$. Aus $V(Z_i,\ldots,Z_n) = V(X_i,\ldots,X_n)$ für ein $i \in \{2,\ldots,n\}$ folgt dann

$$V(Z_{i-1},\ldots,Z_n) = E(Z_{i-1} \vee V(Z_i,\ldots,Z_n)) \qquad \text{nach (5.1)}$$
$$= E(Z_{i-1} \vee V(X_i,\ldots,X_n))$$
$$= E(X_{i-1} \vee V(X_i,\ldots,X_n)) \text{ wegen (2.5) und } V(X_i,\ldots,X_n) \le v_2$$
$$= V(X_{i-1},\ldots,X_n).$$

Eine sukzessive Anwendung von Satz (2.3) unter Berücksichtigung von Korollar (2.4) ergibt

$$E(X_1 \vee \ldots \vee X_n) \;<\; E(X_1 \vee \ldots \vee X_n \vee Z_n)$$
$$\vdots$$
$$<\; E(Z_1 \vee \ldots \vee Z_n).$$

Damit gilt

$$\frac{M(X_1, \ldots, X_n)}{V(X_1, \ldots, X_n)} < \frac{M(Z_1, \ldots, Z_n)}{V(Z_1, \ldots, Z_n)}.$$

Da für $Z_1, \ldots, Z_n$ offensichtlich analog zu $X_1, \ldots, X_n$

$$\frac{M(Z_1, \ldots, Z_n)}{V(Z_1, \ldots, Z_n)} \leq a_n$$

gilt, folgt die strikte Ungleichung in $(\star)$. $\qquad\qquad\square$

Zum Schluß behandeln wir noch den Fall unendlicher iid-Folgen:

Kertz ([Ke 86b]) betrachtete den Limes der Funktionen u_n^{iid} für $n \to \infty$. Dabei konvergieren die oberen Grenzfunktionen u_n^{iid} punktweise auf $[0, 1]$ und gleichmäßig auf jedem Kompaktum aus $(0,1)$ gegen eine streng monoton steigende und strikt konkave Funktion u^{iid} mit $u^{\text{iid}} \geq u_n^{\text{iid}}$ für alle $n \geq 2$.

Die obere Grenzfunktion u_∞^{iid} der Prophetenregion Π_∞^{iid} läßt sich jedoch nicht aus dem asymptotischen Verhalten der Funktionen u_n^{iid} ableiten (ganz im Gegensatz zum allgemeinen und unabhängigen Fall). Vielmehr gilt

(7.23) Satz
    $X_1, X_2, \ldots$ sei eine unendliche Folge quasiintegrabler iid-Zufallsgrößen. Dann gilt

$$V(X_1, X_2, \ldots) = M(X_1, X_2, \ldots).$$

Beweis: Sei F die Verteilungsfunktion zu P^{X_1} und

$$m := \inf\{x \in \mathbb{R} : F(x) = 1\}, \; \inf \emptyset := \infty.$$

Damit ist offensichtlich $E(\sup_{i\in\mathbb{N}} X_i) \leq m$. Zu $c < m$ werde die Schwellenstopregel t_c durch

$$t_c := \inf\{i \in \mathbb{N} : X_i > c\}\,, \inf \emptyset := \infty,$$

definiert. Die P-f.s.-Endlichkeit von t_c folgt dabei aus

$$\begin{aligned}
P(t_c < \infty) &= P(\bigcup_{i=1}^{\infty}\{X_i > c\}) = 1 - P(\bigcap_{i=1}^{\infty}\{X_i \leq c\}) \\
&= 1 - \prod_{i=1}^{\infty} P(X_i \leq c), \text{ da } P \text{ stetig und } X_i \text{ iid} \\
&= 1 - \prod_{i=1}^{\infty} F(c) = 1, \text{ da } F(c) < 1.
\end{aligned}$$

Somit ist $E(X_{t_c}) > c$. Mit $c \uparrow m$ folgt dann

$$\sup\{EX_t : t \text{ Stopregel}\} \geq m \geq E(\sup_{i\in\mathbb{N}} X_i) \geq V(X_1, X_2, \ldots). \qquad \square$$

Insbesondere gilt für die Prophetenregion bei unendlichem Horizont

$$\Pi_\infty^{\text{iid}} = \{(x,y) \in \mathbb{R}^2 : 0 \leq x = y \leq 1\}.$$

8. Zeitlich bewertete Auszahlungen im iid-Fall

Im folgenden betrachten wir ausschließlich konstante Diskontierungen und lineare Beobachtungskosten. Obwohl in beiden Fällen ähnlich zu Satz (7.2) eine Reduktion auf endliche diskrete Verteilungen möglich ist (siehe Satz (8.8) für diskontierte Auszahlungen), bereitet es enorme Schwierigkeiten, Ergebnisse für den endlichen Horizont herzuleiten. Während man den Wert des Statistikers wiederum anhand der Einzelwahrscheinlichkeiten berechnen könnte, ist die Bestimmung der erwarteten Auszahlung des Propheten nur in Ausnahmefällen möglich. Hingegen gelingt eine solche Berechnung in dem in b) behandelten Fall der Enddiskontierung beim Propheten.

a) Diskontierung

In diesem Abschnitt werden wir die wesentlichen Ergebnisse von Boshuizen ([Bo 94]) ohne Beweise zitieren.

Boshuizen hat zunächst den Fall betrachtet, in dem der Statistiker asymptotisch optimale Stopregeln benutzt. Damit gelangt er zu Abschätzungen der Differenz $M - V$, die aber bei endlichem Horizont i.allg. nicht scharf sind. Für den unendlichen Horizont kann er jedoch eine vollständige Lösung angeben.

(8.1) Definition ([Bo 94], Def. 2.1)
$Y_1, Y_2, \ldots$ *sei eine Folge von Zufallsgrößen. Eine Folge* $(\tau_n)_{n \in \mathbb{N}}$ *von Stopregeln für* $Y_1, Y_2, \ldots$ *mit* $\tau_n \leq n$, $n \in \mathbb{N}$, *heißt* <u>*asymptotisch optimal*</u>, *wenn* $\lim_{n \to \infty} EY_{\tau_n} = V(Y_1, Y_2, \ldots)$.

Im diskontierten Fall existieren sehr einfache asymptotisch optimale Stopregeln:

(8.2) Proposition (vgl. [Bo 94], Prop. 2.2)
$X, X_1, X_2, \ldots$ *seien [0,1]-wertige iid-Zufallsgrößen und* $\beta \in (0,1)$. *Die Gleichung* $x = E(X \vee \beta x)$ *besitzt eine eindeutige Lösung* $V(\beta)$ *und es gilt:*

a) $\tau := \inf\{i \geq 1 : \; X_i > V(\beta)\}$ *ist optimal für* $X_1, \beta X_2, \beta^2 X_3,$
... und es gilt

$$E\beta^{\tau-1} X_\tau = V(X_1, \beta X_2, \beta^2 X_3, \ldots) = V(\beta) \, .$$

b) Die Folge $(\tau_n)_{n \in \mathbb{N}}$, $\tau_n := \tau \wedge n$, *ist asymptotisch optimal*
für $X_1, \beta X_2, \beta^2 X_3, \ldots$.

Im weiteren Verlauf dieses Paragraphen seien mit τ und τ_n immer derartige Stopregeln bezeichnet. Boshuizen schätzt für $n \geq 2$ die Differenz

$$(\star) \qquad M(X_1, \beta X_2, \ldots, \beta^{n-1} X_n) - E\beta^{\tau_n-1} X_{\tau_n}$$

für [0,1]-wertige iid-Folgen $X_1, \ldots, X_n$ nach oben ab. Mit Hilfe der Balayage-Technik kann er das Problem auf iid-Folgen $X_1, \ldots, X_n$ reduzieren mit

$$(\star\star) \qquad X_1 = \begin{cases} 1 & \frac{v\,(1-\beta)}{1-\beta v} \\ \beta v & \text{m.W.} \quad \frac{1-v}{1-\beta v} - p \quad , \\ 0 & p \end{cases}$$

wobei $p \in [0, \frac{1-v}{1-\beta v}]$ und $v := V(\beta) \in [0,1]$. Trotz der relativ einfachen Struktur der Verteilungen (unabhängig vom Horizont liegen höchstens drei Trägerpunkte vor) läßt sich eine scharfe obere Schranke für $(\star)$ nur implizit angeben:

(8.3) Definition

Zu $n \geq 2$ *und* $\beta \in (0,1)$ *sei die Konstante* $U_n(\beta)$ *gegeben durch*

$$U_n(\beta) := \max\left\{ d_n(p, v, \beta) : \; 0 \leq v \leq 1, \, 0 \leq p \leq \frac{1-v}{1-\beta v} \right\},$$

wobei

$$d_n(p, v, \beta) := v\beta(u-p)\left[(1 - \beta^{s-1})\, u^{s-1} \frac{1 - (p\beta)^{n-s}}{1 - p\beta} \right.$$

$$\left. + (p\beta)^{n-s} u \frac{u^{s-1} - (p\beta)^{s-1}}{u - p\beta} + (p\beta)^{n-1} \right] + v\beta^n (pu^{n-1} - p^{n-s} u^s)$$

$mit\ u = \frac{1-v}{1-\beta v}\ und\ s = \left(\left[\frac{\log v}{\log \beta}\right] + 2\right) \wedge n\ ([x] := \sup\{k \in \mathbb{Z} : k < x\}\ für\ x \in \mathbb{R}).$

$U_n(\beta)$ ist wohldefiniert, da das Maximum existiert, und die Zahlen p und v korrespondieren hierbei mit denen aus $(\star\star)$.

(8.4) Satz ([Bo 94], Theorem 3.6)

Es seien $n \geq 2$ und $\beta \in (0,1)$. Dann gilt für alle $[0,1]$-wertigen iid-Zufallsgrößen $X_1, \ldots, X_n$

$$M(X_1, \beta X_2, \ldots, \beta^{n-1}X_n) - E\beta^{\tau_n-1}X_{\tau_n} \leq U_n(\beta)\ .$$

Wegen $E\beta^{\tau_n-1}X_{\tau_n} \leq V(X_1, \beta X_2, \ldots, \beta^{n-1}X_n)$ ist $U_n(\beta)$ auch eine obere Schranke für

$$(\star\star\star) \qquad M(X_1, \beta X_2, \ldots, \beta^{n-1}X_n) - V(X_1, \beta X_2, \ldots, \beta^{n-1}X_n),$$

jedoch nicht notwendig die kleinstmögliche.

In der folgenden Tabelle sind einige numerische Werte von $U_n(\beta)$ angegeben:

n	2	3	4	5	10	100
$U_n(1/2)$	$0,0567$	$0,0642$	$0,0642$	$0,0642$	$0,0642$	$0,0642$
$U_n(3/4)$	$0,0807$	$0,0967$	$0,0982$	$0,0964$	$0,0956$	$0,0956$
$U_n(0.95)$	$0,1418$	$0,1920$	$0,2118$	$0,2187$	$0,2017$	$0,1230$

Im Vergleich hierzu ist im unabhängigen Fall $\frac{\beta}{4}$ die scharfe obere Schranke für

$$M(X_1, \beta X_2, \ldots, \beta^{n-1}X_n) - V(X_1, \beta X_2, \ldots, \beta^{n-1}X_n)$$

(siehe Satz (6.17) a)) .

Boshuizen hat die Frage untersucht, wann $U_n(\beta)$ eine scharfe obere Schranke für $(\star\star\star)$ ist. Das führt zur Frage, wann $E\beta^{\tau_n-1}X_{\tau_n} = V(X_1, \beta X_2, \ldots, \beta^{n-1}X_n)$ für $[0,1]$-wertige iid-Zufallsgrößen $X_1, \ldots, X_n$ der Art $(\star\star)$ gilt. Dieses liegt genau dann vor, wenn

$$(\star\star\star\star) \qquad X_1 = \begin{cases} 1 & \text{m.W.} \ \frac{v(1-\beta)}{1-\beta v} \\ \beta v & \text{m.W.} \ \frac{1-v}{1-\beta v} \end{cases}\ .$$

176

Daraus folgt

(8.5) Korollar (vgl. [Bo 94], Prop. 4.2)
Es seien $n \geq 2$ und

$$\beta \in D_n := \{\beta \in (0,1) : U_n(\beta) = \max\{d_n(0,v,\beta) : \ 0 \leq v \leq 1\}\}.$$

Dann gilt für alle [0,1]-wertigen iid-Zufallsgrößen $X_1,\ldots,X_n$

$$M(X_1,\beta X_2,\ldots,\beta^{n-1}X_n) - V(X_1,\beta X_2,\ldots,\beta^{n-1}X_n) \ \leq \ U_n(\beta)\,,$$

und $U_n(\beta)$ ist die kleinstmögliche obere Schranke.

Es gilt ([Bo 94]) $D_2 = (0,1/2]$ und $\bigcup\limits_{n=2}^{\infty} D_n = (0,1)$. Darüberhinaus formulierte Boshuizen folgende Vermutungen:

(i) $D_n \subset D_{n+1}$ für $n \geq 2$.

(ii) Zu $n \geq 2$ existiert ein $\beta_n \in (0,1)$ mit $D_n = (0,\beta_n]$.

Durch Grenzübergang erhält man wegen der asymptotischen Optimalität der Stopregeln τ_n, $n \in \mathbb{N}$, für den unendlichen Horizont sowohl die Prophetenregion

$$\Pi_\infty^{iid;\beta} := \{(x,y) \in \mathbb{R}^2 : \exists\,(X_1,X_2,\ldots) \in C_\infty^{iid} \text{ mit}$$
$$x = V(X_1,\beta X_2,\beta^2 X_3,\ldots)\,, \ y = M(X_1,\beta X_2,\beta^2 X_3,\ldots)\,\}$$

als auch scharfe Prophetenungleichungen:

(8.6) Satz ([Bo 94], Theorem 4.4)
Sei $\beta \in (0,1)$. Dann gilt

$$\Pi_\infty^{iid;\beta} = \bigcup\limits_{s=2}^{\infty} \{(x,y) \in \mathbb{R}^2 : \beta^{s-1} \leq x \leq \beta^{s-2}\,, \ x \leq y \leq \Psi_s(x)\}$$
$$\cup \{(0,0)\}$$

$$\textit{mit } \Psi_s(x) := x + \beta(1 - \beta^{s-1})\, x \left(\tfrac{1-x}{1-\beta x}\right)^s.$$

Die extremalen Verteilungen sind hier von der Art $(\star \star \star\star)$, also Zweipunktverteilungen.

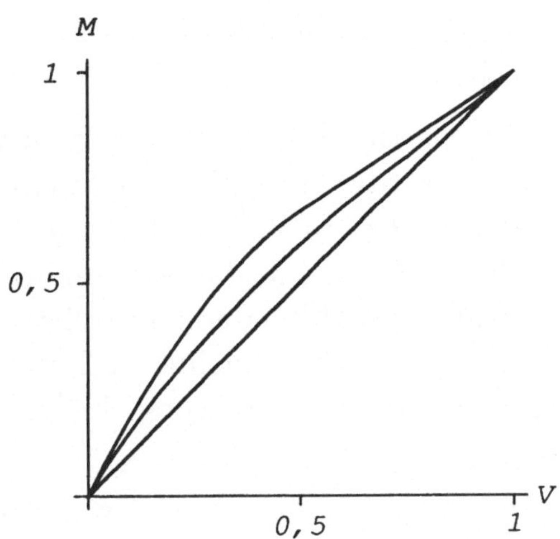

Abb. 8.1: $\Pi_\infty^{iid;\frac{3}{4}}$ im Vergleich zur Prophetenregion $\Pi_\infty^{u;(1,\frac{3}{4},\frac{3}{4},\dots)}$ im unabhängigen Fall.

(8.7) Korollar ([Bo 94], Cor. 4.5)

Es sei $\beta \in (0,1)$.

a) Für alle $[0,1]$-wertigen iid-Zufallsgrößen $X_1, X_2, \dots$ gilt

$$M(X_1, \beta X_2, \beta^2 X_3 \dots) - V(X_1, \beta X_2, \beta^2 X_3, \dots) \le U(\beta)$$

mit $U(\beta) := \lim_{n\to\infty} U_n(\beta)$.

b) Für alle nicht-negativen iid-Zufallsgrößen $X_1, X_2, \dots$ gilt

$$M(X_1, \beta X_2, \beta^2 X_3 \dots) \le (1 + \beta)\, V(X_1, \beta X_2, \beta^2 X_3, \dots) .$$

Beide Ungleichungen sind scharf.

b) Enddiskontierung beim Propheten

Eine interessante Variation beim endlichen Horizont liegt vor, wenn man dem Propheten statt der Kenntnis der Zukunft die Möglichkeit gewährt, am Ende der Auszahlungen auf das Maximum zurückzugreifen (*vollständiger Rückgriff am Ende*). Ohne Diskontierung sind die beiden Situationen äquivalent. Wir wollen jetzt aber diskontierte Auszahlungen betrachten:

$X_1, \ldots, X_n$ seien $[0,1]$-wertige iid-Zufallsgrößen und $\beta \in (0,1]$. Die erwartete Auszahlung des Statistikers beträgt weiterhin $V(X_1, \beta X_2, \ldots, \beta^{n-1} X_n)$. Der zweite Akteur erfährt hingegen alle Realisierungen der X_i und wählt zum Schluß das Maximum von $X_1, \ldots, X_n$. Er bekommt somit seine Auszahlung erst zum Zeitpunkt n und muß daher die Abdiskontierung in Kauf nehmen. Durch die *Enddiskontierung* beträgt seine erwartete Auszahlung $\beta^{n-1} E(X_1 \vee \ldots \vee X_n)$.

Es sei

$$\Pi_n^{\mathrm{iid;End},\beta} = \{(x,y) \in \mathrm{IR}^2 : \exists P^{(X_1,\ldots,X_n)} \in \mathcal{P}_n^{\mathrm{iid}} \text{ mit}$$

$$x = V(X_1, \beta X_2, \ldots, \beta^{n-1} X_n), y = \beta^{n-1} E(X_1 \vee \ldots \vee X_n)\}$$

die zugehörige Prophetenregion mit der oberen Grenzfunktion

$$u_n^{\mathrm{iid;End},\beta}(x) = \{\beta^{n-1} E(X_1 \vee \ldots \vee X_n) : P^{(X_1,\ldots,X_n)} \in \mathcal{P}_n^{\mathrm{iid}},$$

$$V(X_1, \beta X_2, \ldots, \beta^{n-1} X_n) = x\}.$$

Wir formulieren zunächst ein Reduktionsprinzip auf endliche diskrete Verteilungen bei diskontierten Auszahlungen:

(8.8) Satz

Es seien $n \geq 2, \beta \in (0,1]$ und $\alpha > 0$. $X_1, \ldots, X_n$ seien $[0,1]$-wertige iid-Zufallsgrößen und es bezeichne

$$w_j^\beta := V(X_1, \beta X_2, \ldots, \beta^{j-1} X_j), j = 1, \ldots, n.$$

Dann existieren $[0,1]$-wertige iid-Zufallsgrößen $Y_1, \ldots, Y_n$ mit

$$P(Y_1 \in \{0, \beta w_1^\beta, \ldots, \beta w_{n-1}^\beta, 1\}) = 1,$$

so daß

(i) $V(Y_1, \beta Y_2, \ldots, \beta^{j-1} Y_j) = V(X_1, \beta X_2, \ldots, \beta^{j-1} X_j), 1 \leq j \leq n,$
(ii) $M(Y_1, \alpha Y_2, \ldots, \alpha^{n-1} Y_n) = M(X_1, \alpha X_2, \ldots, \alpha^{n-1} X_n).$

Beweis: Der Beweis des Satzes ist ähnlich dem zu Satz (7.2). Hier hat man jedoch eine Fallunterscheidung bzgl. $P(X_1 < \beta E X_1) = 0$

und $P(X_1 < \beta E X_1) > 0$ vorzunehmen. Im ersten Fall ist sogar eine Reduktion auf Zweipunktverteilungen möglich (siehe den Beweis in [Ha 96], Satz (8.3)). $\qquad\square$

Für $\alpha = \beta$ liegt der Fall konstanter Diskontierungen aus Abschnitt a) vor und für $\alpha = 1$ können wir die Reduktion für den Fall der Enddiskontierung beim Propheten benutzen. Im Gegensatz zum ersten Fall ist es bei der Enddiskontierung möglich, die erwarteten Auszahlungen *beider* Akteure aus den Einzelwahrscheinlichkeiten zu berechnen ([Ha 96], Lemma (8.5)). Das weitere Vorgehen ist nun völlig identisch zum iid-Fall in Abschnitt 7. Für einen Beweis der folgenden Resultate verweisen wir daher auf [Ha 96], §8 u. §11. Neben den in (7.5) und (7.9) angegebenen Funktionen $\eta_{n-1,n} : [0, \infty) \to \mathrm{IR}$ und $J_n : [0, \gamma_n] \to [0, \alpha_n]$ werden in diesem Abschnitt weitere Hilfsfunktionen benötigt:

(8.9) Definition
Zu $n \geq 2$ und $\beta \in (0, 1]$ seien die Funktionen $R_n : [0, \gamma_n] \to \mathrm{IR}$ und $L_n^\beta : [0, \gamma_n] \to \mathrm{IR}$ definiert durch

$$R_n(\gamma) := (\eta_{n-1,n}(J_n(\gamma)))^{\frac{1}{n}}$$

$$L_n^\beta(\gamma) := \begin{cases} 1 & \text{falls } \gamma = 0 \\ 1 - J_n'(\gamma) + (1 - \beta^{-1})(n-1)J_n'(\gamma)\eta_{n-1,n}'(J_n(\gamma)) \\ & \text{falls } \gamma > 0. \end{cases}$$

(8.10) Lemma
Es seien $n \geq 2$ und $\beta \in (0, 1]$. Dann gilt:

a) *Zur Funktion $R_n : [0, \gamma_n] \to \mathrm{IR}$ existiert die Umkehrfunktion $\delta_n : [0, 1] \to [0, \gamma_n]$. δ_n ist stetig, streng monoton wachsend und auf $(0, 1]$ ∞-oft differenzierbar.*

b) *Zur Funktion $L_n^\beta : [0, \delta_n(\beta)] \to \mathrm{IR}$ existiert die Umkehrfunktion $k_n^\beta : [0, 1] \to [0, \delta_n(\beta)]$. k_n^β ist stetig, streng monoton fallend und auf (0,1) ∞-oft differenzierbar.*

Hiermit können wir die obere Grenzfunktion und die extremalen Verteilungen angeben:

(8.11) Satz

Es seien $n \geq 2$ und $\beta \in (0,1]$.

a) $u_n^{\mathrm{iid;End},\beta} : [0,1] \to [0,\beta^{n-1}]$ besitzt die Darstellung

$$
u_n^{\mathrm{iid;End},\beta}(x) = \begin{cases}
0 & x = 0 \\[2mm]
\begin{aligned}
& \beta^{n-1} + J_n\big(k_n^\beta(x)\big) - (1-x)\,k_n^\beta(x) \\
& - (n-1)(1-\beta^{-1})\,\eta_{n-1,n}\big(J_n(k_n^\beta(x))\big)
\end{aligned} & \text{falls } 0 < x < 1. \\[2mm]
\beta^{n-1} & x = 1
\end{cases}
$$

$u_n^{\mathrm{iid;End},\beta}$ ist streng monoton steigend, strikt konkav und differenzierbar (auf $(0,1)$ beliebig oft differenzierbar) mit $(u_n^{\mathrm{iid;End},\beta})' = k_n^\beta$ und

$$
\frac{d}{dx} u_n^{\mathrm{iid;End},\beta}(0) = \delta_n(\beta) \quad , \quad \frac{d}{dx} u_n^{\mathrm{iid;End},\beta}(1) = 0.
$$

b) Zu $x \in [0,1]$ existiert genau eine Verteilung $P^{(X_1,\ldots,X_n)} \in \mathcal{P}_n^{\mathrm{iid}}$, so daß $V(X_1, \beta X_2, \ldots, \beta^{n-1} X_n) = x$ und

$$
\beta^{n-1} E(X_1 \vee \ldots \vee X_n) = u_n^{\mathrm{iid;End},\beta}(x)
$$

gilt. Diese extremale Verteilung ist folgendermaßen gegeben:

Im Fall $x \in \{0,1\}$ gilt $P(X_1 = x) = 1$.
Für $0 < x < 1$ setze

$$
\begin{aligned}
\lambda &:= k_n^\beta(x) \quad \big(= (u_n^{\mathrm{iid;End},\beta})'(x)\big) \\
s_j &:= \sqrt[n]{\eta_{j,n}(J_n(\lambda))} \qquad , \; j = 0, \ldots, n-1 \\
p_0 &:= \beta^{-1} s_0 \\
p_j &:= \beta^{-1}(s_j - s_{j-1}) \qquad , \; j = 1, \ldots, n-1 \\
p_n &:= 1 - \beta^{-1} s_{n-1}\, .
\end{aligned}
$$

P^{X_1} ist dann eine endliche diskrete Verteilung mit den Trägerpunkten

$$
0 < \beta w_1^\beta < \ldots < \beta w_{n-1}^\beta < 1
$$

und den entsprechenden Wahrscheinlichkeiten $p_0, \ldots, p_n$, wobei $w_j^\beta = V(X_1, \beta X_2, \ldots, \beta^{j-1} X_j)$, $j = 1, \ldots, n-1$ (zur Berechnung der w_j^β siehe [Ha 96], Lemma (8.5)).

Für die Prophetenregion $\Pi_n^{\text{iid;End},\beta}$ gilt daraufhin

(8.12) Satz

$$\Pi_n^{\text{iid;End},\beta} = \{(x,y) \in \mathrm{IR}^2 : \beta^{n-1}x \leq y \leq u_n^{\text{iid;End},\beta}(x), x \in [0,1]\}.$$

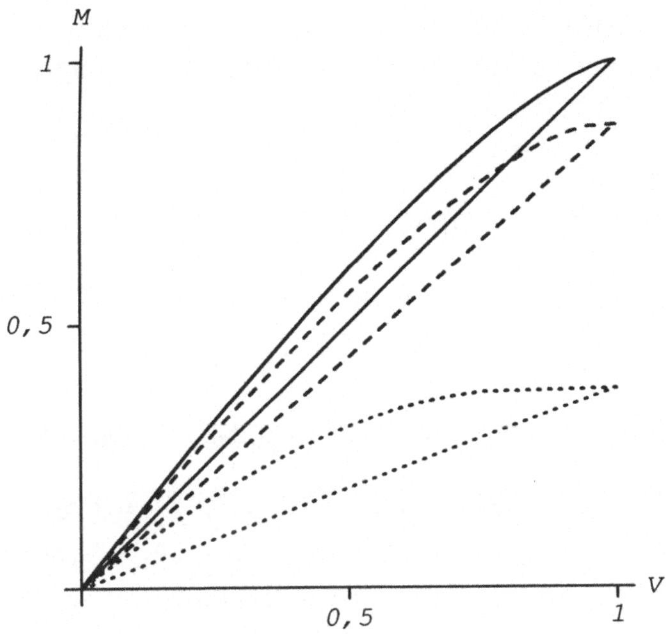

Abb. 8.2: $\Pi_{20}^{\text{end},1}$ (——), $\Pi_{20}^{\text{end},0.993}$ (- - -) und $\Pi_{20}^{\text{end},0.95}$ ($\cdots$)

Aus der Konkavität von $u_n^{\text{iid;End},\beta}$ können wieder scharfe Propheten-ungleichungen abgeleitet werden:

(8.13) Satz

Für alle $P^{(X_1,\ldots,X_n)} \in \mathcal{P}_n^{\text{iid}}$ und $\lambda \in [0,\delta_n(\beta)]$ gilt:

$$\beta^{n-1}M(X_1,\ldots,X_n) - [\beta^{n-1} - \lambda + J_n(\lambda)$$
$$-(n-1)(1-\beta^{-1})\eta_{n-1,n}(J_n(\lambda))] \leq \lambda V(X_1,\beta X_2,\ldots,\beta^{n-1}X_n).$$

Es gilt Gleichheit genau dann, wenn $X_1 = 0$ P-f.s für $\lambda = \delta_n(\beta)$, $X_1 = 1$ P-f.s für $\lambda = 0$, und für $\lambda \in (0,\delta_n(\beta))$ X_1 die in (8.11)b) definierte Verteilung besitzt (also $\lambda = k_n^\beta(x)$ für ein $x \in (0,1)$).

Im Fall $\beta = 1$ besitzt der Prophet für jede endliche iid-Folge einen nicht kleineren Gewinn als der Statistiker. Dieses ändert sich im Fall $\beta < 1$. Die untere Grenzfunktion von $\Pi_n^{\mathrm{iid;End},\beta}$ ist die Gerade $y = \beta^{n-1}x$ (vgl. Abb. 8.2). Der zweite Akteur besitzt also nur noch für die iid-Folgen einen Vorteil gegenüber dem Statistiker, bei denen der Punkt (V, M) oberhalb der Hauptdiagonalen $y = x$ liegt. Dieses spiegelt sich auch in der Verhältnis- und Differenzungleichung wider (man beachte $\delta_n(\beta) \in (0, \gamma_n]$):

(8.14) Korollar

Es seien $n \geq 2$ und $\beta \in (0, 1]$

a) *Für alle $P^{(X_1,\ldots,X_n)} \in \mathcal{P}_n^{\mathrm{iid}}$ gilt die scharfe Ungleichung*

$$\beta^{n-1}M(X_1,\ldots,X_n) \leq \delta_n(\beta)\, V(X_1, \beta X_2, \ldots, \beta^{n-1}X_n)\,.$$

b) *Für alle $P^{(X_1,\ldots,X_n)} \in \mathcal{P}_n^{\mathrm{iid}}$ gilt die scharfe Ungleichung*

$$\beta^{n-1}M(X_1,\ldots,X_n) - V(X_1, \beta X_2, \ldots, \beta^{n-1}X_n) \leq$$

$$\leq \begin{cases} 0 & , \text{falls } \beta \leq R_n(1) \\ \beta^{n-1} - 1 + J_n(1) - (n-1)(1 - \beta^{-1})\,\eta_{n-1,n}\big(J_n(1)\big) & , \text{falls } \beta > R_n(1) \end{cases}$$

(R_n Umkehrfunktion zu δ_n, siehe (8.9) und (8.10)).

In Anlehnung an die Konstanten a_n und b_n von Hill und Kertz [H/K 82] im iid-Fall ohne zeitliche Bewertung (siehe Satz (7.19)) definieren wir die oberen Schranken in (8.14) als Funktionen $a_n : (0, 1] \to (0, \infty]$ und $b_n : (0, 1] \to (0, \infty]$, d.h. $a_n(\beta) := \delta_n(\beta)$ und

$$b_n(\beta) := \begin{cases} 0 & , \text{falls } \beta \leq R_n(1) \\ \beta^{n-1} - 1 + J_n(1) - (n-1)(1 - \beta^{-1})\,\eta_{n-1,n}\big(J_n(1)\big) & , \text{falls } \beta > R_n(1) \end{cases}.$$

Es gilt $a_n(1) = a_n$ und $b_n(1) = b_n$.

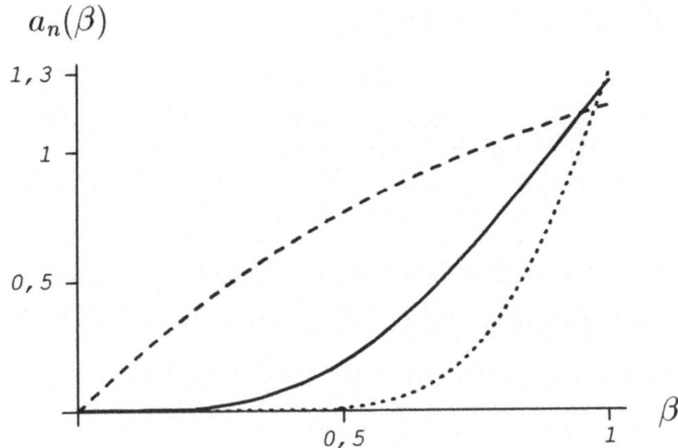

Abb. 8.3: $a_2(\beta)$ (- - -), $a_5(\beta)$ (——) und $a_{10}(\beta)$ ($\cdots$).

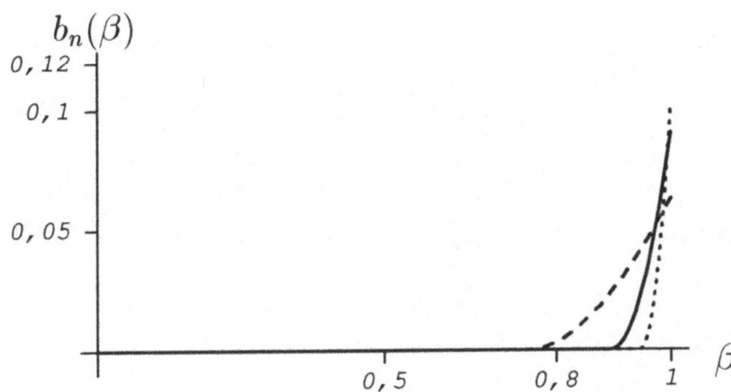

Abb. 8.4: $b_2(\beta)$ (- - -), $b_5(\beta)$ (——) und $b_{10}(\beta)$ ($\cdots$).

$\Pi_n^{\mathrm{iid;End},\beta}$ liegt genau dann vollständig (bis auf den Punkt $(0,0)$) unterhalb der Hauptdiagonalen $y = x$, falls $a_n(\beta) \leq 1$ bzw. $b_n(\beta) = 0$. Dieses ist gleichbedeutend mit $\beta \leq R_n(1)$.

(8.15) Beispiele

Wir geben numerische Ergebnisse für $R_n(1)$ und die extremalen Verteilungen in Satz (8.14) b) an:

a) Beispielwerte für $R_n(1)$:

n	2	5	10	20	50	500
$R_n(1)$	$3/4$	$0,8941$	$0,9454$	$0,9722$	$0,9887$	$0,9989$

b) Extremale Verteilungen für die Differenzungleichung:
$(T = \text{Trägerpunkte}, W = \text{Wahrscheinlichkeiten})$. Die extremalen Verteilungen erhält man aus Satz (8.11) b) mit $\lambda = (u_n^{\text{iid;End},\beta})'(x) = 1$.

$n = 2,\ \beta = 0.95:$ Verteilung von X_1:

		$\beta\, w_1^{\beta}$	
T	0	$0,4$	1
W	$0,2632$	$0,5263$	$0,2105$

Hierfür gilt $V(X_1, \beta X_2) = 0,5263$ und $\beta\, M(X_1, X_2) = 0,5684$.

$n = 5,\ \beta = 0.95:$ Verteilung von X_1:

		$\beta\, w_1^{\beta}$	$\beta\, w_2^{\beta}$	$\beta\, w_3^{\beta}$	$\beta\, w_4^{\beta}$	
T	0	$0,1494$	$0,2194$	$0,2620$	$0,2925$	1
W	$0,4931$	$0,1464$	$0,1179$	$0,0996$	$0,0843$	$0,0588$

Hierfür gilt $V(X_1, \beta X_2, \ldots, \beta^4 X_5) = 0.3342$ und $\beta^4\, M(X_1, \ldots, X_5) = 0.3592$. $\qquad\qquad\square$

c) Lineare Beobachtungskosten

Bisher sind für $[0,1]$-wertige iid-Zufallsgrößen noch keine Aussagen im Fall eines festen Horizontes $n \geq 2$ und festen Kosten $c \in (0,1)$

je Beobachtung bekannt. Anders verhält es sich, falls mindestens eine der beiden Konstanten variabel bleibt. Hierzu vergleiche man insbesondere die Ergebnisse von Jones im unabhängigen Fall (Satz (6.22)).

Im weiteren Verlauf seien wie im Abschnitt 6d) zu Zufallsgrößen $X_i, i \in \mathbb{N}$, und Kosten $c \geq 0$ immer die Zufallsgrößen $Y_i := X_i - ic, i \in \mathbb{N}$, definiert; und für $x \in \mathbb{R}$ sei $[x] := \sup\{k \in \mathbb{Z} : k < x\}$.

An den Anfang stellen wir zwei Hilfsresultate: Chow, Robbins und Siegmund geben die Lösung für das Stopproblem beim unendlichen Horizont an:

(8.16) Proposition ([C/R/S], S. 56-58)

Es seien $X, X_1, X_2, \ldots$ integrable iid-Zufallsgrößen und $c > 0$. Hierzu existiert eine eindeutige Lösung $V(c)$ der Gleichung $E(X - V(c))^+ = c$, und die Stopregel

$$s := \inf\{i \geq 1 : \ X_i \geq V(c)\}$$

ist optimal für $Y_1, Y_2, \ldots$. Der Wert der Folge beträgt

$$V(Y_1, Y_2, \ldots) = EY_s = V(c) \ .$$

Eine zentrale Rolle spielen im weiteren Verlauf Bernoulli-Verteilungen:

(8.17) Lemma

Es seien $0 < c \leq 1$ und $n \in \mathbb{N}$ mit $1 - nc > -c$. Dann gilt für iid-Zufallsgrößen $X_1, \ldots, X_n$ mit $c \leq p := P(X_1 = 1) = 1 - P(X_1 = 0)$

$$M(Y_1, \ldots, Y_n) - V(Y_1, \ldots, Y_n) = (n - 1)\, c\, (1 - p)^n \ .$$

Beweis: Der Fall $n = 1$ ist trivial. Es sei also $n \geq 2$.
Aus $p \geq c$ und $Y_k \leq 1 - kc$ P-f.s. für alle $k = 1, \ldots, n$ folgt

$$
\begin{aligned}
-jc \ &\leq \ p - (j+1)c = EX_{j+1} - (j+1)c = EY_{j+1} \\
&\leq \ V(Y_{j+1}, \ldots, Y_n) \\
&< \ 1 - jc \qquad \forall j = 1, \ldots, n - 1 \ .
\end{aligned}
$$

186

Daher gilt

$$V(Y_1,\ldots,Y_n) = E(Y_1 \vee V(Y_2,\ldots,Y_n)) \quad \text{nach (5.1) a)}$$
$$= (1-c)\,p + E(Y_2 \vee V(Y_3,\ldots,Y_n))\,(1-p)$$
$$= \sum_{i=1}^{2}(1-ic)\,(1-p)^{i-1}\,p + E(Y_3 \vee V(Y_4,\ldots,Y_n))\,(1-p)^2$$
$$\vdots$$
$$= \sum_{i=1}^{n-1}(1-ic)\,(1-p)^{i-1}\,p + (EY_n)\,(1-p)^{n-1}$$
$$= \sum_{i=1}^{n}(1-ic)\,(1-p)^{i-1}\,p - n\,c\,(1-p)^n$$
$$= \sum_{i=1}^{n}(1-ic)\,(1-p)^{i-1}\,p - c\,(1-p)^n - (n-1)\,c\,(1-p)^n$$
$$= M(Y_1,\ldots,Y_n) - (n-1)\,c\,(1-p)^n$$

wegen $1 - ic > -c$ für alle $i = 1,\ldots,n$. $\qquad\qquad\square$

Die folgende Aussage behandelt den Fall eines variablen Horizontes:

(8.18) Satz
Es sei $0 < c \leq 1$.
  *a) Für alle $n \geq 1$ und [0,1]-wertigen iid-Zufallsgrößen $X_1,\ldots,X_n$
  gilt*

$$M(Y_1,\ldots,Y_n) - V(Y_1,\ldots,Y_n) \leq \begin{cases} \left[\dfrac{1}{c}\right] c\,(1-c)^{[1/c]+1} & \text{, falls } c \leq \dfrac{1}{2} \\[2ex] \dfrac{1}{4}\,(1-c) & \text{, falls } c \geq \dfrac{1}{2} \end{cases}.$$

*Es existieren ein $n \geq 1$ und $X_1,\ldots,X_n$, so daß die obere Grenze
angenommen wird.*

  b) Für alle [0,1]-wertigen iid-Zufallsgrößen $X_1, X_2, \ldots$ gilt

$$M(Y_1, Y_2, \ldots) - V(Y_1, Y_2, \ldots) \leq \begin{cases} \left[\dfrac{1}{c}\right] c\,(1-c)^{[1/c]+1} & \text{, falls } c \leq \dfrac{1}{2} \\[2ex] \dfrac{1}{4}\,(1-c) & \text{, falls } c \geq \dfrac{1}{2} \end{cases}.$$

*Es existiert eine Folge $X_1, X_2, \ldots$, so daß die obere Grenze ange-
nommen wird.*

Beweis: Zur Ungleichung in a): Für $n = 1$ bzw. $c = 1$ ist die Aussage klar. Es seien nun $n \geq 2$, $c < 1$ und $X_1, \ldots, X_n$ [0,1]-wertige iid-Zufallsgrößen. Wir betrachten zunächst den

1. Fall: $EX_1 \geq c$.

Es ist $v_2 := V(Y_2, \ldots, Y_n) \geq EY_2 = EX_2 - 2c \geq -c$. Die Zufallsgröße $\widehat{Y}_1$ sei ein Balayage

$$\widehat{Y}_1 = (Y_1 \vee v_2)_{v_2}^{1-c}$$

von $Y_1 \vee v_2$ und zusätzlich unabhängig von $Y_2, \ldots, Y_n$. Aus $P(\widehat{Y}_1 \geq v_2) = 1$ und den Eigenschaften (2.2) und (2.3) eines Balayage sowie (5.1) folgt

$$\begin{aligned} V(\widehat{Y}_1, Y_2, \ldots, Y_n) &= E(\widehat{Y}_1 \vee v_2) = E\widehat{Y}_1 = E(Y_1 \vee v_2) \\ &= V(Y_1, \ldots, Y_n)\,, \end{aligned}$$

und

$$M(\widehat{Y}_1, Y_2, \ldots, Y_n) \geq M(Y_1 \vee v_2, Y_2, \ldots, Y_n) \geq M(Y_1, \ldots, Y_n)\,.$$

Weiter gilt wegen der Unabhängigkeit von $\widehat{Y}_1, Y_2, \ldots, Y_n$

$$\begin{aligned} V(\widehat{Y}_1, Y_2, \ldots, Y_n) &= \\ &\quad (1-c)\,P(\widehat{Y}_1 = 1-c) + V(v_2, Y_2, \ldots, Y_n)\,P(\widehat{Y}_1 = v_2), \\ M(\widehat{Y}_1, Y_2, \ldots, Y_n) &= \\ &\quad (1-c)\,P(\widehat{Y}_1 = 1-c) + M(v_2, Y_2, \ldots, Y_n)\,P(\widehat{Y}_1 = v_2)\,. \end{aligned}$$

Daher ist

$$\begin{aligned} M(Y_1, \ldots, Y_n) &- V(Y_1, \ldots, Y_n) \\ &\leq M(\widehat{Y}_1, Y_2, \ldots, Y_n) - V(\widehat{Y}_1, Y_2, \ldots, Y_n) \\ &= P(\widehat{Y}_1 = v_2)\,[M(v_2, Y_2, \ldots, Y_n) - V(v_2, Y_2, \ldots, Y_n)] \\ (\star) \qquad &\leq P(\widehat{Y}_1 = v_2)\,\left[\tfrac{1}{c}\right] c\,(1-c)^{[1/c]}\,, \end{aligned}$$

wobei die letzte Ungleichung aus dem Ergebnis (6.22) a) von Jones folgt, denn $v_2, Y_2, \ldots, Y_n$ sind unabhängig und $v_2 \in [-c, 1-c]$. Es wird nun $P(\widehat{Y}_1 = v_2)$ nach oben abgeschätzt: Wegen

$$\begin{aligned} v_1 := V(Y_1, \ldots, Y_n) &= V(\widehat{Y}_1, Y_2, \ldots, Y_n) \\ &= (1-c)\,(1 - P(\widehat{Y}_1 = v_2)) + v_2\,P(\widehat{Y}_1 = v_2) \end{aligned}$$

und $v_1 \geq V(Y_1, \ldots, Y_{n-1}) = V(Y_2, \ldots, Y_n) + c = v_2 + c$ gilt

$$P(\widehat{Y}_1 = v_2) = \frac{1 - c - v_1}{1 - c - v_2} \leq \frac{1 - c - (v_2 + c)}{1 - c - v_2}$$

$$= 1 - \frac{c}{1 - c - v_2} \leq 1 - c \quad , \text{da } -c \leq v_2 \leq 1 - 2c .$$

Setzt man dieses in $(\star)$ ein, so ist

$$M(Y_1, \ldots, Y_n) - V(Y_1, \ldots, Y_n) \leq \left[\frac{1}{c}\right] c \, (1 - c)^{[1/c]+1} ,$$

und im Fall $c \geq \frac{1}{2}$ gilt insbesondere

$$M(Y_1, \ldots, Y_n) - V(Y_1, \ldots, Y_n) \leq \left[\frac{1}{c}\right] c \, (1 - c)^{[1/c]+1}$$

$$= c \, (1 - c)^2 \leq \frac{1}{4} (1 - c) .$$

Damit ist für $EX_1 \geq c$ die Ungleichung in a) bewiesen.

2. Fall: $EX_1 \leq c$.

Aus $EY_j = EX_j - jc \leq -(j-1)c \leq Y_{j-1}$ P-f.s. für alle $j = 2, \ldots, n$ folgt aus (5.1)

$$V(Y_{n-1}, Y_n) = E(Y_{n-1} \vee EY_n) = EY_{n-1} ,$$

und mit einer Rückwärtsinduktion

$$V(Y_i, \ldots, Y_n) = E(Y_i \vee V(Y_{i+1}, \ldots, Y_n)) = EY_i$$

für alle $i = 1, \ldots, n - 1$.

Es seien nun $\widetilde{X}_1, \ldots, \widetilde{X}_n$ [0,1]-wertige iid-Zufallsgrößen mit

$$\widetilde{X}_1 = (X_1)_0^1 ;$$

darüberhinaus nehmen wir an, daß $\widetilde{X}_1, \ldots, \widetilde{X}_n, X_1, \ldots, X_n$ unabhängig sind. Für $\widetilde{Y}_i := \widetilde{X}_i - ic$, $i = 1, \ldots, n$, erhalten wir mit (2.2)

$$E\widetilde{Y}_i = E\widetilde{X}_i - ic = EX_i - ic = EY_i \leq -(i-1)c ,$$

und aus einer Rückwärtsinduktion folgt wiederum

$$V(\widetilde{Y}_1, \ldots, \widetilde{Y}_n) = E\widetilde{Y}_1 .$$

Wegen $E\widetilde{Y}_1 = EY_1$ gilt daher

$$V(\widetilde{Y}_1, \ldots, \widetilde{Y}_n) = V(Y_1, \ldots, Y_n) .$$

Aus der Unabhängigkeit von $\widetilde{X}_1, \ldots, \widetilde{X}_n, X_1, \ldots, X_n$ erhält man schließlich mit (2.3)

$$M(\widetilde{Y}_1, \ldots, \widetilde{Y}_n) \geq M(\widetilde{Y}_1, \ldots, \widetilde{Y}_{n-1}, Y_n)$$
$$\vdots$$
$$\geq M(Y_1, \ldots, Y_n) .$$

Wir setzen $p := P(\widetilde{Y}_1 = 1 - c) = P(\widetilde{X}_1 = 1)$. Dann ist

$$V(\widetilde{Y}_1, \ldots, \widetilde{Y}_n) = E\widetilde{Y}_1 = p - c ,$$

und

$$M(\widetilde{Y}_1, \ldots, \widetilde{Y}_n) = \sum_{i=1}^{k_n(c)} (1 - ic)\, p\, (1-p)^{i-1} - c\,(1-p)^{k_n(c)} ,$$

wobei $k_n(c) := \sup \{i \in \{2, \ldots, n\} : 1 - ic > -c\}$; man beachte, daß $1 - 2c > -c$ für $c < 1$ gilt. Wegen $0 \leq p = E\widetilde{X}_1 = EX_1 \leq c$ nach Voraussetzung, haben wir

$$M(Y_1, \ldots, Y_n) - V(Y_1, \ldots, Y_n)$$

$$\leq M(\widetilde{Y}_1, \ldots, \widetilde{Y}_n) - V(\widetilde{Y}_1, \ldots, \widetilde{Y}_n)$$

$$= \sum_{i=1}^{k_n(c)} (1 - ic)\, p\, (1-p)^{i-1} - c\,(1-p)^{k_n(c)} - (p - c) =: f(p)$$

$$\leq \max_{q \in [0,c]} f(q) .$$

Somit ist f auf $[0, c]$ zu maximieren: Für $q > 0$ ist

$$f(q) = \sum_{i=1}^{k_n(c)} (1 - ic)\, q\, (1-q)^{i-1} + cq\, \frac{1 - (1-q)^{k_n(c)}}{q} - q$$

$$= \sum_{i=1}^{k_n(c)} (1 - ic)\, q\, (1-q)^{i-1} + \sum_{i=1}^{k_n(c)} cq\, (1-q)^{i-1} - q .$$

190

Zusammen mit $f(0) = 0$ gilt für $q \in [0, c]$

$$f(q) \;=\; \sum_{i=2}^{k_n(c)} (1 - (i-1)c)\, q\, (1-q)^{i-1} \,.$$

Falls $c \geq \frac{1}{2}$, ist $k_n(c) = 2$ und somit $f(q) = (1-c)\, q\, (1-q)$ maximal bei $q = \frac{1}{2}$. Dieses bedeutet $f(q) \leq \frac{1}{4}(1-c)$ und daher ist die Ungleichung in a) für $c \geq \frac{1}{2}$ bewiesen.

Sei nun $c \leq \frac{1}{2}$ vorausgesetzt. Es gilt

$$
\begin{aligned}
f'(q) \;&=\; \sum_{i=2}^{k_n(c)} (1 - (i-1)c)\,(1 - iq)\,(1-q)^{i-2} \\[2mm]
&\geq\; \sum_{i=2}^{k_n(c)} (1 - (i-1)c)\,(1 - ic)\,(1-q)^{i-2} \,, \\[2mm]
&\qquad \text{da } q \leq c \text{ und } 1 - (i-1)\, c > 0 \; \forall\, i = 2, \ldots, k_n(c) \\[2mm]
&\geq\; 0 \,.
\end{aligned}
$$

Dabei ergibt sich die letzte Ungleichung im Fall $k_n(c) = 2$ aus $(1-c)\,(1-2c) \geq 0$ wegen $c \leq \frac{1}{2}$, und im Fall $k_n(c) \geq 3$ aus

$$(1 - (i-1)\, c)\,(1 - ic) \;\geq\; 0 \qquad \text{für alle } i = 2, \ldots, k_n(c) - 1$$

und

$$
\begin{aligned}
&(1 - (k_n(c) - 2)\, c)\,(1 - (k_n(c) - 1)\, c)\,(1 - q)^{k_n(c)-3} \\
&\qquad + (1 - (k_n(c) - 1)\, c)\,(1 - k_n(c)\, c)\,(1 - q)^{k_n(c)-2} \\[2mm]
&= \underbrace{(1 - (k_n(c) - 1)\, c)}_{>\,0}\,(1 - q)^{k_n(c)-3} \\[2mm]
&\qquad [\, \underbrace{1 - (k_n(c) - 2)\, c}_{>\,c} + \underbrace{(1 - k_n(c)\, c)}_{>\,-c}\, \underbrace{(1 - q)}_{\in\,[0,1]}\,] \\[2mm]
&\geq\; 0 \quad \text{nach Definition von } k_n(c)\,.
\end{aligned}
$$

f wird also auf $[0, c]$ maximal in c. Dieses bedeutet, daß die Differenz $M(\widetilde{Y}_1, \ldots, \widetilde{Y}_n) - V(\widetilde{Y}_1, \ldots, \widetilde{Y}_n)$ am größten ist, falls $E\widetilde{X}_1 = c$. Hier sind wir wieder im 1. Fall und daher ist die Ungleichung in a) jetzt vollständig bewiesen.

Zur Ungleichung in b): $X_1, X_2, \ldots$ seien [0,1]-wertige iid-Zufallsgrößen. Da $Y_i \leq 1 - ic \leq -c \leq Y_1$ P-f.s. für alle $i \geq \left[\frac{1}{c}\right] + 2$, gilt

$$M(Y_1, Y_2, \ldots) = M(Y_1, \ldots, Y_{\left[\frac{1}{c}\right]+1}) \; .$$

Die Behauptung folgt nun aus

$$M(Y_1, Y_2, \ldots) - V(Y_1, Y_2, \ldots) \leq M(Y_1, \ldots, Y_{\left[\frac{1}{c}\right]+1}) - V(Y_1, \ldots, Y_{\left[\frac{1}{c}\right]+1})$$

und der Ungleichung in a). $\qquad\qquad\Box$

Zum Abschluß des Beweises geben wir Beispiele an, für die die oberen Schranken in a) und b) angenommen werden:

(8.19) Extremale Verteilungen

(i) Es seien $0 < c \leq \frac{1}{2}$ und $X_1, X_2, \ldots$ iid-Zufallsgrößen mit

$$X_1 = \begin{cases} 1 & \text{m.W. } c \\ 0 & \text{m.W. } 1-c \end{cases} .$$

Wegen $EX_1^+ = c$ ist nach (8.16) $V(Y_1, Y_2, \ldots) = 0$, und aus $0 = EY_1 \leq V(Y_1, \ldots, Y_n) \leq V(Y_1, Y_2, \ldots)$ für alle $n \in \mathrm{I\!N}$ folgt

$$V(Y_1, \ldots, Y_n) = 0 \quad \forall\, n \in \mathrm{I\!N} \; .$$

Nun sind $Y_i \leq 1 - ic \leq -c \leq Y_1$ P-f.s. für alle $i \geq \left[\frac{1}{c}\right] + 2$ und damit

$$M(Y_1, Y_2, \ldots) = M(Y_1, \ldots, Y_n) = M(Y_1, \ldots, Y_{\left[\frac{1}{c}\right]+1}) \; \forall\, n \geq \left[\frac{1}{c}\right] + 1 \; .$$

Insgesamt folgt wegen $1 - \left(\left[\frac{1}{c}\right] + 1\right)c > -c$ aus (8.17) für alle $n \geq \left[\frac{1}{c}\right] + 1$

$$M(Y_1, Y_2, \ldots) - V(Y_1, Y_2, \ldots) = M(Y_1, \ldots, Y_n) - V(Y_1, \ldots, Y_n)$$

$$= M(Y_1, \ldots, Y_{\left[\frac{1}{c}\right]+1}) - V(Y_1, \ldots, Y_{\left[\frac{1}{c}\right]+1})$$

$$= \left[\frac{1}{c}\right] c\,(1-c)^{\left[\frac{1}{c}\right]+1} \; .$$

192

(ii) Es seien $\frac{1}{2} \leq c \leq 1$ und $X_1, X_2, \ldots$ iid-Zufallsgrößen mit

$$X_1 = \begin{cases} 1 & \text{m.W.} \ \frac{1}{2} \\ 0 & \text{m.W.} \ \frac{1}{2} \end{cases}.$$

Aus $E(X_1 - (\frac{1}{2} - c))^+ = (1 - (\frac{1}{2} - c))\frac{1}{2} - (\frac{1}{2} - c)\frac{1}{2} = c$, folgt nach (8.16)

$$V(Y_1, Y_2, \ldots) = \frac{1}{2} - c \ ;$$

mit $\frac{1}{2} - c = EY_1 \leq V(Y_1, \ldots, Y_n) \leq V(Y_1, Y_2, \ldots)$ für alle $n \in \mathbb{N}$ ergibt sich also

$$V(Y_1, \ldots, Y_n) = \frac{1}{2} - c \quad \forall n \in \mathbb{N} \ .$$

Es gilt $Y_i \leq 1 - ic \leq -c \leq Y_1$ P-f.s. für alle $i \geq 3$ und daher

$$M(Y_1, Y_2, \ldots) = M(Y_1, \ldots, Y_n) \qquad \forall n \geq 2$$

$$= (1 - c)\frac{1}{2} + (1 - 2c)\left(\frac{1}{2}\right)^2 - c\left(\frac{1}{2}\right)^2 = \frac{3}{4} - \frac{5}{4}c \ .$$

Somit gilt für alle $n \geq 2$

$$M(Y_1, Y_2, \ldots) - V(Y_1, Y_2, \ldots) = M(Y_1, \ldots, Y_n) - V(Y_1, \ldots, Y_n)$$

$$= M(Y_1, Y_2) - V(Y_1, Y_2) = \frac{1}{4}(1 - c) \ . \qquad \square$$

Aus Satz (8.18) resultieren folgende allgemeine Ungleichungen:

(8.20) Satz

a) Für alle $0 < c \leq 1$, $n \geq 1$, und $[0,1]$-wertige iid-Zufallsgrößen $X_1, \ldots, X_n$ gilt

$$M(Y_1, \ldots, Y_n) - V(Y_1, \ldots, Y_n) < \tfrac{1}{e} \ .$$

b) Für alle $0 < c \leq 1$ und $[0,1]$-wertige iid-Zufallsgrößen $X_1, X_2, \ldots$ gilt

$$M(Y_1, Y_2, \ldots) - V(Y_1, Y_2 \ldots) < \tfrac{1}{e}.$$

Die obere Grenze $\frac{1}{e}$ ist in beiden Fällen scharf.

Beweis: Für $c = 1$ sind die Aussagen trivial. Zu $c \in (0,1)$ und $m_c :=$ $\left[\frac{1}{c}\right]$ gilt

$$m_c < \frac{1}{c} \leq m_c + 1 \quad \text{bzw.} \quad \frac{1}{m_c + 1} \leq c < \frac{1}{m_c},$$

und deshalb

$$(\star) \qquad \frac{m_c}{m_c + 1}\left(1 - \frac{1}{m_c}\right)^{m_c + 1} \leq \left[\frac{1}{c}\right] c\,(1 - c)^{[1/c]+1}$$
$$\leq \left(1 - \frac{1}{m_c + 1}\right)^{m_c + 1} < \frac{1}{e}.$$

Wegen $\left[\frac{1}{c}\right] c\,(1 - c)^{[1/c]+1} < \frac{1}{e}$ und $\frac{1}{4}(1 - c) < \frac{1}{e}$ folgen die Ungleichungen in a) und b) aus (8.18) a) und b). Da andererseits nach (8.19) (i) zu jedem $c \leq \frac{1}{2}$ [0,1]-wertige iid-Zufallsgrößen $X_1^c, X_2^c, \ldots$ und ein $n(c) \in \mathbb{N}$ existieren mit $(Y_i^c := X_i^c - ic, \, i \in \mathbb{N})$

$$M(Y_1^c, Y_2^c, \ldots) - V(Y_1^c, Y_2^c, \ldots) = M(Y_1^c, \ldots, Y_{n(c)}^c) - V(Y_1^c, \ldots, Y_{n(c)}^c)$$
$$= \left[\frac{1}{c}\right] c\,(1 - c)^{\left[\frac{1}{c}\right]+1},$$

folgt die Optimalität von $\frac{1}{e}$ in a) und b) aus $(\star)$ und

$$\lim_{c \to 0} \frac{m_c}{m_c + 1}\left(1 - \frac{1}{m_c}\right)^{m_c + 1} = \lim_{m_c \to \infty} \frac{m_c}{m_c + 1}\left(1 - \frac{1}{m_c}\right)^{m_c + 1} = \frac{1}{e}.$$

$\square$

An dieser Stelle sei angemerkt, daß Samuel-Cahn 1992 folgende Aussagen formulierte ([SC 92], Theorem 1):

Es seien $X_i, i \geq 1, [0, 1]$-wertige iid-Zufallsgrößen.

(a) *Für festes $0 < c \leq 1$ und alle $n \geq 1$ gilt*

$$M(Y_1, \ldots, Y_n) - V(Y_1, \ldots, Y_n) \leq \left[\frac{1}{c}\right] c(1 - c)^{[1/c]+1}.$$

(b) *Für alle $c \geq 0$ und festes $n \geq 1$ gilt*

$$M(Y_1, \ldots, Y_n) - V(Y_1, \ldots, Y_n) \leq \left(1 - \frac{1}{n}\right)^{n+1}.$$

194

(c) *Für alle $c \geq 0$ und alle endlichen oder unendlichen Folgen $X_1, X_2, \ldots$ gilt*

$$M(Y_1, Y_2, \ldots) - V(Y_1, Y_2, \ldots) \leq \frac{1}{e}.$$

Alle oberen Schranken sind die kleinstmöglichen.

An Satz (8.18) und dem folgenden Gegenbeispiel (8.21) erkennt man jedoch, daß die Aussagen (a) und (b) falsch sind. Die darüber hinaus auftretende Lücke des Beweises zu (c) (vgl. hierzu insbesondere [Ha 96], §12) haben wir mit dem Satz (8.20) geschlossen.

Das folgende Gegenbeispiel zur Aussage (b) von Samuel-Cahn führt uns zur Vermutung (8.22) einer oberen Schranke für $M(Y_1, \ldots, Y_n) - V(Y_1, \ldots, Y_n)$ im Fall variabler Kosten.

(8.21) Beispiel

Es seien $n \geq 2$, $c = \frac{1}{n+1}$ und $X_1, \ldots, X_n$ iid-Zufallsgrößen mit

$$X_1 = \begin{cases} 1 & \text{m.W.} \quad c \\ 0 & \text{m.W.} \quad 1-c \end{cases}.$$

Wegen $1 - nc > -c$ erhalten wir aus (8.17)

$$M(Y_1, \ldots, Y_n) - V(Y_1, \ldots, Y_n) = (n-1)\, c \,(1-c)^n$$

$$= \frac{n-1}{n+1} \left(1 - \frac{1}{n+1}\right)^n.$$

Da $x\,(1-x)^n < \frac{1}{n+1}\left(1 - \frac{1}{n+1}\right)^n$ für alle $x \in [0,1] \setminus \left\{\frac{1}{n+1}\right\}$ gilt, folgt

$$M(Y_1, \ldots, Y_n) - V(Y_1, \ldots, Y_n) = (n-1)\frac{1}{n+1} \left(1 - \frac{1}{n+1}\right)^n$$

$$> (n-1)\frac{1}{n} \left(1 - \frac{1}{n}\right)^n = \left(1 - \frac{1}{n}\right)^{n+1},$$

wobei auf der rechten Seite die obere Grenze in Samuel-Cahns Ungleichung (b) für den festen Horizont n steht. □

Zu einem festem Horizont $n \geq 2$ wird durch das Beispiel die Differenz

$M(Y_1, \ldots, Y_n) - V(Y_1, \ldots, Y_n)$ über alle Kosten $c \in (0, 1]$ und Bernoulli-verteilten iid-Zufallsgrößen $X_1, \ldots, X_n$ maximiert.

Begründung: Setze

$$D(n) := \frac{n-1}{n+1} \left(1 - \frac{1}{n+1}\right)^n \quad , \ n \geq 2 \ .$$

$D(n)$ ist streng monoton steigend in n, da

$$\frac{D(n)}{D(n-1)} = \frac{n-1}{n+1} \left(\frac{n}{n+1}\right)^n \frac{n}{n-2} \left(\frac{n}{n-1}\right)^{n-1}$$

$$= \frac{n-1}{n} \left(\frac{n}{n+1}\right)^{n+1} \frac{(n-1)^2}{n(n-2)} \left(\frac{n}{n-1}\right)^{n+1}$$

$$= \frac{n-1}{n} \frac{(n-1)^2}{n(n-2)} \left(1 + \frac{1}{(n+1)(n-1)}\right)^{n+1}$$

$$\geq \frac{n-1}{n} \frac{(n-1)^2}{n(n-2)} \left(1 + \frac{1}{(n-1)}\right)$$

nach der Bernoullischen Ungleichung

$$= 1 + \frac{1}{n(n-2)} > 1 \ .$$

Es seien nun $c \in (0, 1]$ und $X_1, \ldots, X_n$ Bernoulli-verteilte iid-Zufallsgrößen.

Falls $c \geq \frac{1}{2}$, gilt nach (8.18) a)

$$M(Y_1, \ldots, Y_n) - V(Y_1, \ldots, Y_n) \leq \frac{1}{4}(1 - c) \leq \frac{1}{8}$$

$$< \frac{4}{27} = D(2) \leq D(n) \ .$$

Falls $c \leq \frac{1}{2}$ und $p := P(X_1 = 1) \leq c$, so folgt aus dem Beweis zu (8.18) a) (Fall $EX_1 \leq c$), daß $M(Y_1, \ldots, Y_n) - V(Y_1, \ldots, Y_n)$ maximal für $p = c$ ist. Somit ist nur noch der Fall $c \leq \frac{1}{2}$ und $p \geq c$ zu überprüfen:

Falls $1 - nc > -c$, gilt nach (8.17)

$$M(Y_1, \ldots, Y_n) - V(Y_1, \ldots, Y_n) = (n-1)\, c\, (1 - p)^n$$

$$\leq (n-1)\,c\,(1-c)^n \leq \frac{n-1}{n+1}\left(1-\frac{1}{n+1}\right)^n \quad \text{(siehe Beispiel (8.21))}$$

$$= D(n)\,.$$

Andernfalls gilt $Y_i \leq 1 - ic \leq -c \leq Y_1$ für alle $i \in \{l+1,\ldots,n\}$ und $l := \max\{i \in \{1,\ldots,n\} : 1 - nc > -c\}$. Daraus folgt

$$M(Y_1,\ldots,Y_n) - V(Y_1,\ldots,Y_n) = M(Y_1,\ldots,Y_l) - V(Y_1,\ldots,Y_n)$$
$$\leq M(Y_1,\ldots,Y_l) - V(Y_1,\ldots,Y_l)$$
$$\leq D(l) \quad \text{wegen } 1 - lc > -c$$
$$< D(n)\,. \qquad \qquad \square$$

In den Sätzen (8.18) und (8.20) wurde die Schärfe der oberen Schranken stets mit Bernoulli-verteilten iid-Zufallsgrößen bewiesen. Aufgrund der Optimalität von Beispiel (8.21) unter allen Bernoulli-verteilten iid-Zufallsgrößen und Kosten $c \in (0,1]$ stellen wir daher folgende Vermutung auf:

(8.22) Vermutung

Es sei $n \geq 1$. Dann gilt für alle $c \in (0,1]$ und $[0,1]$-wertigen iid-Zufallsgrößen $X_1,\ldots,X_n$

$$M(Y_1,\ldots,Y_n) - V(Y_1,\ldots,Y_n) \leq \frac{n-1}{n+1}\left(1-\frac{1}{n+1}\right)^n,$$

und diese obere Grenze ist die kleinstmögliche.

Zum Abschluß bestimmen wir die Prophetenregion

$$\Pi_\infty^{\text{iid};c} := \{(x,y) \in \mathbb{R}^2 : \exists\, P^{(X_1,X_2,\ldots)} \in \mathcal{P}_\infty^{\text{iid}} \text{ mit}$$
$$x = V(Y_1,Y_2,\ldots),\ y = M(Y_1,Y_2,\ldots)\}$$

für den unendlichen Horizont und feste Kosten $c \in (0,1)$.

(8.23) Satz (vgl. [Sd 96], Theorem 4.23)
Es sei $0 < c < 1$. Dann gilt

$$\Pi_\infty^{iid,c} = \{(x,y) \in \mathbb{R}^2 : -c \leq x \leq 1-c,\ x \leq y \leq \Phi(x)\}$$

mit

$$\Phi(x) = \begin{cases} \sum_{i=1}^{[\frac{1}{c}]+1}(1-ic)(x+c)\,(1-c-x)^{i-1} - c(1-c-x)^{[\frac{1}{c}]+1}, \\ \qquad\qquad\qquad\qquad\qquad\qquad\quad \textit{falls } -c \leq x \leq 0 \\[2mm] x + c[\frac{1-x}{c}](1-\frac{c}{1-x})^{[\frac{1-x}{c}]+1}, \;\; \textit{falls } 0 \leq x \leq 1-c \end{cases}$$

Beweis: Wir bestimmen zunächst die obere Grenzfunktion

$$u_\infty^{\text{iid};c}(x) := \sup\{y \in \mathrm{IR} : (x,y) \in \Pi_\infty^{\text{iid};c}\}.$$

$X_1, X_2, \ldots$ seien $[0,1]$-wertige iid-Zufallsgrößen. Dann gilt nach (8.16)

$$V(Y_1, Y_2, \ldots) = V(c) =: v,$$

wobei $V(c)$ die eindeutige Lösung der Gleichung $E(X_1 - V(c))^+ = c$ ist. Geht man über zu $[0,1]$-wertigen iid-Zufallsgrößen $\hat{X}_1, \ldots, \hat{X}_n$ mit

$$\begin{aligned} \hat{X}_1 &= (X_1)_0^1, \text{ falls } -c \leq v \leq 0, \;\; \text{bzw.} \\ \hat{X}_1 &= (X_1 \vee v)_v^1, \text{ falls } 0 \leq v \leq 1-c, \end{aligned}$$

so gilt hierfür (mit $\hat{Y}_i = \hat{X}_i - ic$, $i \geq 1$) ebenfalls $V(\hat{Y}_1, \hat{Y}_2, \ldots) = v$, da nach (2.2)

$$\begin{aligned} E(\hat{X}_1 - v)^+ &= E(\hat{X}_1) - v = E(X_1 \vee v) - v \\ &= E(X_1 - v)^+ + v - v = E(X_1 - v)^+ = c. \end{aligned}$$

Des weiteren schließt man leicht mit (2.3), daß für alle $n \in \mathrm{IN}$

$$M(Y_1, \ldots, Y_n) \leq M(\hat{Y}_1, \ldots, \hat{Y}_n)$$

gilt; und aus dem Satz von der monotonen Konvergenz folgt

$$\begin{aligned} M(Y_1, Y_2, \ldots) &= \lim_{n\to\infty} M(Y_1, \ldots, Y_n) \\ &\leq \lim_{n\to\infty} M(\hat{Y}_1, \ldots, \hat{Y}_n) = M(\hat{Y}_1, \hat{Y}_2, \ldots). \end{aligned}$$

Die Verteilung von $\hat{X}_1$ ist eindeutig durch v festgelegt. Es gilt

$$\hat{X}_1 = \begin{cases} 1 & \text{m.W.} \quad v + c \\ 0 & \text{m.W.} \quad 1 - c - v \end{cases} \;, \text{falls } -c \leq v \leq 0,$$

198

$$\hat{X}_1 = \begin{cases} 1 & \text{m.W.} & \frac{c}{1-v} \\ v & \text{m.W.} & \frac{1-c-v}{1-v} \end{cases} \quad , \text{falls } 0 \le v \le 1-c.$$

Da $[\frac{1}{c}] + 1 = \max\{i \ge 1 : 1 - ic > -c\}$ und $[\frac{1-v}{c}] + 1 = \max\{i \ge 1 : 1 - ic > v - c\}$ gilt, ist

$$M(\hat{Y}_1, \hat{Y}_2, \ldots) = \begin{cases} M(\hat{Y}_1, \ldots, \hat{Y}_{[\frac{1}{c}]+1}) & , \text{falls } -c \le v \le 0 \\ M(\hat{Y}_1, \ldots, \hat{Y}_{[\frac{1-v}{c}]+1}) & , \text{falls } 0 \le v \le 1-c \end{cases}$$

$$= \begin{cases} \sum_{i=1}^{[\frac{1}{c}]+1}(1-ic)(v+c)(1-c-v)^{i-1} - c(1-c-v)^{[\frac{1}{c}]+1} = \Phi(v), \\ \qquad\qquad\qquad\qquad\qquad \text{falls } -c \le v \le 0 \\ \sum_{i=1}^{[\frac{1-v}{c}]+1}(1-ic)\frac{c}{1-v}(1-\frac{c}{1-v})^{i-1} + (v-c)(1-\frac{c}{1-v})^{[\frac{1-v}{c}]+1}, \\ \qquad\qquad\qquad\qquad\qquad \text{falls } 0 \le v \le 1-c \end{cases}$$

Mit einer zu (8.17) analogen Beweisführrung erhält ergibt sich Fall $0 \le v \le 1-c$

$$M(\hat{Y}_1, \ldots, \hat{Y}_{[\frac{1-v}{c}]+1} = v + c[\frac{1-v}{c}]\,(1 - \frac{c}{1-v})^{[\frac{1-v}{c}]+1} = \Phi(v).$$

Da die Verteilung von $\hat{X}_1$ ausschließlich von $v = V(Y_1, Y_2, \ldots)$ abhängt, folgt $u_\infty^{\text{iid};c}(v) = \Phi(v)$.

Offensichtlich gilt

$$\Pi_\infty^{\text{iid};c} \subseteq \{(x,y) \in \mathrm{IR}^2 : -c \le x \le 1-c, x \le y \le \Phi(x)\} =: A.$$

Die Punkte $(-c, c)$ und $(1-c, 1-c)$ sind in $\Pi_\infty^{\text{iid};c}$ enthalten, da

$$V(Y_1, Y_2, \ldots) = M(Y_1, Y_2, \ldots) = x \text{ für } X_i = x + c \qquad P\text{-f.s.}.$$

Es sei nun $(x_0, y_0) \in A \setminus \{(-c, -c), (1-c, 1-c)\}$. Zu jedem $\alpha \in [x_0 + c, 1]$ seien unabhängige, identisch verteilte Zufallsgrößen $Z_1^\alpha, Z_2^\alpha, \ldots$ gewählt mit

$$Z_1^\alpha = \begin{cases} \alpha & \text{m.W.} & \frac{x_0+c}{\alpha} \\ 0 & \text{m.W.} & 1 - \frac{\alpha_0+c}{\alpha} \end{cases} \quad , \quad \text{falls } -c < x_0 \le 0,$$

$$Z_2^\alpha = \begin{cases} \alpha & \text{m.W.} & \frac{c}{\alpha-x_0} \\ x_0 & \text{m.W.} & 1 - \frac{c}{\alpha-x_0}, \end{cases} \quad \text{falls } 0 \le x_0 < 1-c.$$

Hierfür gilt $V(Z_1^\alpha - c, Z_2^\alpha - 2c, \ldots) = x_0 \quad \forall \alpha \in [x_0 + c, 1]$ nach (8.16) sowie $M(Z_1^{x_0+c} - c, Z_2^{x_0+c} - 2c, \ldots) = x_0$ und $M(Z_1^1 - c, Z_2^1 - 2c, \ldots) = \Phi(x_0)$. Es läßt sich leicht verifizieren, daß $M(Z_1^\alpha - c, Z_2^\alpha - 2c, \ldots)$ stetig in α ist. Daher existiert nach dem Zwischenwertsatz ein $\alpha' \in [x_0 + c, 1]$ mit $M(Z_1^{\alpha'} - c, Z_2^{\alpha'} - 2c, \ldots) = y_0$. Insgesamt folgt daher auch $A \subseteq \Pi_\infty^{\mathrm{iid};c}$ und somit die Behauptung. $\qquad\square$

Literatur

[Az/Yo]   Azéma, J., Yor, M.: *Une solution simple au problème de Skorokhod.*
Sém. Prob. 8, Lecture Notes in Math. 721, (1977/78).

[Ba]   Bauer, H.: *Wahrscheinlichkeitstheorie.*
DeGruyter, Berlin, 4. Aufl. 1991.

[Bd 89]   Badewitz, T.: *Prophetenregionen für Folgen von unabhängigen Zufallsvariablen.*
Diplomarbeit, Universität Göttingen 1989

[B/K 91]   Berry, D.A., Kertz, R.P.: *Worth of perfect information in Bernoulli bandits.* Adv. Appl. Prob. 23(1991), 1-23

[Bi]   Billingsley, P.: *Convergence of Probability Measures.*
Wiley, New York 1968

[Bo 89a]   Boshuizen, F.: *Prophet regions for look-ahead stopping rules for bounded random variables.*
Stoch. Anal. Appl. 7(1989), 261-271

[Bo 89b]   –   : *Optimal stopping theory and prophet inequalities for stochastic processes.*
Preprint, Vrije Universiteit Amsterdam 1989

[Bo 90]   –   : *Comparisons of threshold stopping rule and supremum expectations for independent random vectors.*
Stoch. Anal. Appl. 8(1990), 389-396

[Bo 91a]   –   : *Prophet region for independent random variables with a discount factor.*
J. Multivariate Anal. 37(1991), 76-84

[Bo 91b]   –   : *Prophet and minimax problems in optimal stopping theory.* Ph.D.-Thesis, Vrije Universiteit Amsterdam 1991

[Bo 92a]   –   : *Multivariate prophet inequalities for negatively dependent random vectors.* Contemporary Mathematics AMS, Vol. 125(1992), 183-190

[Bo 92b]   –   : *Minimax stopping times for i.i.d. random variables.*
Sequential Analysis 11(1992), 327-337

[Bo 94]   –   : *Optimal stopping-related inequalities for i.i.d. random variables when the future is discounted.*
J. Multivariate Anal. 50(1994), 115-131

[B/H 92]   Boshuizen, F., Hill, T.P.: *Moment-based minimax stopping functions for sequences of random variables.*
Stoch. Proc. and their Appl. 43(1992), 303-316

[B/K 79]   Brunel, A., Krengel, U.: *Parier avec un prophète dans le cas d'un processus sous-additif.*
C.R. Acad. Sci., Ser. A 288(1979), 57-60

[C/R/S]   Chow,Y.S., Robbins, H., Siegmund, D.: *Great Expectations: The Theory of Optimal Stopping.*
Houghton Mifflin, Boston 1971

[Co 83]   Cox, D.C.: *Some sharp martingale inequalities related to Doob's inequality.*
Inequalities in Statistics and Probability; IMS Lecture Notes 5 (1984), 78-83

[C/Kn 83]   Cox, D.C., Kemperman, J.H.B.: *On a class of martingale inequalities.* J. Multivariate Anal. 13(1983), 328-352

[C/Ke 85]   Cox, D.C., Kertz, R.P.: *Common strict character of some sharp infinite-sequence martingale inequalities.*
Stoch. Proc. Appl. 20(1985), 169-179

[C/Ke 86]   –   : *Prophet regions and sharp inequalities for pth absolute moments of martingales.*
J. Multivariate Anal. 18(1986), 242-273

[D/M 82]   Dellacherie, C., Meyer, P.-A.: *Probability and Potential B.* Math. Studies 72, North Holland, Amsterdam 1982.

[Do]   Doob, J.L.: *Stochastic Processes.*
J. Wiley, New York 1953

[D/G 78]   Dubins, L.E., Gilat, D.: *On the distribution of maxima of martingales.*
Proc. Amer. Math. Soc. 68(1978), 337-338

202

[D/P 80]   Dubins, L.E., Pitman, J.: *A maximal inequality for skew fields.* Z. Wahrsch. Verw. Geb. 52(1980), 219-227

[El 89]   Elton, J.: *Continuity properties of optimal stopping value.* Proc. Amer. Math. Soc. 105(1989), 736-746

[E/K 91]   Elton, J.H., Kertz, R.P.: *Comparison of stop rule and maximum expectations for finite sequences of exchangeable random variables.* Stoch. Anal. Appl. 9(1991), 1-23

[Gi 86]   Gilat, D.: *The best bound in the $L \log L$ inequality of Hardy and Littlewood and its martingale counterpart.* Proc. Amer. Math. Soc. 97(1986), 429-436

[Gi 87]   –   : *On the best order of observation in optimal stopping problems.* J. Appl. Prob. 24(1987), 773-778

[Gi 88]   –   : *On the ratio of the expected maximum of a martingale and the L_p-norm of its last term.* Isr. J. Math. 63(1988), 270-280

[Gö 91]   Gödde, M.: *Statistical games against a prophet – proof of a minimax conjecture.* Stat. Papers 32 (1991), 75-81

[Gr 82]   Grant, P.: *Secretary problems with inspection costs as a game.* Metrika 29(1982), 87-93

[Ha 95]   Harten, F.: *Difference prophet inequalities for the bounded i.i.d. case, with costs for observations.* Preprint 7/95, Universität Münster 1995

[Ha 96]   –   : *Prophetenregionen bei zeitlichen Bewertungen im unabhängigen und im iid-Fall.* Skripten zur Mathematischen Statistik Nr. 27 (Dissertationsnachdruck), Universität Münster 1996

[Hd]   Hildenbrand, W.: *Core and Equilibria of a Large Economy.* Princeton University Press, 1974

[Hi 83]   Hill, T.P.: *Prophet inequalities and order selection in optimal stopping problems.* Proc. Amer. Math. Soc. 88 (1983), 131-137

[Hi 86]   –   :*Prophet inequalities for averages of independent non-negative random variables.* Math. Z. 192(1986), 427-436; Erratum. Math. Z. 221(1996), 175

[Hi 87]   –   : *Expectation inequalities associated with prophet problems.* Stoch. Anal. Appl. 5(1987), 299-310

[H/H 85]   Hill, T.P., Hordijk, A.: *Selection of order of observation in optimal stopping problems.*
J. Appl. Prob. 22(1985), 177-184

[H/Kn 89] Hill, T.P., Kennedy, D.P.: *Prophet inequalities for parallel processes.* J. Multivariate Anal. 31(1989), 236-243

[H/Kn 90] –   : *Optimal stopping problems with generalized objective functions.* J. Appl. Prob. 28(1990), 828-838

[H/Kn 92] –   : *Sharp inequalities for optimal stopping with rewards based on ranks.* Ann. Appl. Prob. 2(1992), 503-517

[H/K 81a] Hill, T.P., Kertz, R.P.: *Ratio comparisons of supremum and stop rule expectations.*
Z. Wahrsch. verw. Geb. 56(1981), 283-285

[H/K 81b] –   : *Additive comparisons of stop rule and supremum expectations of uniformly bounded independent random variables.* Proc. Amer. Math. Soc. 83(1981), 582-585

[H/K 82]   –   : *Comparisons of stop rule and supremum expectations of i.i.d. random variables.*
Ann. Prob. 10(1982), 336-345

[H/K 83]   –   : *Stop rule inequalities for uniformly bounded sequences of random variables.*
Trans. Amer. Math. Soc. 278(1983), 197-207

[H/K 92]   –   : *A survey of prophet inequalities in optimal stopping theory.* Contemporary Mathematics AMS Vol. 125(1992), 191-207

[H/Kr 91] Hill, T.P., Krengel, U.: *Minimax-optimal stop rules and distributions in secretary problems.*
Ann. Prob. 19(1991), 342-353

[H/Kr 92a] –   : *A prophet inequality related to the secretary problem.* Contemporary Mathematics AMS Vol. 125(1992), 209-215

[H/Kr 92b] –   : *On the game of Googol.*
Int. J. of Game Theory 21(1992), 151-160

[H/P 83] Hill, T.P., Pestien, V.C.: *The advantage of using non-measurable stop rules.* Ann. Prob. 11(1983), 442-450

[Ir 90] Irle, A.: *Minimax stopping times and games of stopping.* Information Theory, Statistical Decision Functions, Random Processes. Transaction of the 11th Prague Conference 1990; Vol. B(1992), 11-22

[Ir 95] –   : *Games of stopping with infinite horizon.*
Z. für Oper. Research 42(1995), 345-359

[I/S 79] Irle, A., Schmitz, N.: *Minimax strategies for discounted „secretary problems".* Oper. Res. Verf. 30 (1979), 77-86

[I/S 82] –   : *Recent developments in the theory of optimal stopping.* In: Modern Applied Mathematics – Optimization and Operations Research (Ed. B. Korte), North Holland, New York 1982; 624-653

[Jo 90] Jones, M.: *Prophet inequalities for cost of observation stopping problems.* J. Multivar. Anal. 34 (1990), 238-253

[Kn 84] Kennedy, D.P.: *An extension of the prophet inequality.* Lecture Notes in Control and Information Sciences 61 (1984), 104-110

[Kn 85] –   : *Optimal stopping of independent random variables and maximizing prophets.* Ann. Prob. 13 (1985), 566-571

[Kn 87] –   : *Prophet type inequalities for multi-choice optimal stopping.* Stoch. Proc. Appl. 24(1987), 77-88

[K/K 91] Kennedy, D.P., Kertz, R.P.: *The asymptotic behavior of the reward sequence in the optimal stopping of i.i.d. random variables.* Ann. Prob. 19(1991), 329-341

[K/K 92a] –   : *Comparisons of optimal stopping values and expected suprema for i.i.d. r. v.'s with costs and discounting.* Contemporary Mathematics AMS Vol. 125(1992), 217-230

[K/K 92b] –   : *Limit theorems for suprema, threshold- stopped random variables and last exists of i.i.d. random variables with costs and discounting, with applications to optimal stopping.* Adv. Appl. Prob. 24(1992), 241-266

[Ke 86a] Kertz, R.P.: *Comparison of optimal value and constrained maxima expectations for independent random variables.* Adv. Appl. Prob. 18(1986), 311-340

[Ke 86b] –   : *Stop rule and supremum expectations of i.i.d. random variables: a complete comparison by conjugate duality.* J. Multivariate Anal. 19(1986), 88-112

[Ke 87] –   : *Prophet problems in optimal stopping: results, techniques and variations.* Preprint Atlanta 1987

[K/R 90] Kertz, R.P., Rösler, U.: *Martingales with given maxima and terminal distributions.* Isr. J. Math. 69(1990), 173-192

[Kl 89] Klass, M.J.: *Maximizing $E \max_{1 \leq k \leq n} S_k^+ / ES_n^+$: a prophet inequality for sums of i.i.d. mean zero variates.* Ann. Prob. 17(1989), 1243-1247

[Kl 93] –   : *Ratio prophet inequalities for convex functions of partial sums.* Stat. & Prob. Letters 17 (1993), 205-209

[Ko/S 91] Kohlruss, G., Schmitz, N.: *Extremal distributions for the prophet region in the independent case.* Ann. Oper. Res. 32(1991), 115-126

[K/S 77] Krengel, U., Sucheston, L.: *Semiamarts and finite values.* Bull. Amer. Math. Soc. 83(1977), 745-747

[K/S 78] –   : *On semiamarts, amarts, and processes with finite value.* Prob. on Banach Spaces (Ed. J. Kuelbs) M. Dekker, New York 1978, 197-266

[K/S 87]   –   : *Prophet compared to gambler: An inequality for transforms of processes.* Ann. Prob. 15(1987), 1593-1599

[My]   Meyer, P.-A.: *Probability and Potentials.* Blaisdell, Waltham 1966.

[Me 93]   Meyerthole, A.: *Prophetenungleichungen für zeitstetige Prozesse: Martingale und der allgemeine Fall.* Preprint 7/93-S, Universität Münster 1993

[Me 95]   –: *Spiele gegen einen Propheten bei allgemeinen stochastischen Prozessen.* Skripten zur Mathematischen Statistik Nr. 25 (Dissertationsnachdruck), Universität Münster 1995

[Pe 85]   Petrucelli, J.D.: *Maximin optimal stopping for normally distributed random variables.* Indian J. Stat. Ser. A, 47(1985), 36-46

[R/S/Z 79]   Rauhut, B., Schmitz, N., Zachow, E.-W.: *Spieltheorie.* Teubner, Stuttgart 1979.

[R/S 87]   Rinott, Y., Samuel-Cahn, E.: *Comparisons of optimal stopping values and prophet inequalities for negatively dependent random variables.* Ann. Statist. 15(1987), 1482-1490

[R/S 91]   –   : *Orderings of optimal stopping values and prophet inequalities for certain multivariate distributions.* J. Multivariate Anal. 37(1991), 104-114

[SC 84]   Samuel-Cahn, E.: *Comparison of threshold stop rules and maximum for independent nonnegative random variables.* Ann. Prob. 12(1984), 1213-1216

[SC 88]   –   : *Prophet inequalities for threshold rules for independent bounded random variables.* Fourth Purdue Symp. on Statistics, Decision Theory and Related Topics (Eds.: J.O. Berger, S.S. Gupta) Vol. 2, Springer-Verlag, New York 1988, 177-182

[SC 91]   –   : *Prophet inequalities for bounded negatively dependent random variables.*

Stat. & Prob. Letters 12(1991), 213-216

[SC 92]   –   : *A difference prophet inequality for bounded i.i.d. variables, with cost for observations.*
Ann. Prob. 20(1992), 1222-1228

[Sa 81]   Samuels, S.M.: *Minimax stopping rules when the underlying distribution is uniform.*
J. Amer. Statist. Assoc. 76(1981), 188-197

[Sd 96]   Schmid, U.: *Prophetentheorie im unabhängigen Fall.*
Dissertation Universität Düsseldorf 1996

[Sz 92]   Schmitz, N.: *Games against a prophet.* Contemporary Mathematics AMS Vol. 125(1992), 239-248

[Sz 94]   –   : *Minimax strategies for discounted "secretary problems" with interview costs.* ZOR-Methods and Models of Operations Research 40(1994), 229-238

[Sz 96]   –   : *Vorlesungen über Wahrscheinlichkeitstheorie.*
Teubner, Stuttgart 1996

[Sh]   Shiryayev, A.N.: *Optimal Stopping Rules.*
Springer-Verlag, New York 1978

[Ve]   van der Vecht, D.P.: *Inequalities for stopped Brownian motion.*
CWI Tract 21, Math. Centrum Amsterdam 1986

[W/W]   von Weizsäcker, H., Winkler, G.: *Stochastic Integrals.*
Vieweg, Braunschweig 1990

[Wt 92]   Wittmann, R.: *On the prophet inequality for subadditive processes.* Stoch. Anal. Appl. 10(1992), 613-621

[Wt 95]   –   : *Prophet inequality for dependent random variables.*
Stochastics 52(1995), 283-293

[Wt 96]   –   : *Superprophet inequalities for independent random variables.* J. Appl. Prob. 33(1996), 904-908

Index

Teubner Skripten zur Mathematischen Stochastik

Herausgegeben von J. Lehn, N. Schmitz und W. Well

Alsmeyer: **Erneuerungstheorie**
XIV, 317 Seiten. DM 44,– / ÖS 321,– / SFr 40,–

Behnen/Neuhaus: **Rank Tests with Estimated Scores and Their Application**
IX, 416 pages. DM 54,– / ÖS 394,– / SFr 49,–

von Collani: **The Economic Design of Control Charts**
XII, 171 pages. DM 34,– / ÖS 248,– / SFr 31,–

Harten/Meyerthole/Schmitz: **Prophetentheorie**
VIII, 210 Seiten. DM 54,– / ÖS 394,– / SFr 49,–

Irle: **Sequentialanalyse: Optimale sequentielle Tests**
VII, 176 Seiten. DM 34,– / ÖS 248,– / SFr 31,–

Kamps: **A Concept of Generalized Order Statistics**
210 pages. DM 39,80 / ÖS 291,– / SFr 36,–

König/Schmidt: **Zufällige Punktprozesse**
363 Seiten. DM 49,– / ÖS 358,– / SFr 44,–

Pfeifer: **Einführung in die Extremwertstatistik**
VIII, 199 Seiten. DM 34,– / ÖS 248,– / SFr 31,–

Pruscha: **Angewandte Methoden der Mathematischen Statistik**
2. Auflage. 412 Seiten. DM 62,– / ÖS 453,– / SFr 56,–

Rüschendorf: **Asymptotische Statistik**
IX, 225 Seiten. DM 38,– / ÖS 277,– / SFr 34,–

Schäl: **Markoffsche Entscheidungsprozesse**
XV, 182 Seiten. DM 34,– / ÖS 248,– / SFr 31,–

Schmidt: **Lectures on Risk Theory**
X, 200 pages. DM 44,80 / ÖS 327,– / SFr 40,–

Schneider/Weil: **Integralgeometrie**
VII, 222 Seiten. DM 38,– / ÖS 277,– / SFr 34,–

Preisänderungen vorbehalten.

B. G. Teubner Stuttgart · Leipzig